Giuseppe Valitutti
Marco Falasca
Patrizia Amadio

La chimica della Natura

Seconda edizione

Impara con l'eBook multimediale

1 REGÌSTRATI
Vai su **my.zanichelli.it** e iscriviti come studente

2 ATTIVA IL TUO LIBRO
Nella tua area **myZanichelli**, clicca su **attiva opera** e inserisci la **chiave di attivazione** che trovi sul bollino argentato in questa pagina

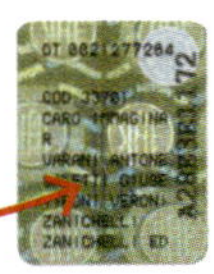

3 CLICCA SULLA COPERTINA
Puoi:
- sfogliare l'**eBook online**
- **scaricarlo offline** sul tuo computer o sul tuo tablet

LOSAI? Ripassa con lo smartphone prima della verifica

1 SCARICA LA APP DA:
Scarica su App Store
DISPONIBILE SU Google play

2 AGGIUNGI IL LIBRO
con le tue credenziali **myZanichelli** e con la **chiave di attivazione**

3 CLICCA SUL CAPITOLO
che vuoi ripassare

4 SCEGLI LA TEORIA O IL TEST
Trovi:
- **sintesi di capitolo** per rivedere la teoria
- **batterie di test** per metterti alla prova

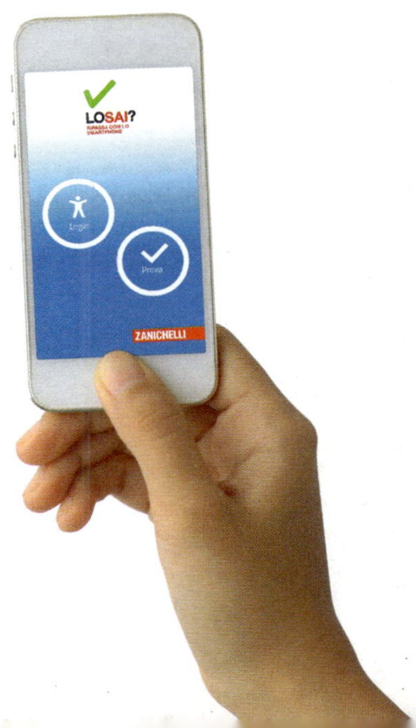

Realizzazione editoriale:
- Coordinamento redazionale: Martina Mugnai
- Redazione: Martina Mugnai, Sonia Serra
- Segreteria di redazione: Deborah Lorenzini, Rossella Frezzato
- Progetto grafico: Chialab, Bologna
- Impaginazione: Fratelli Sala, Seregno (MB)
- Ricerca iconografica: Martina Mugnai, Sonia Serra
- Collaborazione alla ricerca iconografica: Claudia Patella, Chiara Presepi
- Indice analitico: Tiziano Cornegliani

Le fonti iconografiche si trovano sul sito online.zanichelli.it/chimicanatura2ed

Contributi:
- Nuovi disegni: Thomas Trojer
- Rilettura critica, revisione degli esercizi e stesura delle sintesi di fine capitolo: Maddalena Macario

Copertina:
- Progetto grafico: Miguel Sal & C., Bologna
- Ideazione: Studio 8vo, Bologna
- Realizzazione: Roberto Marchetti e Francesca Ponti
- Immagine di copertina: Surf Keola/Shutterstock. Artwork Studio 8vo, Bologna

Prima edizione: 2011
Seconda edizione: febbraio 2017

Ristampa:
5 4 3 2 2018 2019 2020 2021

Zanichelli garantisce che le risorse digitali di questo volume sotto il suo controllo saranno accessibili, a partire dall'acquisto dell'esemplare nuovo, per tutta la durata della normale utilizzazione didattica dell'opera. Passato questo periodo, alcune o tutte le risorse potrebbero non essere più accessibili o disponibili: per maggiori informazioni, leggi my.zanichelli.it/fuoricatalogo

File per sintesi vocale
L'editore mette a disposizione degli studenti non vedenti, ipovedenti, disabili motori o con disturbi specifici di apprendimento i file pdf in cui sono memorizzate le pagine di questo libro. Il formato del file permette l'ingrandimento dei caratteri del testo e la lettura mediante software screen reader. Le informazioni su come ottenere i file sono sul sito http://www.zanichelli.it/scuola/bisogni-educativi-speciali

Grazie a chi ci segnala gli errori
Segnalate gli errori e le proposte di correzione su **www.zanichelli.it/correzioni**.
Controlleremo e inseriremo le eventuali correzioni nelle ristampe del libro.
Nello stesso sito troverete anche l'errata corrige, con l'elenco degli errori e delle correzioni.

Zanichelli editore S.p.A. opera con sistema qualità
certificato CertiCarGraf n. 477
secondo la norma UNI EN ISO 9001:2008

Questo libro è stampato su carta che rispetta le foreste.
www.zanichelli.it/la-casa-editrice/carta-e-ambiente/

Stampa: Grafica Ragno
Via Lombardia 25, 40064 Tolara di Sotto, Ozzano Emilia (Bologna)
per conto di Zanichelli editore S.p.A.
Via Irnerio 34, 40126 Bologna

Giuseppe Valitutti
Marco Falasca
Patrizia Amadio

La chimica della Natura

Seconda edizione

SCIENZE ZANICHELLI

Sommario

Capitolo

1

Metodo scientifico, grandezze e misure

Nell'ebook

Capitolo

2

Le trasformazioni fisiche della materia

Nell'ebook

Capitolo

3

Dalle trasformazioni chimiche alla teoria atomica

Nell'ebook

Tavola periodica interattiva

Video ***VideoLab***
- *Una combustione senza ossigeno*
- *Versare l'invisibile*

Video ***La chimica in laboratorio***
- *La legge di conservazione della massa*
- *La preparazione di un composto: la legge di Proust*

Video ***Come si fa?***
- *Ottenere l'acqua distillata*

Approfondimento ***Storia della scienza***
- *Antoine Lavoisier*
- *Joseph-Loius Proust*
- *John Dalton*

LO SAI? RIPASSA CON LO SMARTPHONE

ESERCIZI INTERATTIVI SU ZTE

Capitolo

4

Il modello particellare

Nell'ebook

Video ***La chimica in laboratorio***
- *La misura del volume di un gas*

Approfondimento ***Storia della scienza***
- *Amedeo Avogadro*

LO SAI? RIPASSA CON LO SMARTPHONE

ESERCIZI INTERATTIVI SU ZTE

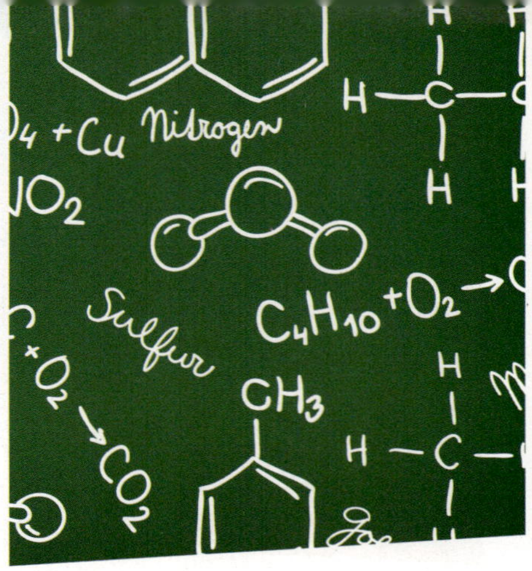

Capitolo

5

Gli atomi, i legami e le reazioni

Nell'ebook

Animazione
- *Il legame covalente*
- *Il legame ionico e il legame metallico*

Approfondimento ***Storia della scienza***
- *Gilbert Lewis*

LO SAI? RIPASSA CON LO SMARTPHONE

ESERCIZI INTERATTIVI SU ZTE

Capitolo

6

L'acqua e la vita

Capitolo

7

La chimica del carbonio

Capitolo

8

Le molecole della vita

Nell'ebook

Tavola periodica interattiva

Approfondimento ***Educazione ambientale***
- *Come evitare lo spreco d'acqua*

LO SAI? RIPASSA CON LO SMARTPHONE

ESERCIZI INTERATTIVI SU ZTE

Nell'ebook

Video ***La chimica in laboratorio***
- *La sintesi del nylon*

Approfondimento ***La storia della scienza***
- *Giulio Natta*

LO SAI? RIPASSA CON LO SMARTPHONE

ESERCIZI INTERATTIVI SU ZTE

Nell'ebook

Video ***La chimica in laboratorio***
- *Che cosa c'è nel piatto?*

Approfondimento ***La chimica verde***
- *Da risorse a biomasse*

LO SAI? RIPASSA CON LO SMARTPHONE

ESERCIZI INTERATTIVI SU ZTE

Come orientarsi nel libro

Su carta

BOX

Ti ricordi?
Per richiamare alla memoria i concetti fondamentali della chimica.
Per esempio cap. 1, pag. 3

A colpo d'occhio
Mappe sintetiche per visualizzare i contenuti del testo.
Per esempio cap. 4, pag. 60

Le parole
Per riflettere sull'etimologia dei termini scientifici.
Per esempio cap. 4, pag 63

Curiosità
Per esplorare aspetti originali a margine della materia.
Per esempio cap. 1, pag. 3

Facciamo il punto
Domande per fissare i passaggi più importanti del paragrafo.
Per esempio cap. 6, pag. 105

IL TRIANGOLO DELLE COMPETENZE
Per interpretare i fenomeni chimici a livello macroscopico, microscopico e simbolico, mettendo in relazione i tre aspetti.
Per esempio cap. 6 pag. 105

SCHEDE

Per saperne di più
Approfondimenti che stimolano ad andare oltre il testo.
Per esempio cap. 5, pag. 82

La chimica verde
Focus sulla chimica sostenibile: un nuovo modo di fare scienza.
Per esempio cap. 5, pag. 90

SINTESI DI FINE CAPITOLO
Per fare il punto sui concetti-chiave del capitolo.
Per esempio cap. 5, pag. 91

ESERCIZI DI FINE CAPITOLO
Per esempio cap. 3-4, pagg. 56-58
- Verifica le tue conoscenze
- Verifica le tue abilità
- Verso l'università UNITUTOR
- Verso l'esame: le tue competenze

SEI PRONTO PER LA VERIFICA? IN 1 ORA
Allenati con una prova generale della verifica da svolgere in un'ora, con il punteggio per autovalutarti.
Per esempio pag. 59

In digitale

PDF

Approfondimento
Schede di approfondimento su argomenti di attualità, salute, storia, ambiente.
Per esempio: Le origini della chimica

Storia della scienza
I personaggi e le vicende simbolo della ricerca scientifica.
Per esempio: John Dalton

VIDEO

Come si fa?
Video per imparare come si lavora in un laboratorio chimico.
Per esempio: Manipolare i reagenti chimici

La chimica in laboratorio
Esperimenti in laboratorio per vedere la chimica in azione.
Per esempio: La legge di conservazione della massa

VideoLab
Per sviluppare le competenze attraverso il laboratorio.
Per esempio: Versare l'invisibile

LO SAI?
Ripassa con lo smartphone prima di una verifica con: sintesi di capitolo per rivedere la teoria e batterie di test per metterti alla prova.

ESERCIZI INTERATTIVI SU ZTE

TAVOLA PERIODICA INTERATTIVA

La chimica della Natura

Capitolo 1

Metodo scientifico, grandezze e misure

1 Il metodo scientifico o sperimentale

▲ **Figura 1**
Tutto ciò che ci circonda è materia: un libro, gli indumenti che indossiamo, l'acqua di un lago e anche gli esseri viventi.

Leggi l'approfondimento nell'ebook
Per saperne di più
Le origini della chimica

La chimica è la scienza che studia la composizione, la struttura e le trasformazioni della materia.

La **materia** è qualsiasi cosa che possiede una massa e occupa uno spazio.

Tutto quello che ci circonda è quindi «materia» (**figura 1**). I chimici applicano il metodo scientifico, o **metodo sperimentale**, che fu proposto e applicato per la prima volta in modo accurato dal grande scienziato Galileo Galilei e dalla sua scuola.

Il metodo scientifico si articola in diverse fasi

Il metodo scientifico si articola in alcuni momenti chiave, delle vere e proprie fasi, che se applicate in modo ordinato e razionale portano a nuova conoscenza scientifica.

Il metodo scientifico moderno è detto anche **metodo investigativo**, perché lo scienziato si comporta come un detective, un investigatore, che attraverso indizi successivi giunge a un risultato finale come alla risoluzione di un caso poliziesco.

Descriviamo adesso queste fasi.

Osservazione e domanda di ricerca

L'indagine inizia attraverso una o più domande di ricerca che scaturiscono dall'osservazione in natura. A queste domande il ricercatore proverà a dare risposta al termine della propria ricerca.

Confronto con altri scienziati

Lo scienziato recupera informazioni riguardanti quel fenomeno, per verificare se la sua domanda ha già suscitato interesse in precedenza e se eventualmente vi sono dati bibliografici al riguardo. Recupera così molti **dati preliminari** che lo aiutano a farsi un'idea sul fenomeno.

Formulazione di un'ipotesi

Una volta raccolti i dati, il ricercatore prova a dare una spiegazione preliminare, basata su un'idea provvisoria elaborata sulla loro base. Questa sorta di risposta preliminare viene detta **ipotesi** sperimentale. In genere queste risposte sono formulate in questo modo:

Se è vero che... allora accade che...

Conduzione di un esperimento

Lo scienziato ha cura adesso di sottoporre a verifica sperimentale l'ipotesi che ha formulato. In laboratorio, o con l'uso di strumenti particolari, conduce il suo esperimento, lo ripete più volte (*vedi* Per saperne di più 1) e raccoglie i **dati sperimentali** (**figura 2**).

▲ **Figura 2**
Le fasi centrali del metodo scientifico sono la realizzazione dell'esperimento e la raccolta dei dati.

Raccolta e analisi di dati sperimentali

I dati che sono scaturiti dall'esperimento sono analizzati, elaborati e interpretati alla luce dell'ipotesi formulata.

Verifica dell'ipotesi e conclusione

Se i dati sono concordi con l'ipotesi, questa è confermata e lo scienziato giunge a una **conclusione**. La conclusione è la conferma dell'ipotesi che viene considerata valida.

Condivisione dei risultati con la comunità scientifica internazionale (pubblicazioni) e le istituzioni pubbliche

Tutto il percorso di ricerca viene pubblicato su riviste specializzate e condiviso con la comunità scientifica internazionale. Se i risultati hanno applicazione immediata nel mondo economico oppure nell'ambito della salute e dell'ambiente, la nuova conoscenza scientifica viene utilizzata dalla società.

Può accadere che un'ipotesi confermata sia un comportamento regolare che lega due fenomeni tra loro. Questo permette di prevedere che il fenomeno analizzato si ripeterà nella stessa maniera anche in futuro. In questo caso le conclusioni sono dette **legge**. La legge è spesso formulata in modo matematico, risponde alla domanda «*Come si verifica questo fenomeno?*».

Una **teoria** non è mai definitiva. Le teorie sono accettate dalla scienza fintantoché le evidenze sperimentali confermano la loro validità. Se invece nel tempo si giunge a nuove scoperte che sono in contraddizione, una teoria può essere revisionata, corretta o addirittura abolita.

Curiosità

Una **legge scientifica** descrive **come** si comporta la natura; è una generalizzazione, spesso formulata in modo matematico, su come si comporta e si comporterà un fenomeno naturale.
Una o più ipotesi ben confermate possono formare le basi di una **teoria** scientifica.
Una teoria spiega non soltanto **cosa** la natura fa, ma anche il **perché**.

1 - Per saperne di più

Le caratteristiche di un esperimento affidabile

La buona riuscita di una ricerca scientifica dipende in gran parte da come viene condotta la fase sperimentale.

Larghezza del campione: i campioni sperimentali utilizzati devono essere in numero elevato, per ridurre al minimo gli errori sistematici.

Ripetizione: l'esperimento deve essere ripetuto più volte, nelle stesse condizioni, e possibilmente da più ricercatori diversi, che però devono ottenere gli stessi risultati.

Riproducibilità: la procedura sperimentale (o protocollo) deve essere pubblicata in modo dettagliato, in modo che altri scienziati interessati allo stesso fenomeno possano riprodurlo successivamente e verificare che i risultati ottenuti ogni volta siano sempre i medesimi.

Campione sperimentale e campione di controllo: i campioni su cui si conduce l'esperimento sono detti *campioni sperimentali* e sono quelli su cui si applica la variabile indipendente. Alcuni campioni invece sono sottoposti a tutte le condizioni dei primi, tranne la variabile indipendente. In questo caso si dicono campioni di *controllo negativo*.

Si possono usare anche campioni di *controllo positivo*, che servono per confronto nel caso si verifichi il fenomeno per certo. Per esempio, se si vuole investigare su quali alimenti contengono amido, si può usare il test di Lugol, che consiste nel versare nel campione poche gocce di una soluzione contenente iodio. Se l'amido è presente, il liquido si colora di viola scuro.

Si effettuerà la prova in vari campioni di alimenti.

Nel controllo negativo sarà messo il Lugol ma nessun alimento.

Nel controllo positivo sarà messo il Lugol e una certa quantità di amido puro.

In base a ciò che compare (o non compare) nei campioni con gli alimenti, si potrà affermare che vi è presenza (oppure assenza) di amido.

Facciamo il punto

1. Qual è la differenza tra legge e teoria?
2. Come si chiama la risposta provvisoria che uno scienziato propone per la domanda di ricerca?
3. Per quale motivo in un esperimento occorre il campione di controllo?
4. Come si definisce correttamente la materia?

2 Le osservazioni e le misurazioni nella ricerca scientifica

La materia viene studiata attraverso osservazioni qualitative e quantitative

La composizione e la struttura della materia possono essere studiate attraverso **osservazioni qualitative**, che indicano le caratteristiche esteriori, ricavate attraverso i sensi, del fenomeno studiato. Si possono compiere anche **osservazioni quantitative**, che invece permettono di indagare su quanto intense siano certe caratteristiche del fenomeno stesso.

Le osservazioni quantitative sono possibili grazie all'impiego di adeguati strumenti di misura. Per esempio: le soluzioni dei sali di rame come il cloruro di rame in acqua hanno un colore azzurro. In questo caso si è compiuta un'osservazione qualitativa.

Se misuriamo la temperatura di ebollizione della soluzione di cloruro di rame, usando un termometro opportuno, si compie un'osservazione quantitativa.

A colpo d'occhio

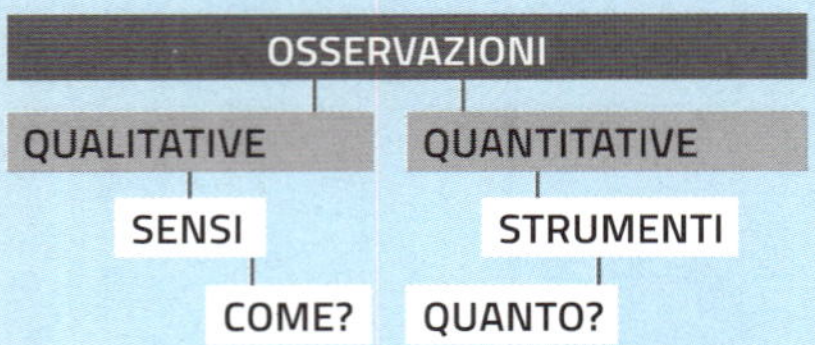

La materia può essere investigata a livello macroscopico, microscopico e simbolico

Quando osserviamo un oggetto a occhio nudo, studiamo il suo aspetto **macroscopico**: il colore di un cristallo di zolfo, la sua forma, l'odore che emana sono proprietà macroscopiche. Se invece ci interessano le caratteristiche interne, non visibili a occhio nudo, ma esaminate e descritte nei secoli dagli scienziati attraverso sofisticati strumenti e procedure sperimentali, indaghiamo la materia a livello **microscopico**.

Grazie a questi studi è stato stabilito che la materia che ci circonda è formata a livello microscopico da piccolissime particelle, gli atomi.

La chimica cerca di collegare due aspetti, macroscopico e microscopico, o particellare, adoperando un linguaggio fatto di equazioni matematiche, schemi e formule.

Studiare la chimica vuol dire muoversi dall'osservazione a livello macroscopico all'interpretazione dei fenomeni a livello microscopico utilizzando un **linguaggio simbolico**.

Nel corso del testo impareremo a spostarci all'interno di un **triangolo** immaginario i cui vertici rappresentano i tre livelli di indagine scientifica: macroscopico, microscopico e simbolico (**figura 3**).

Le parole

Macro è un prefisso che vuol dire «grande», ***micro*** è un prefisso che vuol dire «piccolo».

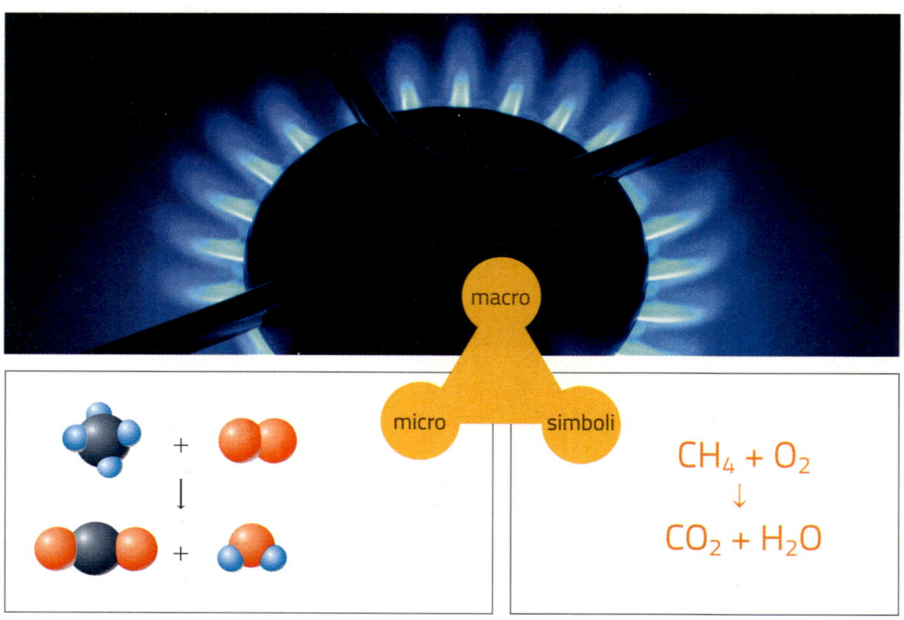

▸ **Figura 3**
Il triangolo delle competenze. Lo incontreremo spesso nel testo e lo rappresenteremo con la scritta:

▸ **Il triangolo delle competenze**
Un esempio di reazione

Il Sistema Internazionale delle unità di misura è il riferimento per tutte le misurazioni

Il grande sviluppo delle scienze sperimentali deriva, essenzialmente, dalla capacità di compiere misure sempre più rigorose e di interpretare i fatti ricavati per via sperimentale. Misurare ci permette di conoscere meglio il mondo che ci circonda ma occorrono regole precise.

Per prima cosa si fissano le **unità di misura**, poi gli strumenti e le metodologie per raccogliere e analizzare i dati sperimentali.

Proviamo a osservare una serie di numeri:

A 59,0 kg **B** 3,54 cm^3 **C** 1,00 g/cm^3 **D** 3,14

In qualche caso i numeri sono seguiti da un'unità di misura o da un suo multiplo o sottomultiplo. A volte le unità di misura sono combinate tra loro, altre volte invece il numero non è seguito da nessuna notazione. Nel nostro esempio A, B e C sono misure stimate sperimentalmente, mentre D è un numero puro.

Le proprietà che possono essere misurate si chiamano **grandezze fisiche**.

La comunità scientifica internazionale ha identificato sette grandezze indipendenti, le grandezze **fondamentali**, dalle quali possono essere ricavate tutte le altre (grandezze **derivate**). Il sistema metrico fondato sulle sette grandezze fondamentali è chiamato *Sistema Internazionale di unità* (abbreviato in SI). A ciascuna grandezza fondamentale è stata assegnata una propria unità di misura (**tabella 1**).

A colpo d'occhio

MISURA
NUMERO + UNITÀ DI MISURA
59,0 + KG

Grandezza fisica	Simbolo della grandezza	Nome dell'unità di misura	Simbolo dell'unità di misura
lunghezza	l	metro	m
massa	m	kilogrammo	kg
tempo	t	secondo	s
intensità di corrente elettrica	I	ampere	A
temperatura	T	kelvin	K
quantità di sostanza	n	mole	mol
intensità luminosa	i_v	candela	cd

◂ **Tabella 1**
Le grandezze fondamentali e le loro unità di misura.

Dalla combinazione delle sette unità fondamentali si possono ottenere le unità di misura delle grandezze derivate (**tabella 2**), utilizzando solo moltiplicazioni e divisioni. L'unità di misura della velocità (m/s), per esempio, è data dal rapporto di due grandezze fondamentali come la lunghezza e il tempo; quella del volume è il metro cubo ($m^3 = m \cdot m \cdot m$).

Grandezza fisica	Nome dell'unità di misura	Simbolo dell'unità di misura	Definizione dell'unità di misura
area	metro quadrato	m^2	
volume	metro cubo	m^3	
densità	kilogrammo al metro cubo	kg/m^3	
forza	newton	N	$N = kg \cdot m/s^2$
pressione	pascal	Pa	$Pa = m/s^2$
energia, lavoro, calore	joule	J	$J = N \cdot m$
velocità	metri al secondo	m/s	
accelerazione	metro al secondo quadrato	m/s^2	

◂ **Tabella 2**
Alcune grandezze derivate, importanti in chimica.

Spesso per misurare si usano multipli e sottomultipli dell'unità di misura. A ogni multiplo o sottomultiplo corrispondono un *prefisso*, che precede, senza spazi, il nome dell'unità di misura, e un *simbolo*, da anteporre al simbolo dell'unità di misura (**tabella 3** alla pag. successiva). Per esempio, un miliardesimo di grammo è il nanogrammo (simbolo *ng*); un milione di joule è il megajoule (*MJ*).

▸ Tabella 3
Principali prefissi delle unità di misura.

Sottomultiplo	Prefisso	Simbolo
10^{-1}	deci-	d-
10^{-2}	centi-	c-
10^{-3}	milli-	m-
10^{-6}	micro-	µ-
10^{-9}	nano-	n-
10^{-12}	pico-	p-

Multiplo	Prefisso	Simbolo
10^{1}	deca-	da-
10^{2}	etto-	h-
10^{3}	kilo-	k-
10^{6}	mega-	M-
10^{9}	giga-	G-
10^{12}	tera-	T-

A volte il valore di una grandezza viene espresso ricorrendo a una notazione esponenziale particolare, la **notazione scientifica**, che segue alcune regole generali. Il numero è formulato come prodotto di due fattori di cui uno esponenziale: il primo è compreso tra 1 e 10 ($1 \leq x \leq 9$), il secondo è una potenza di 10.

Per esempio, il diametro della Terra misura 12 000 000 m, ovvero $1{,}2 \cdot 10^7$ m; l'esponente, 7, è uguale al numero di *spostamenti verso sinistra* che la virgola compie per passare da 12 000 000 a 1,2 (**figura 4**).

▾ Figura 4
Il raggio terrestre e la rotazione esponenziale.

$$1{,}2 \cdot 10^7$$
$$12\,000\,000$$

Il raggio della Terra misura 12 000 000 m, ovvero $1{,}2 \cdot 10^7$ m.

I numeri compresi tra 0 e 1 si possono scrivere usando esponenti negativi: la misura del raggio dell'atomo di idrogeno è 0,0000000005 m e si può scrivere nella forma $5 \cdot 10^{-10}$ m. In questo caso la virgola compie 10 *spostamenti verso destra* e quindi l'esponente è negativo.

$$5 \cdot 10^{-10}$$
$$0{,}0000000005$$

Quando sentiamo parlare di nanotecnologie vuol dire che stiamo facendo riferimento alla progettazione di dispositivi di grandezza compresa tra 1 e 100 nm cioè tra $1 \cdot 10^{-9}$ e $1 \cdot 10^{-7}$ m ovvero 0,000000001 e 0,0000001 m.

La notazione scientifica permette di confrontare in modo diretto grandezze molto diverse tra loro, considerando l'**ordine di grandezza**, cioè il valore della potenza di 10.

Per esempio quello di un atomo è intorno a 10^{-10} m mentre il diametro di un capello umano misura 10^{-5} m; quindi un atomo è 10^5 (100 000) volte più piccolo. Questo significa che se rappresentiamo l'atomo d'idrogeno come una piccola circonferenza con un diametro pari a 1 mm, per mantenere il rapporto dovremmo disegnare un capello con un diametro 10^5 volte più grande, cioè un diametro di 100 m!

Facciamo il punto

1. Quali sono i livelli di rappresentazione e comprensione della materia?
2. Come si chiama un'osservazione della materia che descrive i suoi aspetti esteriori?
3. Come si definisce un'osservazione compiuta sulla materia che porta a misurare una sua proprietà con uno strumento scientifico particolare?
4. Volendo misurare l'aumento di temperatura del clima terrestre negli ultimi 100 anni, che tipo di osservazione si compie?
5. Per quale motivo gli scienziati hanno adottato un Sistema Internazionale di unità di misura?

3 Le grandezze estensive

Le grandezze si dividono in grandezze estensive e grandezze intensive

Le grandezze che descrivono le proprietà della materia sono di due tipi: le grandezze **estensive** e le grandezze **intensive** (figura 5).

Sono *estensive* le proprietà fisiche di un materiale o di una sostanza che dipendono dalla dimensione del campione: la massa, il peso, la lunghezza, il volume, l'energia. Sono *intensive* le proprietà fisiche di un materiale che non dipendono dalla dimensione del campione. Esse, infatti, sono tipiche di quel materiale o di quella sostanza (per esempio, la densità e la temperatura).

Esaminiamo le grandezze estensive più comuni in chimica.

A colpo d'occhio

SE RADDOPPIA LA QUANTITÀ DI MATERIA LA GRANDEZZA VARIA?

- SÌ — È UNA PROPRIETÀ ESTENSIVA
- NO — È UNA PROPRIETÀ INTENSIVA

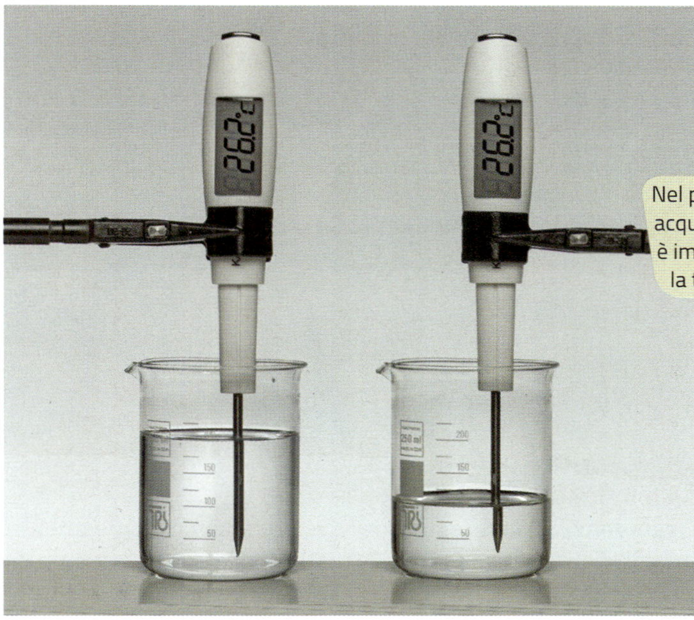

Nel primo becher sono contenuti 200 mL di acqua, nel secondo 100 mL. In ciascun becher è immerso un termometro: come si può vedere, la temperatura è uguale in entrambi.

◄ **Figura 5**
La temperatura è una grandezza intensiva o estensiva?

La lunghezza misura distanze

L'unità di misura della **lunghezza** nel SI è il *metro*, m. L'antico metro campione, in platino-iridio, è tuttora conservato a Sèvres, vicino a Parigi. Oggi l'unità standard si ricava misurando lo spazio percorso dalla luce nel vuoto, durante un intervallo di tempo pari a 1/299792458 secondi.

Il metro è un'unità di misura adatta per molti oggetti, di cui quotidianamente ci serviamo, ma è molto grande per esprimere, per esempio, la dimensione di un atomo o la lunghezza d'onda di un fascio di luce. In questi casi si sceglie il sottomultiplo *nanometro*, nm (10^{-9} m), o, più raramente, l'*ångström*, Å (10^{-10} m), un'unità di misura che non fa parte del Sistema Internazionale. Fra questi due sottomultipli del metro esiste la seguente relazione: 10 Å = 1 nm.

Le parole

L'ångström (Å) si pronuncia /'ɔŋstrœm/, cioè angstrom.

Il volume misura lo spazio occupato da un corpo

Le misure di **volume** sono molto frequenti nel laboratorio di chimica e nella vita quotidiana (per lo più si tratta di misure di liquidi). Il volume è una grandezza derivata da una lunghezza (elevata al cubo) e la sua unità di misura nel SI è il *metro cubo* (m^3).

Guarda il video nell'ebook
La chimica in laboratorio
Misure del volume di un oggetto

Esistono però altri modi per esprimere un volume: per esempio per il latte si usa il litro (L), mentre il volume indicato su una lattina di aranciata è 33 centilitri (cL) e la quantità di panna liquida, da utilizzare per una torta, è riportata nella ricetta in centimetri cubi (abbreviato con cc o cm^3). Poiché il prefisso «centi» (c-)

indica 10^{-2}, la quantità di aranciata è pari a 0,330 L mentre 125 cc di panna corrispondono a 0,125 dm^3 ovvero 125 mL (**figura 6**).

Ecco le relazioni tra queste unità di misura:

$$1 \text{ litro} = 1 \text{ L} = 1 \text{ dm}^3 = 10 \text{ cm} \times 10 \text{ cm} \times 10 \text{ cm} = 1000 \text{ cm}^3 = 10^{-3} \text{ m}^3$$
$$1 \text{ litro} = 1000 \text{ mL}$$

Pertanto:

$$1000 \text{ mL} = 1000 \text{ cm}^3$$
$$1 \text{ mL} = 1 \text{ cm}^3 = 10^{-3} \text{ dm}^3$$

L'equivalenza mostra che il centimetro cubo è la millesima parte del litro, pertanto viene anche detto *millilitro* e il suo simbolo è mL.

▸ **Figura 6**
Alcuni esempi di unità di misura del volume: litro (L), centilitro (cL) e millilitro (mL).

La massa e il peso sono grandezze diverse

Nel linguaggio comune *massa* e *peso* sono spesso adoperati come sinonimi, ma siamo sicuri che indichino la stessa cosa? Quali sono le unità di misura della massa e del peso? È corretto dire che posso determinare il mio peso con una bilancia?

La massa è una proprietà fondamentale della materia e spesso viene associata alla quantità di materia. In realtà è definita come segue: la **massa** è la misura dell'inerzia di un corpo, è cioè la misura della resistenza che il corpo oppone alla variazione del suo stato di quiete o di moto.

L'unità di massa prescelta dal SI è il *kilogrammo* (kg). La massa campione è un cilindro di platino-iridio conservato a Sèvres, in Francia. La massa si misura per mezzo di una bilancia a due piatti e due bracci uguali (**figura 7**). Sul primo piatto si pone l'oggetto, di cui si vuole determinare la massa; sull'altro si «bilancia» l'oggetto con masse note.

▴ **Figura 7**
La determinazione della massa di un oggetto.

Le moderne bilance elettriche o elettroniche, anche se profondamente diverse dalla bilancia a due piatti, adottano in pratica lo stesso principio (**figura 8**).

Il **peso** di un corpo, invece, dipende dalla sua massa ma anche dall'accelerazione di gravità, g. Il peso è una forza, ha la sua stessa unità di misura, il *newton* (N), e si misura con il dinamometro.

La forza peso è data dal prodotto della massa (in kg) per l'accelerazione di gravità:

$$P = m \cdot g$$

dove g è l'accelerazione di gravità media sulla superficie terrestre ed è pari a 9,8 m/s^2.

▸ **Figura 8**
Una bilancia elettronica.

Mentre la massa è una proprietà caratteristica di ciascun corpo, il peso cambia da un luogo all'altro della superficie terrestre, e da un pianeta all'altro, poiché varia l'accelerazione di gravità, g. Sulla Luna, la forza di gravità è sei volte più bassa che sulla Terra quindi sulla Luna il peso di un astronauta sarà 1/6 di quello sulla Terra.

Leggi l'approfondimento nell'ebook
Per saperne di più
Il progetto Avogadro

Facciamo il punto

1. Quando una grandezza si definisce *estensiva*?
2. Per quale motivo le grandezze intensive possono aiutare lo scienziato a identificare la natura dei corpi materiali?
3. Masse e peso sono grandezze estensive, ma una è invariabile per ogni corpo, mentre il peso può variare. Sai spiegare questa differenza tra le due grandezze?
4. Perché il peso è una grandezza derivata?

4 Le grandezze intensive

La densità è il rapporto tra la massa e il volume

Ogni materiale ha una densità caratteristica, che si determina calcolando il rapporto tra la massa e il volume di un campione di tale materiale.

$$\text{densità} = \frac{\text{massa}}{\text{volume}}$$

proprietà intensiva (densità); proprietà estensiva (massa); proprietà estensiva (volume)

La **densità** è una *proprietà intensiva* della materia che varia al variare della temperatura del campione. L'aumento di temperatura fa diminuire la densità perché aumenta il volume. La pressione influisce sulla densità dei corpi gassosi: un aumento di pressione fa aumentare la densità perché comporta una diminuzione del volume. I valori di densità sono espressi in kilogrammo/metro cubo (kg/m^3), ma nell'uso comune si adoperano anche il grammo (g) per la massa e il millilitro (mL) o il centimetro cubo (cm^3) per il volume. Per i gas la densità è espressa generalmente in grammi/litro (g/L) (**tabella 4**).

Curiosità

La densità dell'acqua rappresenta un'eccezione. Allo stato solido la densità è inferiore rispetto a quella del liquido perciò il ghiaccio galleggia sull'acqua.

Ti ricordi?

La densità ha un significato diverso rispetto al **peso specifico**, che esprime il rapporto tra il peso di un corpo e il suo volume:

$$P_s = \frac{P}{V} = \frac{m \cdot g}{V} = d \cdot g$$

Anche il peso specifico è una *proprietà intensiva* della materia: la sua unità di misura è newton/metro cubo (N/m^3).

Solidi	Densità a 20 °C (g/cm^3)
acciaio	7,86
alluminio	2,7
argento	10,5
bronzo	8,44
carta	0,70
ferro	7,88
ghiaccio*	0,92
granito	da 2,51 a 3,05
legno	da 0,8 a 0,9
oro	19,3
piombo	10,64
rame	8,9
sale	2,16
sughero	0,21
vetro	da 2,5 a 2,8
zinco	7,0
zolfo	da 1,93 a 2,07

*valore a 0 °C

Liquidi	Densità a 20 °C (g/cm^3)
aceto	1,01
acqua**	1,00
alcol etilico	0,79
benzina	0,67
benzene	0,879
petrolio	da 0,80 a 0,82
mercurio	13,6
olio di oliva	0,92
sangue	1,06

** valore a 4 °C

Gas	Densità a 20 °C (g/L)
aria	1,29
azoto	1,25
cloro	3,0
diossido di carbonio	1,98
idrogeno	0,089
ossigeno	1,43

Guarda il video nell'ebook
VideoLab
L'arcobaleno in provetta

◂ **Tabella 4**
La densità di alcuni materiali solidi, liquidi e gassosi.

Guarda il video nell'ebook
VideoLab
Le bolle nell'olio

Non bisogna confondere la densità con la **viscosità** che indica la resistenza di un fluido a scorrere liberamente. L'olio è più viscoso dell'acqua, non più denso; infatti galleggia sull'acqua e non affonda (**figura 9**).

▼ **Figura 9**
L'olio è più viscoso e meno denso rispetto (A) all'acqua e (B) all'aceto.

Se mescoliamo acqua e olio oppure aceto e olio osserveremo che in entrambi i casi l'olio si separerà, disponendosi nello strato superiore.

Esercizio Svolto

Proviamo insieme

Considera due lingotti di oro puro: il primo ha una massa di 13,5 kg e un volume pari a 699 cm^3, il secondo ha una massa di 500 g e un volume pari a 25,9 cm^3.

Qual è la densità dei due lingotti?

Risoluzione

Calcola la densità inserendo i dati nella formula:

$$\text{densità} = \frac{\text{massa}}{\text{volume}}$$

primo lingotto:

$$d = \frac{13500\ \text{g}}{699\ \text{cm}^3} = 19{,}3\ \text{g/cm}^3$$

secondo lingotto:

$$d = \frac{500\ \text{g}}{25{,}9\ \text{cm}^3} = 19{,}3\ \text{g/cm}^3$$

Le masse e i volumi dei due lingotti sono molto diversi, ma la loro densità, è una proprietà intensiva caratteristica del materiale di cui sono costituiti.

Prova tu

Utilizzando la tabella 4 calcola la massa di 1 dm^3 di mercurio.

La temperatura indica lo stato termico di un corpo

Quando misuriamo con il termometro la temperatura di un corpo o di un oggetto, ricaviamo informazioni sul suo stato termico.

La **temperatura** è una *grandezza intensiva* che ci fornisce una misura di quanto un corpo è *caldo* o *freddo*.

Non bisogna perciò confonderla con il **calore**, che è una modalità con cui l'energia si trasferisce da un corpo a temperatura più elevata a uno con temperatura più bassa.

Lo strumento utilizzato per misurare la temperatura è il **termometro**, che si basa sulla capacità che hanno i liquidi (ma anche i solidi e i gas) di dilatarsi all'aumentare della temperatura.

Fino a pochi anni fa, nei termometri in vendita per uso sanitario era presente il mercurio, ora vietato per la sua tossicità e sostituito da una lega di tre metalli – gallio, indio e stagno – denominata galinstan (**figura 10**).

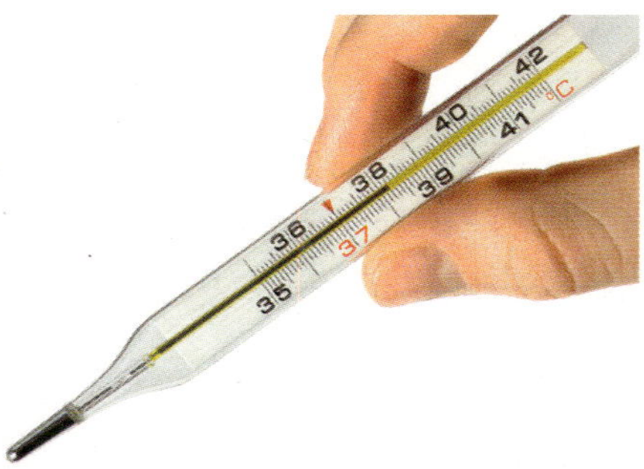

▲ **Figura 10**
Il galinstan è un liquido di colore argenteo che, grazie alla sua bassa tossicità, ha sostituito il mercurio all'interno dei termometri.

Le scale termometriche permettono di misurare la temperatura

I termometri più comuni sono suddivisi in gradi centigradi, secondo una scala chiamata **scala Celsius**, proposta dall'astronomo svedese Anders Celsius nel 1742, che sfrutta due punti fissi: la temperatura a cui il ghiaccio fonde e quella a cui l'acqua bolle a livello del mare. Infatti, per tutto il tempo in cui l'acqua bolle e il ghiaccio fonde, la temperatura si mantiene costante.

Per tarare un termometro lo si immerge in una miscela ghiaccio-acqua. Il volume occupato dalla sostanza contenuta nel termometro si contrae fino a un valore stabile, che viene fissato con un segno, a cui si assegna il valore di 0 °C.

Un segno analogo viene praticato sul termometro immerso in acqua bollente, per fissare la dilatazione corrispondente a 100 °C. La distanza fra i due segni viene infine divisa in 100 parti uguali.

Esistono altre scale termometriche, oltre alla scala Celsius. La più antica, proposta nel 1724 dal fisico tedesco Daniel Gabriel Fahrenheit, è tuttora molto diffusa negli Stati Uniti. Anche questa scala ha come estremi la temperatura di fusione del ghiaccio e la temperatura di ebollizione dell'acqua, a cui sono assegnati rispettivamente i valori di 32 °F e 212 °F. Può accadere quindi che durante una tormenta di neve il termometro segni ben 32 gradi! La distanza fra gli estremi è divisa in 180 parti; di conseguenza, il grado Fahrenheit non coincide con il grado Celsius e corrisponde a circa la metà di esso, più precisamente a 5/9. Si può dire anche che 1 grado Celsius equivale a 1,8 gradi Fahrenheit (**figura 11**).

La scala assoluta, proposta nel 1848 da Lord Kelvin (William Thomson) ha come origine −273,15 °C, o *zero assoluto*, al di sotto del quale è impossibile scendere.

Anche questa è una scala centigrada, come la scala Celsius; il suo grado si chiama *kelvin* e si indica con K. Le due scale sono semplicemente spostate l'una rispetto all'altra di 273,15 gradi (**figura 12**).

La **temperatura assoluta**, indicata generalmente con la lettera *T*, è una delle sette grandezze fondamentali del SI.

Per convertire in kelvin (*T*) una temperatura espressa in gradi Celsius (*t*), si applica la seguente relazione:

$$T\,(\text{K}) = t\,(°\text{C}) + 273{,}15$$

dove *t* esprime la temperatura in gradi Celsius, con il segno positivo o negativo.

Con la relazione

$$t\,(°\text{C}) = T\,(\text{K}) - 273{,}15$$

si ricava invece la temperatura espressa in Celsius, *t*, a partire da quella assoluta, *T*.

▲ **Figura 11**
Per convertire la temperatura espressa nella scala Fahrenheit in gradi Celsius si usa la relazione:

$$°\text{C} = \frac{5}{9}\,(°\text{F} - 32) \text{ oppure } °\text{C} = \frac{°\text{F} - 32}{1{,}8}$$

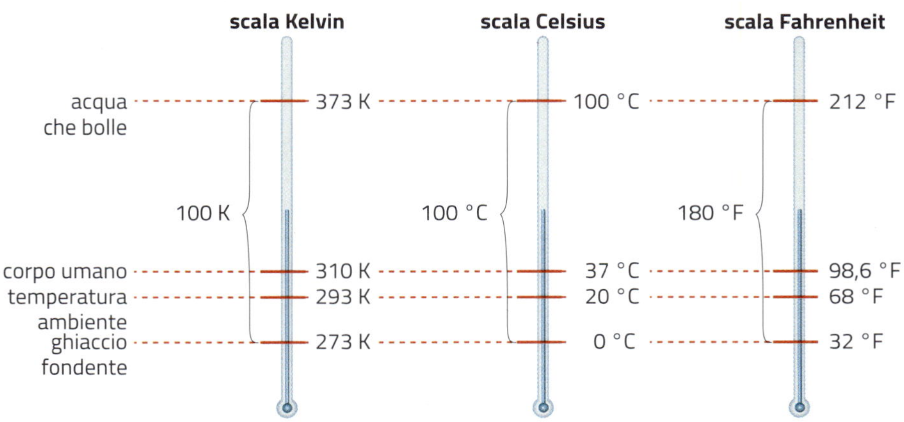

▲ **Figura 12**
Corrispondenza fra le diverse scale termometriche (per evidenziare la corrispondenza fra le diverse scale termometriche il valore 273,15 è stato approssimato a 273).

Facciamo il punto

1. Come si definisce la densità di un corpo?
2. Quali sono le scale termometriche più utilizzate?
3. Perché la temperatura è una grandezza intensiva?
4. A quanti gradi Celsius corrisponde lo zero assoluto?
5. Fai un esempio che chiarisca come il calore sia una grandezza estensiva.
6. Quale relazione lega la temperatura in gradi Celsius e quella in kelvin?

5 L'energia e il calore

L'energia è una grandezza molto importante in chimica

Tutti i fenomeni chimici che avvengono in natura o che riproduciamo in laboratorio sono coinvolti da scambi di energia con l'ambiente esterno.

L'**energia** è la capacità di un corpo di eseguire lavoro e di trasferire calore.

Il lavoro fatto da una forza costante, applicata a un oggetto che si sposta nella stessa direzione e verso della forza, è definito dal prodotto della forza per lo spostamento dell'oggetto.

$$L = F \cdot s$$
$$\text{lavoro} = \text{forza} \cdot \text{spostamento}$$

Energia e lavoro, nel SI, hanno la stessa unità di misura: il *joule* (J).

$$\mathrm{J} = \mathrm{N} \cdot \mathrm{m} = \frac{\mathrm{kg} \cdot \mathrm{m}^2}{\mathrm{s}^2}$$

Il calore è una modalità di trasferimento dell'energia

Che cosa accade quando mettiamo in contatto due corpi a diversa temperatura? L'energia si trasferisce dal corpo più caldo a quello più freddo, scambiando **calore.**

Il trasferimento cessa non appena i due corpi hanno raggiunto la stessa temperatura (**figura 13**).

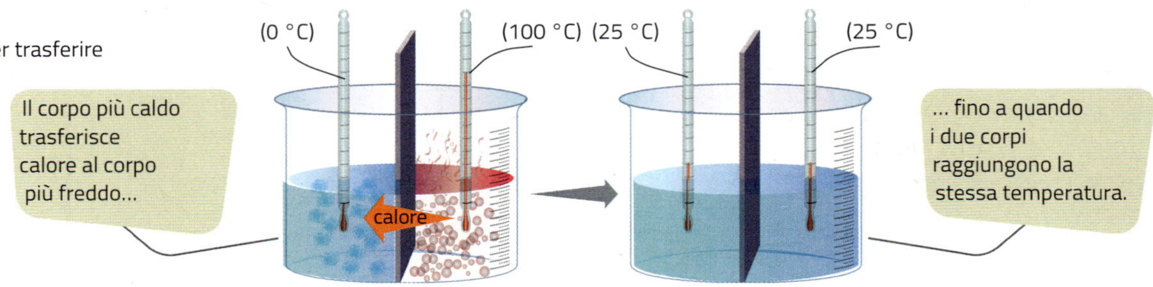

▸ **Figura 13**
Il calore è un modo per trasferire energia.

A colpo d'occhio

UNITÀ DI MISURA	
ENERGIA	JOULE
LAVORO	JOULE
CALORE	CALORIA

Il **calore** è quindi una modalità di trasferimento di energia dal corpo più caldo a quello più freddo.

La capacità di un corpo di trasferire energia non dipende soltanto dalla sua temperatura: infatti, un oggetto molto caldo, ossia con temperatura elevata, non necessariamente è in grado di trasmettere molto calore. Pensiamo, per esempio, a un fiammifero acceso e a un incendio; la temperatura della fiamma è sempre la stessa, ma il calore emesso dal fiammifero è quasi irrilevante rispetto a quello sprigionato dall'incendio.

Il calore, quindi, dipende anche dalla quantità di materia che è coinvolta nel trasferimento di energia: si tratta perciò di una *grandezza estensiva* della materia, a differenza della temperatura. Nel SI l'unità di misura del calore è il joule (J).

In biochimica viene anche utilizzata come unità di misura la **caloria**, cal, definita come la quantità di calore necessaria a riscaldare 1 g d'acqua da 14,5 a 15,5 °C; la caloria non fa parte del Sistema Internazionale. La caloria e il joule sono fra loro legati dalla seguente equivalenza:

$$1 \text{ cal} = 4{,}18 \text{ J}$$

Facciamo il punto

1. Qual è l'unità di misura dell'energia?
2. Il calore è una grandezza estensiva o intensiva?

6 Gli errori nelle misure

Proviamo a misurare, con un metro su cui sono marcati solo i centimetri, la lunghezza di un foglio di carta formato A4. Il risultato – 29 cm – sembrerebbe corretto, ma non fornisce alcuna informazione riguardo ai millimetri. Ripetiamo l'operazione con un normale righello e misuriamo 29,7 cm. È questo il valore vero della lunghezza del foglio? No! La misura non ci dice nulla sui decimi di millimetro.

Con l'aiuto di strumenti molto raffinati possiamo misurare una lunghezza fino al millesimo di millimetro (10^{-3} mm) ma non ottenere ancora il valore «vero» della lunghezza. Infatti, che cosa dire dei milionesimi di millimetro? Il *valore vero* non esiste nella realtà fisica, è un'astrazione matematica.

Gli errori possono essere sistematici e accidentali

Come possiamo essere ragionevolmente certi che il dato ottenuto da una misurazione, cioè da un'operazione di misura, sia *attendibile*? Ogni rilevamento di una misura è inevitabilmente accompagnato da un errore complessivo, che deriva dalla combinazione di errori che possono essere *sistematici* o *accidentali*.

Gli **errori sistematici** sono legati all'imprecisione dello strumento, mentre gli **errori accidentali** dipendono da piccoli cambiamenti delle condizioni in cui avviene la misurazione.

Un *errore sistematico*, per esempio, è legato all'utilizzo di un righello con una suddivisione dei centimetri in millimetri inesatta. Questo tipo di errore è difficile da eliminare se non ci si accorge della sua esistenza, ma possiamo ridurlo controllando le indicazioni fornite dall'azienda produttrice dello strumento e la sua calibratura.

Un *errore accidentale*, invece, si verifica quando ripetiamo più volte la misura della lunghezza del foglio, possiamo posizionare lo zero del righello non esattamente all'inizio del foglio, ma a volte un po' prima e a volte un po' dopo.

Effettuare un numero di rilevamenti elevato ci consente di avvicinarci con maggiore probabilità a un valore attendibile, riducendo l'effetto degli errori accidentali.

A colpo d'occhio

ERRORI	
SISTEMATICI	ACCIDENTALI
IMPRECISIONE STRUMENTI	CONDIZIONI SPERIMENTALI

Media aritmetica, errore assoluto ed errore relativo permettono di quantificare gli errori

Se si esaminano i dati ottenuti da una serie di misure ripetute, si nota che alcuni valori si ripetono frequentemente, altri si discostano di poco dai primi e alcuni si discostano di molto. Quale criterio di scelta è opportuno adottare a questo punto? Secondo la *teoria degli errori* il valore più attendibile si ottiene facendo la media aritmetica dei risultati ottenuti.

La **media aritmetica**, $\bar{x}$, dei valori raccolti si calcola sommando tutti i valori delle misure e dividendo il risultato per il numero dei valori. Se, per esempio, abbiamo ottenuto con una serie di pesate i seguenti valori:

$$m_1 = 2{,}80\ \text{g};\quad m_2 = 2{,}72\ \text{g};\quad m_3 = 2{,}74\ \text{g};\quad m_4 = 2{,}76\ \text{g};\quad m_5 = 2{,}68\ \text{g}$$

possiamo ottenere la media aritmetica sommando tutti i valori e dividendo per 5:

$$\text{media aritmetica} = \frac{(2{,}80\ \text{g} + 2{,}72\ \text{g} + 2{,}74\ \text{g} + 2{,}76\ \text{g} + 2{,}68\ \text{g})}{5} = 2{,}74\ \text{g}$$

L'**errore assoluto**, e_a, si ottiene calcolando la differenza tra il massimo valore misurato e il valore minimo, dividendo poi il risultato per due.

$$e_a = \frac{x_{max} - x_{min}}{2}$$

Le parole
Aritmetica deriva dal greco *aritmós*, che significa «numero».

Nel nostro caso il valore massimo è 2,80 g e il valore minimo 2,68 g, quindi l'errore assoluto sarà:

$$e_a = \frac{(2{,}80\ \text{g} - 2{,}68\ \text{g})}{2} = 0{,}06$$

A colpo d'occhio

INTERVALLO DI VALORI ATTENDIBILI
$= \bar{x} \pm e_a$

MEDIA DEI VALORI | ERRORE ASSOLUTO

L'intervallo dei valori attendibili corrisponde alla media aritmetica più e meno l'errore assoluto cioè sommando e sottraendo l'errore assoluto, e_a, alla media, $\bar{x}$, dei valori misurati. I valori attendibili per la nostra serie sono quindi i valori compresi tra 2,74 ± 0,06 g.

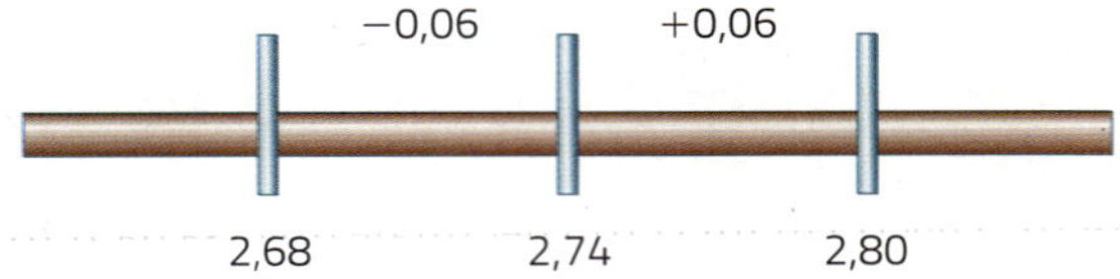

Oltre all'errore assoluto si può calcolare anche l'**errore relativo, e_r**, che è dato dal rapporto tra l'errore assoluto e_a e la media dei valori $\bar{x}$. Nel nostro caso:

$$e_r = \frac{0{,}06\ \text{g}}{2{,}74\ \text{g}} = 0{,}02$$

A colpo d'occhio

ERRORE RELATIVO
$e_r = e_a / \bar{x}$

ERRORE ASSOLUTO | MEDIA DEI VALORI

L'errore percentuale è l'errore relativo moltiplicato per 100.

Si dice che una singola misura è **precisa** quando non si discosta molto dal valore medio di una serie ripetuta di misure. Se la media è vicina al risultato ritenuto vero, la misura è **accurata** (**figura 14**).

Se non ci sono apprezzabili errori sistematici, dovuti cioè allo strumento, il valore medio di una serie di misure è molto vicino a quello ritenuto vero; in tal caso una misura precisa risulta anche accurata.

Se gli strumenti non sono adeguati possiamo ottenere una serie di misure i cui valori si discostano poco dalla media (misure precise) ma non si avvicinano al valore più attendibile (misure non accurate).

In generale, gli errori accidentali influiscono sulla precisione di una misurazione, mentre quelli sistematici influiscono sulla sua accuratezza.

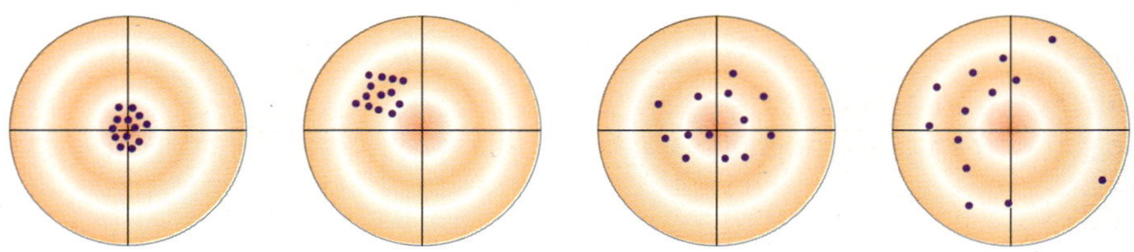

Accurato, preciso | Preciso, non accurato | Accurato, non preciso | Non accurato, non preciso

▸ **Figura 14**
Accuratezza e precisione.

Esercizio Svolto

Proviamo insieme
Misurando più volte la lunghezza di un'aula, si ottengono i seguenti valori: 5,40 m; 5,46 m; 5,48 m; 5,50 m; 5,49 m; 5,47 m; 5,47 m.
Calcola l'intervallo dei valori attendibili.

Rioluzione
Utilizzando la formula si calcola la media aritmetica $\bar{x}$.

$$\bar{x} = \frac{5{,}40 + 5{,}46 + 5{,}48 + 5{,}50 + 5{,}49 + 5{,}47 + 5{,}47}{7}\ \text{m} = 5{,}47\ \text{m}$$

L'errore assoluto si ottiene calcolando:

$$e_a = \frac{5{,}50 - 5{,}40}{2}\ \text{m} = 0{,}05\ \text{m}$$

Quindi l'intervallo dei valori attendibili corrisponde a:

$\bar{x} \pm e_a = (5{,}47 \pm 0{,}05)$ m

Il valore della misura, quindi, sarà compreso fra 5,42 m e 5,52 m.

Prova tu
Determina l'errore relativo nella misurazione della lunghezza dell'aula.

$e_r = \frac{0{,}05\ \text{m}}{5{,}47\ \text{m}} = 0{,}0009$

Le cifre significative indicano l'incertezza di una misura

Il modo più semplice per indicare l'incertezza della misura è utilizzare le *cifre significative*.

Si definiscono **cifre significative** tutte le cifre certe di una misurazione più la prima cifra incerta.

Il numero delle cifre significative, ottenuto dopo aver eseguito la misurazione, è il criterio con cui si può giudicare se lo sperimentatore ha fatto un buon lavoro. La **tabella 5** ci mostra come determinare il numero di cifre significative.

È bene, dunque, tenere presenti le seguenti regole:

1. tutti i numeri diversi da zero si considerano cifre significative;
2. gli zeri che si trovano fra due cifre significative sono sempre significativi;
3. gli zeri che precedono, a sinistra, la prima cifra diversa da zero non sono significativi;
4. gli zeri terminali, a destra di una cifra decimale diversa da zero, sono cifre significative (0,0300, per esempio, ha tre cifre significative).

Numero	Cifre significative
0,00708	3
0,0708	3
0,708	3
70,8	3
0,7080	4
70,80	4
7080,0	5

▲ **Tabella 5**
Numeri e cifre significative.

Quando si eseguono operazioni con i dati ottenuti dalle misurazioni, si possono ottenere risultati con cifre che non sono tutte significative; in questo caso il risultato deve essere arrotondato.

Le regole dell'**arrotondamento** sono le seguenti:

1. se la prima cifra da eliminare è minore di 5, la cifra precedente rimane uguale: per esempio, 4,9936 arrotondato a tre cifre significative sarà 4,99;
2. se la prima cifra da eliminare è maggiore di 5, bisogna aumentare di 1 la cifra precedente: per esempio, 74,581 arrotondato a tre cifre significative sarà 74,6;
3. se la prima cifra da eliminare è 5, si può usare indifferentemente la prima o la seconda regola.

Nel caso dell'addizione e della sottrazione, si arrotonda il risultato in modo che abbia lo stesso numero di cifre decimali del dato che ne ha meno.

Esercizio Svolto

Proviamo insieme
Somma le seguenti lunghezze: 2,3 cm e 9,27 cm.

Risoluzione
2,3 cm + 9,27 cm = 11,57 cm
Poiché la misura 2,3 cm ha solo una cifra decimale, anche il risultato correttamente espresso deve essere arrotondato a una sola cifra decimale: 11,6 cm.

Nel caso della moltiplicazione e della divisione, il numero delle cifre significative finali non può superare il numero delle cifre significative del dato che ne ha meno.

Esercizio Svolto

Proviamo insieme
Calcola l'area di un quadrato avente il lato di 1,6 m.

Risoluzione
Applica la formula dell'area:
area = l^2 = 1,6 m × 1,6 m = 2,56 m^2 = 2,6 m^2
Siccome il numero che esprime la lunghezza del lato ha due cifre significative, anche l'area deve essere arrotondata allo stesso numero di cifre significative.

Quando la misura di una grandezza è espressa tramite la notazione scientifica, il primo fattore rappresenta il valore della misura e determina quindi il numero di cifre significative presenti nel dato. L'esponente della potenza del 10, indica, invece, solo l'ordine di grandezza. Occorre inoltre ricordare che un'operazione di equivalenza non cambia il numero delle cifre significative del dato.

Facciamo il punto

1. In laboratorio quali sono gli errori che puoi tenere meglio «sotto controllo»?
2. Come fai a eliminare un errore sistematico dalle tue misurazioni?
3. In quali situazioni una misura è sia accurata che precisa?
4. Per quale motivo il valore vero di una misura è un valore solo ideale?
5. Quali sono le cifre significative in una misura?

7 Raccolta e analisi dei dati

La raccolta dei dati deve essere impostata in modo chiaro e razionale, seguendo un metodo ordinato che permetta successivamente la loro agevole elaborazione.

I dati si rappresentano con tabelle e grafici

La raccolta dei dati è agevolata dall'uso di tabelle opportunamente predisposte. Oggi, con l'aiuto di software specifici, detti *fogli elettronici*, la raccolta dei dati è enormemente facilitata e velocizzata.

Per raccogliere con ordine i dati provenienti da osservazioni e misurazioni, occorre individuare per prima cosa le **variabili** in gioco, cioè le grandezze che possono variare nel corso dell'esperimento. Successivamente si devono selezionare le unità di misura idonee e lo strumento più opportuno.

Se, per esempio, vogliamo verificare l'andamento della temperatura in un ambiente dove avviene una reazione chimica al passare del tempo, l'intervallo di tempo sarà la prima variabile (*variabile indipendente*), mentre la temperatura registrata sarà la seconda (*variabile dipendente*). Poniamo che l'intervallo di tempo prescelto sia una misurazione ogni 3 minuti. La prima misurazione è quella iniziale, indicata per convenzione con il simbolo t_0.

Al tempo t_0 si è registrata una temperatura di 15,0 °C, dopo 3 minuti (tempo t_1) la temperatura è pari a 16,5 °C, dopo altri 3 minuti (tempo t_2) è pari a 23,5 °C. Si procede così a misurare la temperatura per 30 minuti. I valori ottenuti vengono riportati in tabella (**tabella 6**).

Ancora, l'interpretazione dei dati inseriti in una tabella è piuttosto difficoltosa; si costruisce allora il grafico relativo. La variabile indipendente è il tempo (in ascisse), mentre quella dipendente è la temperatura (in ordinate).

Proviamo adesso a rappresentare i dati della tabella su un foglio di carta millimetrata, oppure inseriamo i dati in un foglio elettronico ed elaboriamo un grafico (**figura 15**).

Adesso l'interpretazione dei dati risulta più comprensibile: si può affermare che il fenomeno porta a un aumento di temperatura, che cresce dapprima lentamente, in seguito in modo molto veloce, per poi iniziare a decrescere di nuovo lentamente.

Per garantire una maggiore accuratezza e precisione dell'elaborazione, l'esperimento deve essere ripetuto più volte.

▼ Tabella 6
Le tabelle consentono di leggere e, successivamente, elaborare i dati con più facilità.

Misurazione	Tempo (minuti)	Temperatura (°C)
t_0	0	15,1
t_1	3	16,5
t_2	6	19,5
t_3	9	23,5
t_4	12	28,6
t_5	15	34,4
t_6	18	37,1
t_7	21	39,1
t_8	24	38,9
t_9	27	37,2
t_{10}	30	35,5

▼ Figura 15
Riportando i dati sulla carta millimetrata si può ottenere un grafico con l'andamento delle misure. L'elaborazione dei dati può essere eseguita anche tramite un foglio elettronico di calcolo.

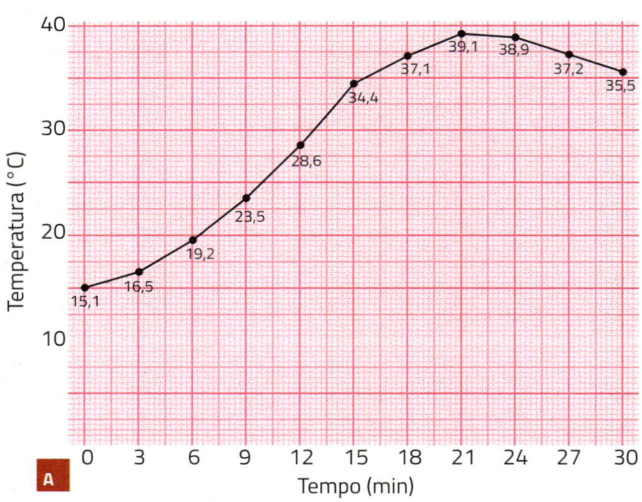

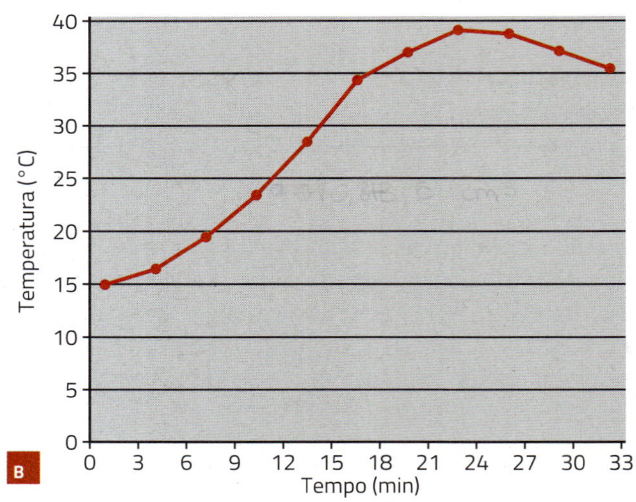

Facciamo il punto

1. Quali sono le variabili che ritroviamo in un esperimento?
2. Quale variabile viene considerata nell'asse x di un grafico?

2 - Per saperne di più

Errare humanum est: gli errori nella pratica di laboratorio

Gli antichi ci insegnano che «errare è umano». Cicerone, Seneca e tante altre figure illustri del mondo romano hanno riportato nei loro scritti che è impossibile per l'uomo non commettere errori. Questa verità accomuna ancora l'uomo antico e quello moderno e deve essere concepita, da un punto di vista scientifico, come una conseguenza immediata delle leggi della statistica.

Tutte le misurazioni comportano un'incertezza che dipende da diversi tipi di errore. Se pesiamo la massa di un solido con la bilancia, se misuriamo il volume di un liquido con un cilindro graduato, se registriamo un tempo con il cronometro dobbiamo tenere in considerazione tutte le fonti di errore che influenzeranno la misura (**figura**). L'errore può derivare dallo strumento che stiamo utilizzando, cioè la bilancia, il cilindro o il cronometro (*errore sistematico di tipo strumentale*), oppure dall'operatore, cioè colui che sta eseguendo la misurazione (*errore casuale*). Non esiste, quindi, una misura che non sia soggetta a errore: se da una parte dobbiamo rassegnarci a fare i conti con questa inevitabile «imperfezione», è altrettanto vero che dobbiamo cercare di minimizzarla il più possibile.

Gli errori, infatti, non devono essere sottovalutati, perché spesso non si limitano alla misurazione eseguita, ma si «propagano». Se la misura rilevata è sottoposta a operazioni numeriche insieme ad altre grandezze misurate sperimentalmente, gli errori associati si influenzeranno a vicenda e dovranno essere considerati contemporaneamente nell'espressione del risultato finale: questo è quello che in statistica viene detto **propagazione degli errori**.

Dal monitoraggio ambientale alla diagnosi di una malattia, i dati analitici possono avere un peso molto rilevante e per questo devono essere raccolti con la massima accuratezza. Ogni giorno vengono eseguite sperimentalmente una quantità enorme di analisi chimiche che investono direttamente la nostra vita quotidiana: valutare la potabilità dell'acqua, stabilire se un terreno è contaminato, monitorare i gas di scarico dei mezzi di trasporto, determinare i valori nutrizionali degli alimenti, controllare la qualità di un acciaio, di un materiale plastico o di un prodotto ceramico sono solo alcune delle più comuni analisi condotte nei laboratori. La precisione di un'analisi chimica, quindi, può incidere in modo significativo sulle scelte pratiche di una comunità ambientale o di una realtà produttiva, soprattutto quando devono essere rispettate delle normative e degli standard qualitativi.

Come fare per ridurre il più possibile gli errori nella pratica di laboratorio? L'utilizzo di macchine, di strumenti e di procedure automatizzate sono solo alcune delle vie che permettono di lavorare con una maggiore precisione. Per migliorare la riproducibilità di una procedura, occorre non solo scegliere accuratamente il materiale e le attrezzature adeguate, ma anche seguire delle buone prassi di laboratorio (*GLP: Good Laboratory Practice*). Per questo, sono state realizzate delle vere e proprie procedure operative standard dette *SOP* (*Standard Operating Procedure*), protocolli che descrivono passo dopo passo le operazioni che devono essere compiute in laboratorio per eseguire una particolare metodica, consentendo di migliorare nel complesso l'efficienza e la qualità di un'analisi.

Per garantire l'affidabilità dei risultati, l'Organizzazione Internazionale per la Normazione, comunemente chiamata *ISO* (*International Organization for Standardization*), ha inoltre definito una serie di norme tecniche e di linee guida che identificano i requisiti necessari per raggiungere specifici livelli di qualità riconosciuti a livello internazionale. Per fare un esempio, la sigla *UNI EN ISO 9001* è uno degli standard di riferimento più utilizzati per la gestione della qualità, diffuso non solo nei laboratori analisi ma in tutti i settori produttivi.

In conclusione, l'errore non può mai essere né eliminato né sottovalutato, perché accompagna ogni operazione sperimentale, dalla pratica al calcolo. Inoltre, produce sempre un effetto: il suo campo non è limitato, ma va a influenzare le operazioni successive fino al risultato finale, con un effetto domino. Possiamo, quindi, dire che non è un'esclusiva dell'uomo, perché anche le macchine statisticamente possono sbagliare; tuttavia è nostro compito minimizzarlo il più possibile.

Per imparare come ridurre gli errori nelle misure sperimentali puoi guardare i video nell'ebook:

Come si fa? *Usare una bilancia elettronica*

Come si fa? *Misurare il volume di un liquido*

Come si fa? *Misurare la densità di un solido*

Inoltre, per imparare alcune importanti regole di base del laboratorio di chimica, puoi guardare questi video nell'ebook:

Come si fa? *Manipolare i reagenti chimici*

Come si fa? *Scegliere la vetreria adatta*

SINTESI DI FINE CAPITOLO

LO SAI? RIPASSA CON LO SMARTPHONE

La chimica
La **chimica** studia la composizione, la struttura e le trasformazioni della materia: la **materia** è tutto ciò che possiede una massa e occupa uno spazio.

Il metodo scientifico o sperimentale
Il **metodo scientifico** si articola in diverse fasi: osservazione e domanda di ricerca, confronto con altri scienziati, formulazione di un'ipotesi, conduzione di un esperimento, raccolta e analisi di dati sperimentali, verifica dell'ipotesi e conclusione, condivisione dei risultati.

Le osservazioni qualitative e quantitative
Le **osservazioni qualitative** indicano le caratteristiche esteriori di un fenomeno; le **osservazioni quantitative** sono condotte attraverso misurazioni.

Livello macroscopico, microscopico e simbolico
Il **livello macroscopico** della materia può essere studiato osservando a occhio nudo. Se invece ci interessano le caratteristiche interne della materia, la indaghiamo a **livello microscopico**, cioè ne studiamo le è costituito da particelle di base che la compongono, gli atomi. Il **livello simbolico** descrive e interpreta quello macroscopico e quello microscopico con equazioni e simboli chimici.

Il Sistema Internazionale delle unità di misura
Le proprietà che possono essere misurate si chiamano **grandezze fisiche**. Il Sistema Internazionale delle unità di misura, o SI, si basa su sette **grandezze fondamentali**.

Ogni grandezza ha la propria unità di misura. Si usano anche multipli e sottomultipli, indicati simbolicamente da un prefisso che precede il nome dell'unità di misura.

La **notazione scientifica** è una particolare notazione esponenziale che si usa per esprimere numeri molto grandi o molto piccoli: essa consiste nel prodotto tra un numero decimale compreso tra 1 e 9 e una potenza di 10. L'**ordine di grandezza** del numero è espresso dalla potenza di 10.

Le grandezze estensive e intensive
Le **grandezze estensive** dipendono dalla dimensione del campione (per esempio, massa, peso, lunghezza, volume ecc.). Le **grandezze intensive** non dipendono dalla dimensione del campione ma sono caratteristiche del corpo materiale, come la densità e la temperatura.

Le grandezze estensive
Le grandezze estensive più comuni sono lunghezza, volume, massa e peso.

La **lunghezza** si misura con il metro (m). Attualmente il metro è definito come lo spazio percorso dalla luce nel vuoto in 1/299792458 secondi.

Il **volume** misura lo spazio occupato da un corpo ed è una grandezza derivata da una lunghezza. L'unità di misura del volume nel SI è il metro cubo (m^3).

La **massa** esprime l'inerzia di un corpo, cioè la resistenza che un corpo oppone alla variazione dello stato di quiete o di moto. È misurata in kg.

Il **peso** è una forza che dipende alla massa ma anche dall'accelerazione di gravità ($P = m \cdot g$). È misurato in newton (N).

Le grandezze intensive
La **densità** è il rapporto tra la massa e il volume ($d = m/V$); è una proprietà intensiva della materia che varia al variare della temperatura del campione. È comunemente espressa in kg/m^3 o g/cm^3.

La **temperatura** indica lo stato termico di un corpo; è una grandezza intensiva che fornisce una misura di quanto un corpo è caldo o freddo.

Le **scale termometriche** permettono di misurare la temperatura. Le scale più comuni sono la *Celsius* e la *Kelvin*.

Per convertire gradi kelvin in Celsius si applica l'equazione T (K) = t (°C) + 273,15; per convertire gradi Celsius in kelvin si applica l'equazione t (°C) = T (K) −273,15

Esiste anche la **scala Fahrenheit** usata nel mondo anglosassone: t (°C) = 5/9 (°F−32).

L'energia e il calore
L'**energia** è la capacità di un corpo di eseguire lavoro e trasferire calore. Il lavoro è espresso dalla legge

$$\text{lavoro} = \text{forza} \cdot \text{spostamento}$$

Il **calore** è una modalità con cui l'energia si trasferisce da un corpo a temperatura più elevata a un corpo con temperatura più bassa.

Il calore può essere misurato in joule e in calorie.

Gli errori nelle misure
Tutte le misure sono affette da errori. Gli **errori** possono essere **sistematici** o **accidentali**. Gli errori sistematici sono legati all'imprecisione dello strumento, mentre gli errori accidentali dipendono da piccoli cambiamenti delle condizioni in cui avviene la misurazione.

Media aritmetica, errore assoluto e relativo
La **media aritmetica**, $\bar{x}$, si calcola sommando tutti i valori delle misure e dividendo il risultato per il numero dei valori.

L'**errore assoluto**, e_a, si ottiene calcolando la differenza tra il massimo valore misurato e il valore minimo, dividendo il risultato per 2.

L'**intervallo dei valori attendibili** si ottiene considerando la media aritmetica più e meno l'errore assoluto: $x \pm e_a$.

L'**errore relativo**, e_r, è dato dal rapporto tra l'errore assoluto, e_a, e la media dei valori $\bar{x}$. L'errore relativo moltiplicato per 100 fornisce l'**errore percentuale**.

Una **misura** è **precisa** quando i valori non si discostano molto dal valore medio; è **accurata** se la media è vicina al risultato vero.

Le cifre significative
Le **cifre significative** indicano l'incertezza di una misura; sono tutte le cifre certe di una misurazione più la prima incerta.

Se nelle operazioni si ottengono risultati con cifre che non sono tutte significative, si deve procedere all'**arrotondamento**.

La raccolta e l'analisi dei dati
La **raccolta dei dati** deve essere impostata seguendo un metodo ordinato che permetta una rielaborazione agevole. Per la raccolta di dati si usano tabelle e fogli elettronici.

Bisogna individuare le **variabili**, cioè le grandezze che possono variare nel corso dell'esperimento: la variabile indipendente e la variabile dipendente.

VERIFICA LE TUE CONOSCENZE

ZTE ONLINE

Rispondi alle domande.

1. **Per quale tipo di osservazioni, riguardanti le proprietà della materia e le sue trasformazioni, è necessario l'uso di strumenti?**

....

....

....

....

....

2. **Di quali aspetti della materia si occupa la chimica?**

....

....

....

....

....

Esegui le conversioni tra unità di misura.

3. **Converti le seguenti misure usando le unità fondamentali del SI.**

Misura	Misura (SI)
153 mg	0,000153 kg
3 mm	0,003 m
50 min	3000 s
25 L	0,025 m³

4. **Converti in metri le seguenti lunghezze.**

a) 15,3 nm 0,0153 m

b) 74 mm 0,074 m

c) 0,050 km 50 m

d) 96,8 dm 9,68 m

5. **Converti in kilogrammi le seguenti masse.**

a) 4500 g 4,5 kg

b) 0,0008 mg 0,0000000008 kg

c) 78 hg 7,8 kg

d) 13,5 mg 0,0000135 kg

6. **Converti in metri cubi i seguenti volumi.**

a) 600 cm^3

b) 30 km^3

c) 0,0009 km^3

d) 45 mm^3

7. **Converti in secondi i seguenti tempi.**

a) 40 h

b) 56 min

c) 120 ms

d) 12 h

8. **Converti in metri cubi i seguenti volumi.**

a) 186 L 0,186 m³

b) 12 mL 0,000012 m³

c) 0,50 cm3 0,0000005 m³

d) 250 dL 0,025 m³

9. Barra la risposta esatta.
Quali unità di misura si riferiscono alla lunghezza secondo il SI?

A cm^3

B m

C ms

D mg

10. Vero o falso?

a) Due biglie di diversa massa non possono avere lo stesso volume. V F

b) Due biglie dello stesso materiale hanno la stessa densità solo se le loro masse e i loro volumi sono uguali. V F

c) Due biglie di uguale volume possono avere diversa densità. V F

d) Due biglie di diverso volume e diversa massa devono avere densità diverse. V F

Rispondi alle domande.

11. **Tre piccole sfere, una di rame e le altre, rispettivamente di ferro e di oro, hanno uguale diametro. Quale di esse ha massa minore?**

....

....

....

....

....

12. **Che cos'è l'energia?**

....

....

....

....

....

13. **Perché l'energia è una grandezza estensiva e la temperatura è intensiva?**

PERCHE CON L'AUMENTO DELLA MASSA AUMENTA ANCHE L'IMPIEGO DI ENERGIA MENTRE CON LA TEMPERATURA NON È SOGGETTA A VARIAZIONI AL VARIARE DELLA MASSA

14. **A quante calorie equivalgono 1000 J?**

....

....

....

....

15. **A quanti Celsius corrisponde la temperatura di 40 °F?**

....

....

....

....

16. **Perché la scala kelvin delle temperature è detta «assoluta»?**

....

....

....

....

....

17. Barra la formula esatta dell'errore relativo.

A $e_r = \bar{x}/e_a$

B $e_r = e_a/\bar{x}$

C $e_r = e_a \cdot \bar{x}$

D $e_r = e_a/2$

18. Un corpo ha massa 1,45 mg. Stabilisci:

- quale serie di misure è più accurata;
- quale serie di misure è più precisa.

a) 1,9 mg; 2,1 mg; 2,0 mg; 2,1 mg

b) 2,1 mg; 1,7 mg; 1,2 mg; 1,4 mg

c) 1,6 mg; 1,4 mg; 1,5 mg; 1,3 mg

d) 1,41 mg; 1,98 mg; 1,19 mg; 1,63 mg

19. **Quante cifre significative sono presenti nei seguenti numeri?**

a) 1,345 ..4..

b) 125 000 ..3..

c) 0,010340 ..4..

d) 10,9 ..3..

e) 109 ..3..

f) 13 875,02 ..3..

Barra la risposta esatta.

20. **Quante cifre significative devono essere indicate nel risultato della seguente operazione?**

654,94 m × 0,007 m

A 4

B 5

C 1

D 3

21. Indica quante sono le cifre significative e poi completa le seguenti equivalenze.

a) 47,7 cm^3 = ... m^3

b) 11,0 kg = ... g

c) 0,24 km = ... nm

d) 567 L = ... mL

e) 55 m^2 = ... cm^2

f) 300 K = ... °C

VERIFICA LE TUE ABILITÀ

22. Classifica ognuna delle seguenti affermazioni come osservazione, legge o teoria.

a) Un atomo è formato da protoni elettroni e neutroni.

b) Il cloro è un gas molto reattivo.

c) Il neon è un gas inerte.

d) Quando un chiodo di ferro arrugginisce dentro una scatola chiusa, la massa della scatola più quella del chiodo non cambia.

Rispondi alle domande.

23. **Per quale motivo la chimica può essere definita una scienza?**

24. **In un giorno d'inverno si è registrata una temperatura minima di −0,8 °C. Potresti esprimere questo dato in forma esponenziale?**

25. **Qual è la differenza tra grandezze intensive e grandezze estensive? Rispondi in otto righe indicando almeno un esempio per ciascuna categoria.**

26. **Le membrane cellulari hanno uno spessore compreso fra 5 e 10 nm. Converti i valori in metri e in ångström.**

27. **Qual è la differenza fra massa e peso? Come varierebbero massa e peso del tuo corpo misurati sulla Luna, anziché sulla Terra? Rispondi in otto righe.**

28. **Sapendo che l'accelerazione di gravità è 9,8 m/s², calcola il peso di un oggetto di massa pari a 2,5 g nell'unità di misura del SI.**

29. **È corretto pensare che dal rapporto fra due proprietà estensive della materia derivi una terza proprietà che deve essere estensiva a sua volta?**

30. **È corretto affermare che la densità e il volume sono grandezze inversamente proporzionali?**

31. **Perché nella tabella delle densità si precisa che i valori sono riferiti alla temperatura di 20 °C?**

32. **Tre piccole sfere, una di rame e le altre, rispettivamente di ferro e di oro, hanno uguale diametro. Quale di esse ha massa minore? (Suggerimento: consulta tabella 4.)**

33. Barra i completamenti esatti.
La densità di una sfera di piombo

A aumenta all'aumentare del suo diametro.

B non dipende dalla quantità di materia che si considera.

C è la massa dell'unità di volume.

D ha valori diversi a seconda della forma dell'oggetto che si considera.

Rispondi alle domande usando, se necessario, i dati in tabella 4.

34. **Tre biglie, una di zinco e le altre, rispettivamente, di alluminio e di argento, hanno ciascuna una massa di 10,0 g. Disponi le biglie in ordine di diametro crescente.**

35. **Perché un liquido viscoso come l'olio galleggia sull'acqua, assai meno viscosa?**

36. **Un oggetto di legno ha massa di 476 g e volume di 545 mL. Qual è la densità del legno?**

37. **Calcola la densità del benzene sapendo che 166 g occupano un volume di 188 mL.**

83/94 g/cm³ = 0,88 g/mL

38. **Qual è la densità dell'idrogeno, in grammi/litro, se 100 L di gas hanno una massa pari a $8,93 \cdot 10^{-3}$ kg?**

39. **Qual è il volume di 15 g di oro?**

40. **Qual è la massa di 5,00 L di diossido di carbonio?**

41. **Calcola il volume di una sostanza che ha una densità di 0,87 g/cm³ sapendo che la massa di tale sostanza è 0,50 kg.**

500/0,87

42. Indica quale strumento permette di misurare la massa di un corpo e rispondi alle domande.

- Se usassi la stessa bilancia a due piatti a Roma oppure a Lima per misurare lo stesso oggetto otterresti lo stesso valore?
- Perché non puoi usare un dinamometro per misurare la massa di un corpo? Rispondi in dieci righe.

43. Inserisci i valori mancanti nella tabella.

Oggetto	Dimensioni	Massa
blocco di ghiaccio	12 m^3	
piano cucina in granito	60 cm × 120 cm × 4,0 cm	
olio di oliva	1,0 L	
aria in una stanza	4,0 m × 4,5 m × 2,7 m	

Rispondi alle domande.

44. Qual è la differenza tra temperatura e calore?

....

45. In due becher uguali, contenenti entrambi 100 mL di acqua a 10 °C, si sono versati, rispettivamente, 10 mL e 100 mL di acqua bollente. La temperatura finale nei due recipienti è diversa. Che cosa puoi dire sulla grandezza «calore» in base a questo esperimento?

....

46. Con la relazione fra le scale Celsius e Fahrenheit, dimostra che le temperature di −40 °C e −40 °F coincidono.

....

47. È corretto affermare che l'errore assoluto, per una serie di misure, è un numero non seguito da unità di misura?

....

48. Se esamini una serie di misure, che risultano precise ma non accurate, che cosa puoi pensare sul modo in cui sono state ottenute?

....

49. Un corpo è stato pesato più volte ottenendo i seguenti risultati:

a) 11,21 g
b) 11,23 g
c) 11,20 g
d) 11,23 g
e) 11,15 g
f) 11,23 g

- Calcola: la media aritmetica, l'errore assoluto, l'incertezza della misura, l'intervallo dei valori attendibili, l'errore relativo, il valore della misura correttamente arrotondato.

....

- Quante cifre significative hai usato per esprimere la misura arrotondata?

....

Barra la risposta esatta.

50. Quante cifre significative devono essere indicate nel risultato della seguente espressione?

13,726 + 0,027/8,221

A 1
B 2
C 3
D 4
E 5

UNITUTOR
VERSO L'UNIVERSITÀ

Preparati ai test di ammissione sul sito Unitutor

51. Se il pianeta Terra improvvisamente raddoppiasse il suo raggio mantenendo la stessa densità, cosa succederebbe al peso di un corpo, misurato sulla superficie del pianeta?

A si dimezzerebbe
B si raddoppierebbe
C rimarrebbe costante
D diventerebbe un quarto
E si quadruplicherebbe

[dal test di ammissione a Veterinaria, 2012-13]

TEST YOURSELF

52. Answer the questions.

The coldest permanently inhabited place on Earth is the Siberian village of Oymyakon.

- On 1926, the temperature reached a shivering −71,2 °C. How many kelvin?
- Only Antarctica has recorded official lower temperatures: the lowest (−89,2 °C) was recorded near the Russian station of Vostok. How many kelvin in this case?

....

53. A sample of vegetable oil has a density of 0,916 g/mL. What is the mass of 225 mL of the oil?

....

VERSO L'ESAME: LE TUE COMPETENZE

INTERPRETA

54. Gli esercizi da 54 a 58 sono riferiti tutti ai dati della tabella che riporta i valori di concentrazione di CO_2, espressi in parti per milione (ppm), registrati da una centralina meteorologica nell'arco di una giornata.

Tempo (ore del giorno)	CO_2 (ppm)
00:04.00	489,7
01:04.00	464,3
02:04.00	490,2
03:04.00	490,1
04:04.00	493,7
05:04.00	510,4
06:04.00	493,7
07:04.00	497,0
08:04.00	517,7
09:04.00	499,9
10:04.00	504,6
11:04.00	500,0
12:04.00	469,0
13:04.00	467,9
14:04.00	465,4
15:04.00	461,9
16:04.00	469,9
17:04.00	459,0
18:04.00	393,6
19:04.00	403,5
20:04.00	395,0
21:04.00	394,2
22:04.00	391,2
23:04.00	414,3

In riferimento alla tabella, completa le seguenti frasi.

a) La variabile indipendente è ....

b) La variabile dipendente è ....

c) L'unità di misura è ....

d) L'intervallo di tempo tra due misurazioni successive è ....

INTERPRETA

55. Osserva i dati della tabella e rispondi alle seguenti domande.

a) È possibile conoscere la concentrazione alle ore 14:10.00? Perché?

b) In quale momento della giornata si registrano i massimi valori di emissione?

c) In quale momento si registra il valore minimo?

INTERPRETA

56. La concentrazione atmosferica media di CO_2 è 380 ppm.

a) Quali sono i valori della giornata in cui nella tabella si registrano valori più simili a questi?

b) Qual è il valore medio di concentrazione di CO_2 della giornata? Indicalo con il numero di cifre significative adeguato e con l'arrotondamento opportuno; confrontalo poi con la concentrazione atmosferica media.

RAPPRESENTA

57. Costruisci il grafico relativo alla tabella riportando il tempo in ascisse, le concentrazioni della CO_2 in ordinata, scegliendo come livello di base della concentrazione di CO_2 il valore medio presente in atmosfera (380 ppm).

a) Perché non ha senso partire da concentrazione pari a zero?

b) La concentrazione di CO_2 resta costante oppure subisce delle variazioni?

IPOTIZZA

58. La centralina di rilevamento si trova vicino a un viale cittadino con traffico intenso e nelle vicinanze di una scuola; la giornata a cui si riferiscono le misurazioni era lavorativa.

a) Sapresti ipotizzare perché il valore più alto misurato si registra intorno alle ore 8?

b) Proponi un esperimento che possa provare l'ipotesi che hai formulato.

INTERPRETA

59. Le temperature di fusione e di ebollizione del cloruro di sodio (NaCl) sono rispettivamente 801 °C e 1413 °C. Esprimi le stesse temperature in kelvin.

INTERPRETA

60. Se la densità del diamante è 3,51 g/cm3 e la massa di 1 carato vale 0,200 g, qual è il volume di un diamante di 3 carati?

RICERCA

61. Fai una ricerca sulle temperature minime e massime registrate ieri nei capoluoghi di regione italiani.

a) Calcola la media aritmetica delle due serie di valori.

b) Calcola la media aritmetica di tutti i valori considerati.

c) Puoi affermare che una delle tre medie calcolate è la temperatura media dell'Italia nella giornata di ieri? Perché? Rispondi in dieci righe.

SPIEGA

62. Un metallo, indicato con A, ha una densità 2,9 volte maggiore rispetto alla densità di un altro metallo, B. Considera ora due sfere, una del metallo A e una di B: che esse hanno la stessa massa e il volume di A è pari a 4,2 cm^3. Calcola il volume della sfera di B.

RIFLETTI

63. Un tuo compagno ha registrato, in laboratorio, i seguenti dati: 1,2 g di rame + 0,64 g di zolfo.

Sul suo quaderno ha scritto quindi che la somma delle due masse è 1,84 g. Sei d'accordo?

RIFLETTI

64. Tre oggetti hanno tutti massa 3,80 kg e rispettivamente un volume di 380 cm^3, 300 cm^3 e 200 cm^3. Sono tutti fatti con oro e/o argento; due sono gialli e uno è grigio.

a) Sapresti dire qual è quello grigio?

b) Uno dei due oggetti gialli è fatto con argento e ricoperto di oro; sapresti dire se è maggiore il quantitativo di oro o di argento?

SEI PRONTO PER LA VERIFICA?

IN 1 ORA

Dopo aver studiato i contenuti del **capitolo 1**, svolgi la prova nel **tempo massimo di un'ora**.

Alla fine della prova **controlla le tue risposte** con le soluzioni che troverai sul sito online.zanichelli.it/chimicanatura2ed e **calcola il punteggio** totale che hai conseguito.

CONOSCENZE

1. Distingui le osservazioni di tipo qualitativo da quelle quantitative.

a) Valutare al tatto la diversa temperatura di due oggetti.

b) Misurare il tempo in base alla posizione delle stelle.

c) Misurare il consumo di gas prendendo nota dei dati del contatore.

d) Valutare il diverso peso di due oggetti sollevati da terra con le braccia.

e) Usare una bilancia in cucina.

(10 punti se hai risposto correttamente) ...../10

2. A quali livelli, oltre a quello macroscopico, si svolge il lavoro di indagine dei chimici?

(5 punti se hai risposto correttamente) ...../5

3. Vero o falso?

a) Il calore può essere misurato in J. V F

b) L'unità di misura della temperatura nel SI è il °K. V F

c) Il calore è una grandezza estensiva. V F

d) La stessa quantità di calore fornito a due corpi di uguale massa ma di diverso materiale può portarli a temperature diverse. V F

(10 punti se hai risposto correttamente) ...../10

4. Perché la densità è una grandezza derivata? Come varia il suo valore, per un corpo di massa *m* al variare della temperatura?

(10 punti se hai risposto correttamente) ...../10

5. Barra il completamento esatto.
La massa

A è una proprietà estensiva della materia.

B è una forza.

C è una grandezza derivata, come il volume.

D è espressa con le stesse unità di misura del peso.

(5 punti se hai risposto correttamente) ...../5

6. Rispondi alle domande su massa e peso.

a) Se la massa è la quantità di materia di un corpo, come definisci il peso?

b) Da quale unità di misura sono rispettivamente seguiti i valori di massa e di peso?

c) Con quale strumento si misurano le masse? E i pesi?

d) Come varia il peso di un corpo al variare della sua posizione sulla superficie terrestre?

e) Si può prevedere un comportamento analogo a (d) anche per le masse?

(15 punti se hai risposto correttamente) ...../15

Barra il completamento esatto.

7. Quale dei seguenti dati contiene quattro cifre significative?

A 0,0009 B 0,0090 C 0,745
D 40,86 E 28,080

(5 punti se hai risposto correttamente) ...../5

ABILITÀ

Rispondi alle domande.

8. Se sulla Luna l'accelerazione di gravità corrisponde a circa 1/6 del valore terrestre, qual è il peso «lunare» di un astronauta di 70 kg terrestri?

(10 punti se hai risposto correttamente) ...../10

9. Dimostra con un esempio che il calore, a differenza della temperatura, è una grandezza intensiva.

(10 punti se hai risposto correttamente) ...../10

10. Un recipiente vuoto, con massa pari a 60,42 g, completamente riempito d'acqua, raggiunge il valore di 309,60 g. Dopo averlo svuotato e asciugato, lo si riempie con glicole etilenico e la sua massa risulta così pari a 338,72 g. Di quante volte il glicole etilenico è più/meno denso dell'acqua?

(20 punti se hai risposto correttamente) ...../20

PUNTEGGIO TOTALE ...../100

Se hai ottenuto:

- meno di 60 punti devi riprendere lo studio dei capitoli;
- tra 60 e 70 punti hai una preparazione sufficiente;
- tra 70 e 80 punti hai una preparazione buona;
- tra 80 e 100 punti significa che hai studiato a fondo.

Capitolo **2**

Le trasformazioni fisiche della materia

1 I sistemi materiali

La chimica studia le proprietà della materia e i suoi cambiamenti. I chimici compiono le loro indagini su porzioni limitate di materia, dette **sistemi**. Anche un semplice bicchiere d'acqua è un esempio di sistema. L'acqua è diversa dal bicchiere che la contiene: è liquida, incolore, inodore (che sono alcune delle sue proprietà caratteristiche).

A colpo d'occhio

STATI DI AGGREGAZIONE DELLA MATERIA
- SOLIDO
- LIQUIDO
- AERIFORME

I corpi materiali si trovano in diversi stati di aggregazione

Gli oggetti, o corpi materiali, hanno una massa e occupano uno spazio, ossia hanno un *volume*. Se esaminiamo, secondo la loro forma, alcuni oggetti che si trovano intorno a noi, vediamo che la materia può esistere in tre stati fisici diversi, denominati anche *stati di aggregazione della materia*: lo stato **solido**, lo stato **liquido** e lo stato **aeriforme** (gas o vapore) (**figura 1**).

I tre stati di aggregazione dipendono dalla natura chimica del corpo materiale, dalla temperatura e dalla pressione. Per esempio, il ghiaccio, formato da acqua, è un solido e rimane tale soltanto se la temperatura si mantiene sotto 0 °C alla pressione di 1 atm.

In che cosa differiscono solidi, liquidi e aeriformi?

I corpi solidi hanno una massa, un volume e una forma definiti. I corpi liquidi hanno una massa e un volume definiti, come i solidi, ma assumono la forma della parte di recipiente che li contiene. Infine vi sono gli aeriformi, che hanno una massa propria ma si espandono fino a occupare tutto il volume disponibile e ad assumere la forma del recipiente che li contiene.

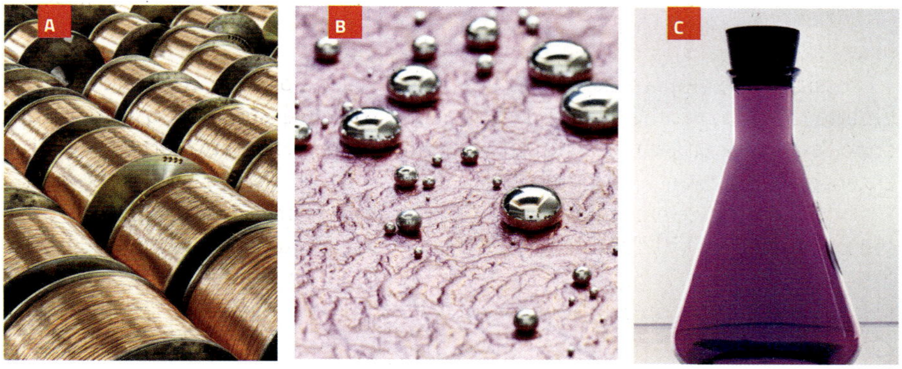

▸ **Figura 1**
Tre esempi di stati di aggregazione della materia: (A) fili di rame (stato solido), (B) gocce di mercurio (stato liquido) e (C) beuta contenente vapori di iodio (stato aeriforme).

Vi è un'altra differenza: gli aeriformi si possono comprimere, mentre i solidi e i liquidi sono pressoché incomprimibili (**tabella 1**).

	Solidi 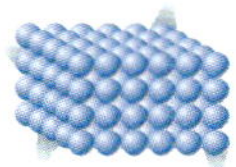	**Liquidi** 	**Aeriformi** 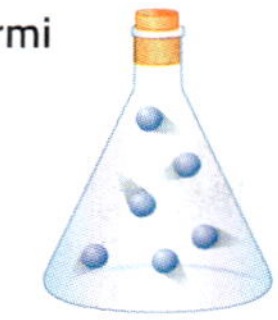
volume	proprio	proprio	occupano tutto il volume disponibile
forma	propria	assumono la forma del recipiente	assumono la forma del recipiente
densità	alta	media	bassa
effetto della pressione	incomprimibili (a pressioni non elevate)	incomprimibili (a pressioni non elevate)	comprimibili

◂ **Tabella 1**
Le proprietà caratteristiche dei tre stati di aggregazione della materia.

I sistemi materiali sono omogenei oppure eterogenei

La materia può essere distinta in *omogenea* ed *eterogenea*. Per esempio, l'acqua contenuta in un bicchiere è visibilmente uniforme: ogni piccola parte dell'acqua ha lo stesso colore e la stessa densità di qualsiasi altra. Siccome tutte le parti dell'acqua hanno le stesse proprietà intensive, non sono distinguibili l'una dall'altra e sono fisicamente delimitate dal bicchiere, diremo che il sistema è costituito da una sola *fase*.

Si dice **fase** una porzione di materia delimitata, che ha proprietà intensive uniformi e fisicamente distinguibile dalle altre.

Se versiamo nel bicchiere di acqua alcuni cucchiai di olio di oliva, poiché l'olio è un liquido che non si scioglie in acqua, vedremo due strati liquidi: l'acqua sotto e l'olio sopra (**figura 2**). La materia contenuta nel bicchiere non è più uniforme. In uno dei due strati avremo le proprietà intensive dell'acqua (colore, densità ecc.) e nell'altro quelle dell'olio (colore, densità ecc.). Diremo quindi che il contenuto del bicchiere è costituito da due distinte fasi, cioè che il sistema è eterogeneo.

Un sistema costituito da una sola fase è detto **omogeneo**; un sistema costituito da due o più fasi è detto **eterogeneo**.

▴ **Figura 2**
L'olio è un liquido che non si scioglie in acqua.

I corpi materiali sono costituiti da sostanze pure o miscugli

Da un punto di vista chimico la materia può anche essere suddivisa in due categorie: le **sostanze pure** e i **miscugli**. Sia le sostanze pure sia i miscugli possono essere a loro volta *omogenei* o *eterogenei*.

Secondo il linguaggio comune, l'acqua potabile, il latte e l'aria che respiriamo in alta montagna sono puri; quindi, la parola *purezza* è sinonimo di «non contaminato». In chimica, l'aggettivo *puro* assume un significato più preciso. Quando il chimico afferma che un corpo è puro vuol dire che esso è formato da una sola sostanza e quindi un solo tipo di particelle.

Un sistema è **puro** solo se è formato da una singola sostanza che possiede proprietà caratteristiche e ha una composizione costante.

Possiamo considerare l'acqua distillata un sistema puro mentre l'acqua di rubinetto non lo è, perché vi sono disciolte altre sostanze; sul fondo del recipiente, dopo l'evaporazione, rimane infatti un residuo bianco, i sali minerali che prima erano in soluzione.

Tutte le sostanze naturali sono più o meno impure ma le impurezze non sono sempre indesiderabili. Per esempio il silicio, un semiconduttore usato nei circuiti elettronici, è puro al 99,9999% e le sue straordinarie proprietà sono dovute proprio alle impurezze che contiene.

Le parole
Il **residuo fisso** è l'insieme dei sali minerali che si depositano sul fondo.

▸ **Figura 3**
(A) Un sistema chimicamente e fisicamente omogeneo (acqua allo stato liquido); (B) un sistema chimicamente omogeneo (acqua) e fisicamente eterogeneo (presenza di due fasi: stato solido e stato liquido).

A colpo d'occhio

SISTEMA MATERIALE

- UN TIPO DI PARTICELLE → SOSTANZA
- DUE O PIÙ TIPI DI PARTICELLE → MISCUGLIO

I sistemi che esamineremo possono essere costituiti da una sola sostanza oppure da più sostanze. Un sistema formato da una sola sostanza può essere omogeneo oppure eterogeneo. L'acqua distillata allo stato liquido costituisce un esempio di sistema omogeneo. Se però si raffredda il sistema fino a 0 °C, l'acqua distillata in parte passa allo stato solido (ghiaccio) e in parte rimane liquida; si ottiene così un sistema *fisicamente eterogeneo*. Anche se è costituito da una sola sostanza pura e quindi è *chimicamente omogeneo*, il sistema presenta *due fasi distinte* (**figura 3**), una solida (ghiaccio) e una liquida (acqua liquida).

I sistemi costituiti da due o più sostanze sono i **miscugli** (o **miscele**); anche i miscugli possono essere omogenei o eterogenei.

Se prendiamo del sale da cucina e lo sciogliamo completamente in acqua, abbiamo un **miscuglio omogeneo**. I grani di sale, infatti, non sono più visibili neanche al microscopio e tutte le zone del miscuglio hanno le stesse proprietà intensive, cioè costituiscono *una singola fase*. Anche acqua e alcol etilico formano un miscuglio omogeneo. Ai miscugli omogenei diamo il nome di *soluzioni*.

Un miscuglio omogeneo di due o più sostanze è chiamato **soluzione**. Il componente più abbondante del miscuglio è il **solvente**, mentre i componenti meno abbondanti si chiamano **soluti**.

▴ **Figura 4**
L'acciaio è una lega composta principalmente da ferro e carbonio. Alcuni tipi di acciai per la loro lucentezza e resistenza alla corrosione vengono usati in gioielleria.

Le soluzioni non sono soltanto liquide, come acqua e sale oppure acqua e zucchero. Esistono anche soluzioni gassose: l'aria che respiriamo è un miscuglio omogeneo di azoto, ossigeno e altri gas in percentuale minore. L'acciaio, il bronzo e le altre leghe metalliche sono invece esempi di soluzioni solide (**figura 4**).

Nei **miscugli eterogenei** le differenti fasi sono visibili a occhio nudo e al microscopio. I grani di sabbia, per esempio, sembrano avere tutti la stessa composizione, ma con una semplice lente di ingrandimento è possibile di stabilire la natura eterogenea di un campione di sabbia mentre, quando versiamo l'acqua gassata in un bicchiere, la fase liquida e la fase aeriforme si distinguono immediatamente (**figura 5**). Un **miscuglio eterogeneo** è costituito da più sostanze chimicamente definite e da fasi fisicamente distinguibili.

I materiali a noi noti, per la maggior parte, non sono sostanze singole ma miscugli più o meno complessi di sostanze diverse.

▴ **Figura 5**
(A) Un campione di sabbia ingrandito al microscopio ottico (ingrandimento 15x); (B) acqua gassata.

I miscugli eterogenei si possono formare tra fasi differenti

I miscugli eterogenei possono presentare aspetti assai diversi al variare dello stato di aggregazione dei costituenti (**figura 6**).

La **schiuma** è un tipico esempio di miscuglio costituito dalla dispersione di un gas in un liquido. Una soluzione saponosa si trasforma in schiuma insufflando aria con una cannuccia; allo stesso modo, la panna montata ha incorporato una certa quantità d'aria formando una schiuma.

La **nebbia** è un miscuglio eterogeneo acqua-aria, formato da minuscole goccioline d'acqua disperse e sospese nell'aria, come nelle nubi, mentre il **fumo** è un miscuglio eterogeneo di un solido in un gas. Il termine «smog», una miscela di fumo e nebbia nociva per la salute, deriva dalle parole inglesi *smoke* (fumo) e *fog* (nebbia).

L'**emulsione** è un miscuglio eterogeneo tra due o più liquidi immiscibili tra loro; agitandoli energicamente si formano minuscole goccioline difficilmente separabili. La maionese è un esempio di emulsione ottenuta agitando olio e tuorlo d'uovo.

▼ Figura 6
(A) L'aumento della concentrazione delle polveri sottili ($PM_{2,5}$), un indice dell'inquinamento atmosferico, è favorito dall'assenza di vento, di precipitazioni e dalla morfologia del territorio. (B) Un gelato è un'emulsione e una schiuma insieme. La parte grassa, data da panna, latte o uova, è miscelata con una soluzione acquosa che contiene zuccheri e aromi. Durante la produzione il mescolamento continuo incorpora nel gelato piccole bolle di aria che contribuiscono a renderlo più soffice. (C) Le vernici per il legno sono esempi di emulsioni, dove i pigmenti e le resine acriliche sono dispersi in un solvente acquoso.

A

B

C

I colloidi sono miscugli speciali

La distinzione tra miscugli omogenei ed eterogenei non è netta. Esiste, infatti, una classe di materiali a cui si dà il nome di **colloidi**, che presenta caratteristiche intermedie tra quelle dei due tipi di miscugli. I colloidi contengono particelle con un diametro compreso tra 10^{-9} e 10^{-6} m, disperse in un solvente; l'insieme delle particelle costituisce la fase dispersa, il solvente è la fase disperdente.

Dimensione particelle		
soluzioni	colloidi	miscugli eterogenei
$< 10^{-9}$ m	10^{-9} m - 10^{-6} m	$> 10^{-6}$ m

A prima vista i colloidi appaiono miscugli omogenei e, per questo motivo, vengono considerati «pseudosoluzioni». È possibile evidenziare la differenza tra soluzioni e colloidi utilizzando un raggio di luce.

Se la fase disperdente, liquida o gassosa, prevale su quella solida, parliamo di **sol**; sono esempi di sol le dispersioni di amido in acqua o l'albume dell'uovo (**figura 7**). Quando prevale la fase solida si ha un **gel**.

A

B

◀ Figura 7
(A) Nell'uovo crudo di riconoscono gli stati di sol (albume) e di gel (tuorlo). (B) Un esempio di gel è la gelatina da brodo, che diventa liquida per riscaldamento.

Con speciali procedimenti è possibile preparare il ferrofluido, una sospensione di cristalli di magnetite di dimensioni nanometriche disperse in acqua o olio che risentono dei campi magnetici. Le particelle magnetizzate possono creare disegni di notevole complessità (**figura 8**). Questo materiale è usato come lubrificante, per l'isolamento delle vibrazioni degli altoparlanti e nell'industria aerospaziale.

◂ **Figura 8**
Il ferrofluido è un colloide di magnetite. In presenza di un campo magnetico si creano nel fluido delle punte orientate secondo le linee del campo.

Facciamo il punto

1. Quali sono gli stati di aggregazione della materia?
2. Quando viene detto omogeneo un sistema materiale?
3. Che cos'è una fase? Acqua e ghiaccio insieme, quante e quali fasi presentano?
4. Perché non esistono in natura sistemi totalmente puri?
5. Come vengono anche chiamati i sistemi omogenei?
6. Che sistema è lo smog che ricopre le città con elevato inquinamento?
7. Perché i colloidi sono considerati «pseudosoluzioni»?

2 I miscugli omogenei o soluzioni

La solubilità esprime quanto una sostanza può sciogliersi in un solvente

Quando versiamo un cucchiaino di zucchero in un bicchiere di acqua, otteniamo un miscuglio omogeneo: non riusciamo più a distinguere i cristalli di zucchero e la soluzione è dolce in modo uniforme. Continuiamo ad aggiungere zucchero e a mescolare: a un certo punto l'acqua non sarà più in grado di sciogliere il soluto che rimarrà indisciolto nel bicchiere, formando il *corpo di fondo*. Una soluzione è **satura**, quando contiene la quantità massima possibile di soluto (**figura 9**).

La **solubilità** è la quantità massima di soluto che si può sciogliere in una determinata quantità di solvente a una certa temperatura. La solubilità varia da sostanza a sostanza e dipende dalle proprietà del soluto e del solvente: la benzina non è solubile in acqua ma forma un miscuglio omogeneo con l'olio.

Un altro fattore che influenza la solubilità è la temperatura. Nella maggioranza dei casi, la solubilità dei solidi e dei liquidi aumenta all'aumentare della temperatura, ma si conoscono eccezioni a questa regola: per esempio, la temperatura non ha alcun effetto sulla solubilità del sale da cucina, il cloruro di sodio (**figura 10**).

▴ **Figura 9**
Una soluzione satura di solfato di rame. Il solido sul fondo non si scioglie più.

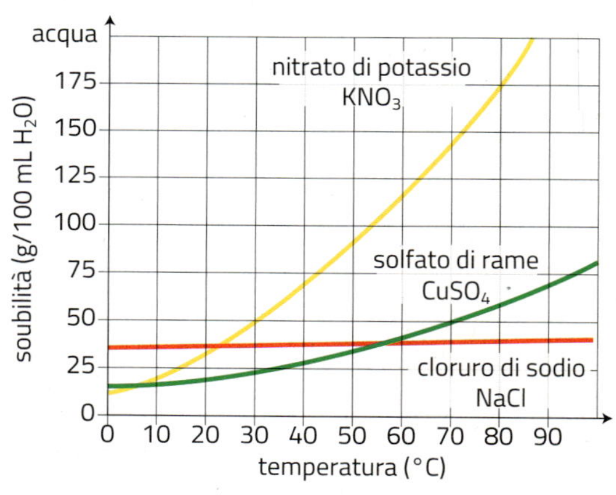

▸ **Figura 10**
Andamento della solubilità in funzione della temperatura per alcune sostanze.

I gas invece sono più solubili nei liquidi a basse temperature e alte pressioni. Una bevanda gassata, che contiene un gas disciolto in acqua, l'anidride carbonica, lo perde velocemente per effervescenza, se lasciata aperta e fuori dal frigo!

Le soluzioni possono essere diluite o concentrate

L'acqua di mare, un tè, il liquido per conservare le lenti a contatto sono esempi di soluzioni con le quali potresti avere a che fare nella vita di tutti giorni. Hai mai provato, nel corso di una intera giornata, a renderti conto di quante e quali sono le soluzioni che usi?

Le soluzioni che contengono piccole quantità di soluto, e quindi molto solvente, sono dette *diluite*, mentre quelle con elevate quantità di soluto sono dette *concentrate* (**figura 11**).

▲ **Figura 11**
Una soluzione più concentrata (A) contiene una maggiore quantità di soluto nell'unità di volume rispetto a quella più diluita (B).

I due termini hanno però un significato poco preciso. In chimica, invece, è necessario definire in modo rigoroso la concentrazione delle soluzioni.

La **concentrazione di una soluzione** è il rapporto tra la quantità di soluto e la quantità di soluzione (o di solvente), in cui il soluto è disciolto.

La determinazione della concentrazione permette di confrontare soluzioni con volumi diversi. Prendiamo in esame due soluzioni: la prima contiene 1,2 g di sale da cucina in 100 mL di soluzione, la seconda 4,5 g in 0,50 L. Quale delle due sarà più salata? La concentrazione, espressa in grammi per litro (g/L), della prima soluzione è 12 g/L (1,2 g/0,100 L) mentre per la seconda otteniamo un valore di 9,0 g/L. Quindi la prima soluzione è più salata.

Le concentrazioni percentuali esprimono rapporti tra soluto e soluzione

La concentrazione delle soluzioni si può esprimere in diversi modi, fra i quali:

1. La **concentrazione percentuale in massa (% *m*/*m*)** indica la quantità di soluto, espresso in grammi, sciolta in 100 g di soluzione:

$$\% \, m/m = \frac{m_{\text{soluto}} \text{ (g)}}{m_{\text{soluzione}} \text{ (g)}} \cdot 100$$

Per esempio, sciogliendo 15 g di sale da cucina (NaCl) in 85 g di acqua, otteniamo una soluzione che ha una concentrazione pari al 15% *m*/*m*; la massa della soluzione infatti è (15 + 85) g = 100 g (**figura 12**).

▼ **Figura 12**
Preparazione di una soluzione al 15% *m*/*m* di NaCl in acqua.

Guarda il video nell'ebook
La chimica in laboratorio
La preparazione di una soluzione

2. La **concentrazione percentuale massa su volume (% *m/V*)** è la quantità di soluto in grammi sciolta in 100 mL di soluzione:

$$\% \, m/V = \frac{m_{\text{soluto}}\,(\text{g})}{m_{\text{soluzione}}\,(\text{mL})} \cdot 100$$

Per esempio, una soluzione al 30% *m*/*V* contiene 30 g di soluto in 100 mL di soluzione. Moltiplicando per 10 tale concentrazione otteniamo i grammi di soluto in 1 litro di soluzione (g/L).

3. La **concentrazione percentuale in volume (% *V/V*)** è il volume di soluto, espresso in millilitri, sciolto in 100 mL di soluzione:

$$\% \, V/V = \frac{V_{\text{soluto}}\,(\text{mL})}{V_{\text{soluzione}}\,(\text{mL})} \cdot 100$$

Questo metodo è usato per esprimere la concentrazione dei vari gas che costituiscono l'atmosfera terrestre, oppure quella dell'alcol etilico nelle bevande alcoliche, per esempio nel vino. Se in etichetta leggiamo che il vino ha 12° (gradi alcolici), significa che la concentrazione percentuale in volume dell'alcol etilico è pari al 12% *V*/*V*: quindi in 100 mL di vino sono disciolti 12 mL di alcol.

Esercizio Svolto

Proviamo insieme

Calcola la concentrazione % *m/m* di una soluzione ottenuta sciogliendo 23 g di idrossido di potassio in 150 g di acqua.

Risoluzione

Conosciamo la massa del soluto (23 g) e la massa del solvente (150 g). Calcoliamo la massa della soluzione:

$$m_{\text{soluzione}} = m_{\text{soluto}} + m_{\text{solvente}} = 23 \text{ g} + 150 \text{ g} = 173 \text{ g}$$

Applichiamo ora la formula

$$\% \, m/m = \frac{m_{\text{soluto}}\,(\text{g})}{m_{\text{soluzione}}} \cdot 100 = \frac{23 \text{ g}}{173 \text{g}} \cdot 100 = 13\% \, m/m$$

Proviamo insieme

Determina la massa di cloruro di sodio necessaria per preparare 250 mL di una soluzione con una concentrazione del 7,6% *m*/*V*.

Risoluzione

Applichiamo la formula inversa per determinare la massa di soluto:

$$m_{\text{soluto}} = \frac{\% \, m/V \cdot V_{\text{soluzione}}}{100} = \frac{7{,}6\% \text{ g/mL} \cdot 250 \text{ mL}}{100}$$

Possiamo risolvere il problema anche ricorrendo alle proporzioni.
Una soluzione al 7,6% m/V contiene 7,6 g in 100 mL quindi:
7,6 g : 100 mL = *x* g : 250 mL

$$x = \frac{7{,}6 \text{ g} \cdot 250 \text{ mL}}{100 \text{ mL}} = 19 \text{ g}$$

Le soluzioni hanno densità diversa rispetto al solo solvente

Per passare dalla concentrazione percentuale massa su volume alla concentrazione percentuale in massa e viceversa, bisogna conoscere la densità della soluzione. Infatti:

$$\% \, m/V = \% \, m/m \cdot d$$

Quando sciogliamo una sostanza solida in un solvente liquido la densità della soluzione è più alta di quella del solvente; inoltre maggiore è la concentrazione del soluto maggiore è la sua densità.

Una soluzione formata da due sostanze liquide, come acqua e alcol, ha, invece, una densità intermedia rispetto a quella delle sostanze pure. La densità dell'alcol è inferiore a quella dell'acqua e questo spiega perché dei cubetti di ghiaccio, che galleggiano in acqua, possano andare a fondo in un bicchiere di superalcolico, cioè in una soluzione dove la percentuale di alcol può arrivare a superare il 50%.

Facciamo il punto

1. Quali sono i componenti di una soluzione?
2. Come definisci la solubilità di una sostanza?
3. Come varia la solubilità di una sostanza solida in un liquido (per esempio, sale da cucina in acqua)?
4. Aumentando la temperatura di una soluzione di un gas in acqua, la solubilità del gas diminuisce o aumenta?
5. Che cosa esprime la concentrazione di una soluzione?
6. Che cosa rappresenta la scrittura % *mm* per una soluzione?

3 Gli stati fisici e i passaggi di stato

Le sostanze e i materiali possono passare, per effetto delle variazioni di temperatura, da uno stato fisico a un altro attraverso i passaggi di stato.

I passaggi di stato si possono osservare quotidianamente: per esempio, le goccioline che si formano sul vetro freddo di una finestra, la «nebbia» artificiale che vedi durante un concerto musicale, il «fumo» che esce da una tazza di caffè bollente o la brina nei campi durante l'inverno.

Nella **figura 13** sono riportati tutti i possibili **passaggi di stato** e le loro denominazioni.

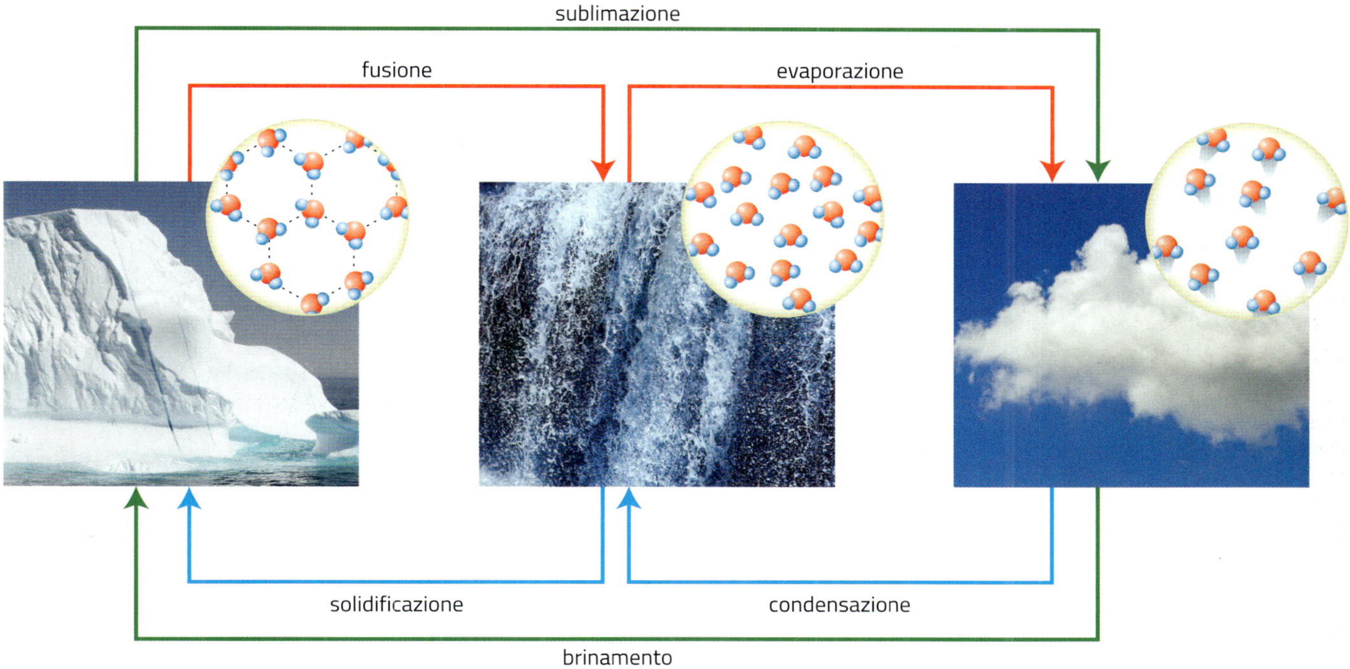

▼ **Figura 13**
Schema dei passaggi di stato: una sostanza può passare da uno stato di aggregazione all'altro.

Alla temperatura di 0 °C un cubetto di ghiaccio (solido) si trasforma in acqua (liquido): questo passaggio è chiamato **fusione**. All'aumentare della temperatura l'acqua diventa vapore: il passaggio di stato dalla fase liquida a quella di vapore è chiamato **evaporazione**.

Alcune sostanze solide, per riscaldamento, si possono trasformare direttamente in vapore senza passare per lo stato liquido tramite **sublimazione**. La nebbia prodotta durante i concerti è ottenuta da ghiaccio secco (CO_2 allo stato solido) mescolato ad acqua. La rapida sublimazione vaporizza istantaneamente l'acqua che forma le minuscole bollicine della nebbia.

Al diminuire della temperatura, i passaggi di stato avvengono in senso inverso. I gas possono trasformarsi direttamente in solidi: il fenomeno è denominato **brinamento**. Il passaggio dallo stato aeriforme a quello liquido per raffreddamento è detto **condensazione** e il passaggio dallo stato liquido a quello solido **solidificazione**.

I passaggi di stato portano a cambiamenti di densità

Consideriamo un materiale che passa dallo stato liquido allo stato aeriforme: il gas tende a occupare tutto lo spazio disponibile mentre la massa resta costante. Di conseguenza la densità diminuisce e di molto (**figura 14** a pag. successiva).

Nel passaggio dallo stato liquido allo stato solido, invece, si verifica una piccola diminuzione del volume e quindi un piccolo aumento della densità. L'acqua costituisce un'importante eccezione: il volume allo stato solido (ghiaccio), infatti, è

▸ **Figura 14**
Nel passaggio da liquido ad aeriforme, il volume aumenta e la densità diminuisce.

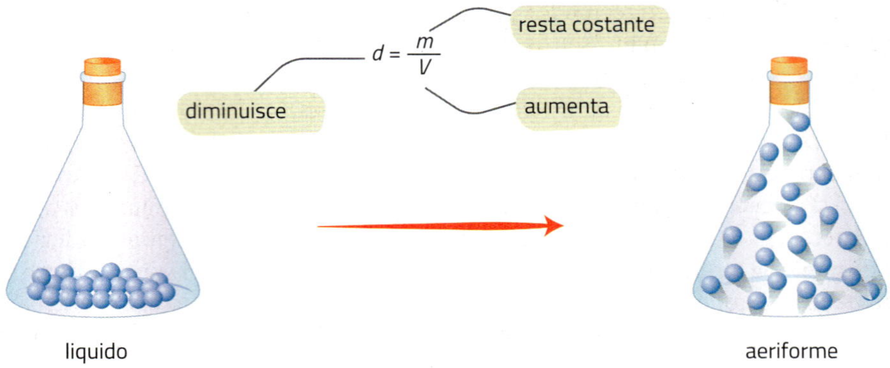

maggiore del volume della stessa quantità d'acqua allo stato liquido: di conseguenza, la densità del ghiaccio è minore di quella dell'acqua. Invece, lo stato solido di gran parte delle sostanze note ha sempre una *maggiore densità* del corrispondente stato liquido. Insomma, il solido di una determinata sostanza non galleggia, come l'acqua, ma affonda nella fase liquida della stessa sostanza.

La curva di riscaldamento di una sostanza pura presenta soste termiche

Un metodo eccellente per verificare il grado di purezza di un solido consiste nel determinare la sua temperatura di fusione, denominata anche **punto di fusione**.

Poniamo nel freezer a 218 °C un recipiente pieno d'acqua distillata con immerso un termometro. Il blocco di ghiaccio con il termometro, una volta estratto dal freezer, segnerà la temperatura di 218 °C. Lasciamo riscaldare a temperatura ambiente il recipiente contenente ghiaccio e termometro e annotiamo le temperature che leggiamo. Riportando su un grafico le temperature in funzione del tempo, otteniamo la cosiddetta **curva di riscaldamento** (figura 15).

▸ **Figura 15**
La curva di riscaldamento dell'acqua.

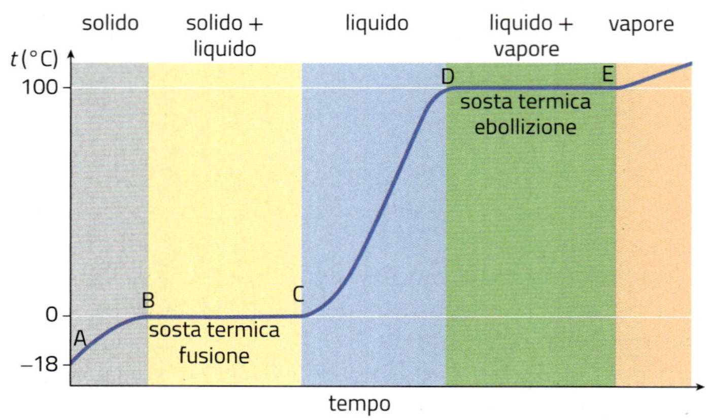

La temperatura dapprima cresce in maniera regolare, passando da –18 °C a 0 °C (area grigia). Quando il ghiaccio comincia a fondere, sulla curva compare un gradino (tratto B-C); anche se l'ambiente continua a cedere calore al miscuglio di acqua e ghiaccio, la temperatura non aumenta.

La temperatura alla quale coesistono acqua e ghiaccio è denominata temperatura di fusione.

Perché durante la fusione la temperatura non sale? Ciò accade perché il calore che viene assorbito serve a vincere le forze di coesione del solido e a trasformarlo in liquido.

La **temperatura di fusione** è una proprietà intensiva dell'acqua distillata e delle sostanze pure in generale; ogni sostanza, quindi, possiede una temperatura di fusione caratteristica.

Terminata la fusione di tutto il ghiaccio, la temperatura ricomincia a salire. La lunghezza del segmento B-C, chiamato **sosta termica**, dipende dalla quantità di ghiaccio che deve fondere: maggiore è la quantità di ghiaccio, più lunga sarà la sosta termica.

Torniamo al nostro recipiente pieno d'acqua liquida. Continuando a riscaldare, questa volta con un bunsen, la temperatura ricomincia a salire con regolarità, fino a 100 °C (area azzurra).

Raggiunti i 100 °C (alla pressione di una atmosfera), ha inizio l'ebollizione e si ha un'altra **sosta termica**: anche se continuiamo a fornire calore, la temperatura non aumenta più (tratto D-E).

Nell'intervallo di temperatura da 0 °C a 100 °C l'acqua evapora. Qual è la differenza fra evaporazione ed ebollizione? Finché la pressione del vapore è inferiore alla pressione atmosferica, il vapore si forma solo alla superficie del liquido e si ha l'evaporazione.

Quando la pressione del vapore che si accumula sopra al liquido, chiamata **tensione di vapore**, raggiunge il valore della pressione atmosferica, ha inizio l'ebollizione e le bolle di vapore si formano in tutto il liquido.

La temperatura alla quale la tensione di vapore eguaglia la pressione esterna è detta temperatura di ebollizione.

La temperatura di ebollizione (detta anche punto di ebollizione) è un'altra proprietà intensiva delle sostanze pure allo stato liquido (**tabella 2**). La temperatura di ebollizione dell'acqua, infatti, è sempre la stessa e non dipende dalla quantità (una goccia, un litro o più).

Sostanza pura	Temperatura di fusione (°C) a 1 atm	Temperatura di ebollizione (°C) a 1 atm
ossigeno	−219	−183
azoto	−210	−196
alcol etilico	−115	78,5
acqua	0	100
mercurio	−38,8	356,7
sale da cucina	801	1465
alluminio	660	2519
oro	1064	2856
tungsteno*	3422	5655

*Metallo che ha i più elevati punti di fusione e di ebollizione fra i metalli.

◂ **Tabella 2**
La temperatura di fusione e la temperatura di ebollizione sono proprietà intensive caratteristiche delle sostanze pure.

La lunghezza della sosta termica dipende invece dalla quantità d'acqua liquida. Fino a quando l'ultima goccia non si sarà trasformata in vapore, la temperatura non ricomincerà a salire.

Guarda il video nell'ebook
Videolab
La lacrima di ghiaccio

Il calore ceduto al corpo viene utilizzato per vincere le forze di coesione del liquido, separarne tutte le particelle e trasformarlo in vapore; nel vapore, infatti, tali forze risultano molto meno intense.

In realtà, per la stessa quantità di acqua, la lunghezza del «gradino», ossia della sosta termica, nel caso dell'ebollizione è circa sette volte maggiore della sosta termica della fusione.

Una volta scomparso il liquido, la temperatura del vapore ricomincerà a salire in maniera regolare (area arancio).

Per ogni sostanza pura si può disegnare la curva di riscaldamento, come abbiamo fatto con l'acqua. Quelle che cambiano sono la temperatura di fusione e la temperatura di ebollizione, che sono tipiche di ogni sostanza (**tabella 6**). Queste due proprietà intensive si possono utilizzare per identificare le diverse sostanze.

La curva di raffreddamento è inversa rispetto a quella di riscaldamento

Immaginiamo ora di raffreddare un recipiente pieno di vapore acqueo; se riportiamo in grafico i valori della temperatura in funzione del tempo, otterremo una curva inversa a quella di riscaldamento (**figura 15**).

Questa curva si chiamerà **curva di raffreddamento** (**figura 16**) dell'acqua. Tutte le sostanze pure, che possono esistere come aeriformi, hanno curve di raffreddamento simili a questa.

► **Figura 16**
La curva di raffreddamento dell'acqua.

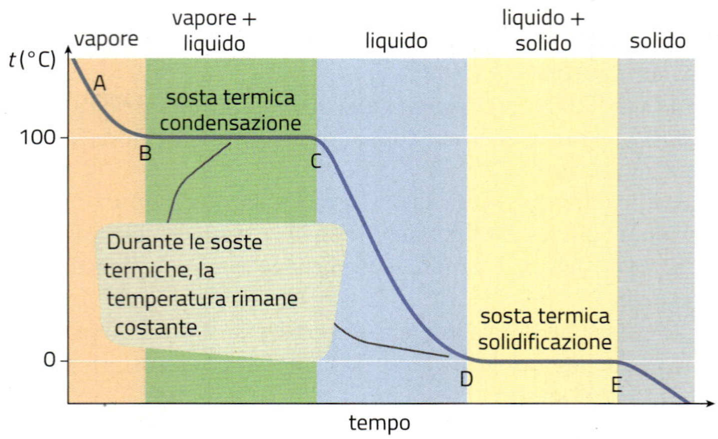

Cominciamo a raffreddare il vapore: la temperatura si abbassa gradualmente (area arancio), fino a quando il vapore comincia a trasformarsi in liquido (condensazione). Da questo punto in poi la temperatura rimane costante, anche se il vapore continua a cedere calore all'ambiente (tratto B-C).

Questa temperatura è denominata **temperatura di condensazione** del vapore acqueo.

Se i due passaggi di stato (condensazione ed ebollizione) avvengono alle stesse condizioni di pressione, la temperatura di condensazione è uguale alla temperatura di ebollizione.

Per l'acqua, alla pressione di 1 atm, questa temperatura è 100 °C. Durante la sosta termica (segmento B-C), tutto il vapore si trasforma in liquido.

Continuando il raffreddamento, la temperatura del liquido ricomincia a scendere con regolarità (area azzurra). Il tratto D-E corrisponde a una nuova sosta termica: ha inizio la trasformazione del liquido in solido, e la temperatura rimane costante. Questa è la temperatura di solidificazione, che per l'acqua a 1 atm di pressione è uguale a 0 °C.

Se i due passaggi di stato (solidificazione e fusione) avvengono alle stesse condizioni di pressione, la temperatura di solidificazione è uguale alla temperatura di fusione.

Completata la solidificazione di tutto il liquido, la temperatura ricomincia a scendere (area grigia). Tutte le sostanze pure hanno una curva di raffreddamento simile a quella dell'acqua, con temperature di condensazione e solidificazione caratteristiche di ogni sostanza.

La curva di riscaldamento di un miscuglio non ha soste termiche definite

Che cosa succede se sottoponiamo a riscaldamento una soluzione di acqua e sale? Trattandosi di un sistema omogeneo, potremmo aspettarci di ottenere una curva simile a quella dell'acqua distillata. La curva, invece, è diversa perché mancano le soste termiche della fusione e dell'ebollizione (**figura 17**).

Durante la fusione la temperatura aumenta gradualmente, a mano a mano che il solido scompare e si forma il liquido, e continua ad aumentare gradualmente anche durante l'ebollizione.

Anche le temperature dei passaggi di stato non corrispondono a quelle dell'acqua distillata: la soluzione inizia a solidificare a temperature più basse di 0 °C e comincia a bollire a temperature maggiori di 100 °C.

Tanto più concentrata è la soluzione tanto più grande è lo scostamento dalle temperature caratteristiche dei passaggi di stato dell'acqua distillata.

La determinazione del punto di fusione di una sostanza è, per questo motivo, un metodo eccellente per verificare il suo grado di purezza.

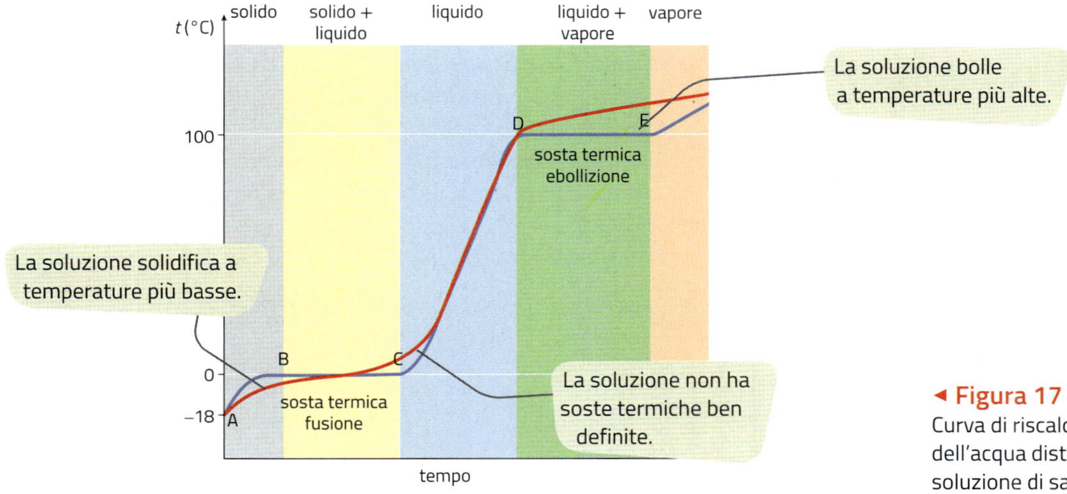

◂ **Figura 17**
Curva di riscaldamento dell'acqua distillata e di una soluzione di sale.

Facciamo il punto

1. Come viene detto il passaggio di stato da solido a liquido?
2. Che cos'è la sublimazione?
3. Che cosa accade alla densità di un corpo materiale se esso passa da liquido ad aeriforme?
4. Quale caratteristica particolare presenta l'acqua riguardante la densità del suo stato solido?

4 Le tecniche di separazione dei miscugli

Separare i componenti di un miscuglio può essere un'attività impegnativa, specialmente se si tratta dei componenti di miscugli omogenei. L'operazione è più facile con i miscugli eterogenei.

La filtrazione separa i solidi dai liquidi

Con l'uso di opportuni **filtri** è possibile separare particelle solide più o meno grandi da miscugli liquidi e gassosi. Per i miscugli liquidi si usano filtri di carta avvolti a forma di cono da cui il liquido scende *per gravità* verso il basso, lasciando sul filtro la parte solida (**figura 18**). Con questa tecnica è possibile separare la sabbia da un miscuglio eterogeneo acqua-sabbia.

La filtrazione è impiegata per separare l'acqua dai fanghi prodotti nella depurazione delle acque di scarico. Nei condizionatori un apposito filtro serve a trattenere le polveri dell'aria in entrata.

Guarda il video nell'ebook
Come si fa?
Filtrare un miscuglio solido-liquido

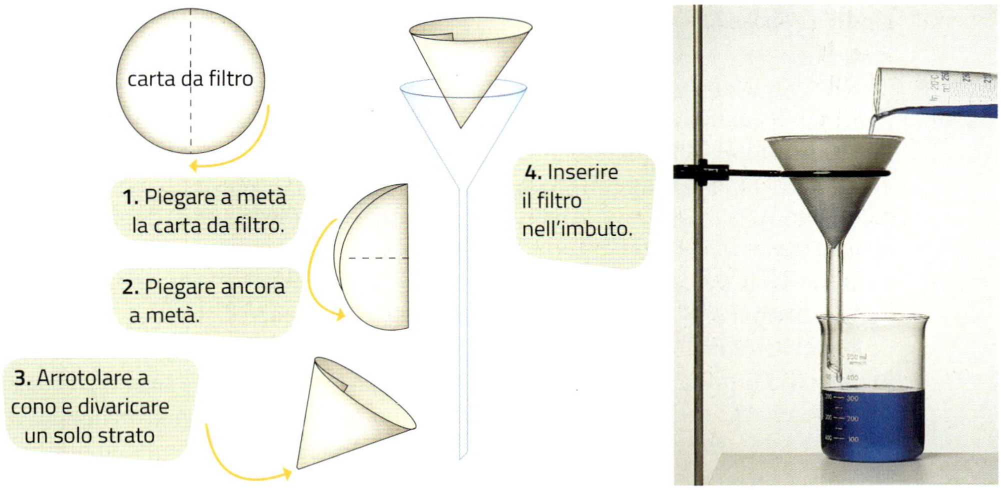

◂ **Figura 18**
Disegno schematico e apparecchiatura per la filtrazione.

La centrifugazione separa sostanze a diverse densità

I miscugli eterogenei di liquidi e/o solidi, aventi densità diverse, possono essere separati *per stratificazione* (*decantazione* o *sedimentazione*) di uno sull'altro. La **centrifuga** è un dispositivo che fornisce accelerazioni superiori a quella di gravità, consentendo una stratificazione più rapida.

In passato l'olio d'oliva, dopo la spremitura, si separava dall'acqua per decantazione in vasi di terracotta. Attualmente, per ottenere lo stesso risultato, si impiega la centrifuga. In biologia le centrifughe sono largamente utilizzate per separare i componenti delle cellule viventi (**figura 19**).

◂ **Figura 19**
(A) Separazione di acqua e sabbia mediante decantazione.
(B) Separazione di due liquidi immiscibili mediante imbuto separatore.
(C) Una centrifuga.

L'estrazione utilizza solventi specifici

Se un componente di un miscuglio è solubile in un dato liquido (solvente) può essere allontanato dal miscuglio. Il sistema è basato sulla capacità del solvente di sciogliere il componente del miscuglio che si desidera. Tale capacità è chiamata **affinità**. I pigmenti verdi delle foglie e quelli arancione della carota, per esempio, possono essere *estratti* con alcol etilico o etere di petrolio. La preparazione di tè e caffè è legata all'*estrazione selettiva* di alcuni componenti mediante acqua; il miscuglio eterogeneo ottenuto viene poi filtrato.

La cromatografia usa una fase fissa e una fase mobile

La **cromatografia** è la più versatile fra le tecniche di separazione. Ideata nel 1906 dal botanico russo Michail Tswett, questa tecnica non differisce in linea di principio dalla semplice estrazione, ma ne moltiplica l'efficacia. Il solvente, che si chiama *fase mobile* o *eluente*, trasporta i componenti del miscuglio attraverso un materiale detto *fase fissa*.

Nella **cromatografia su strato sottile** la fase fissa, costituita da un sottile strato di materiale inerte (silice o allumina), è fissata su una lamina di alluminio. La lamina si può ritagliare nelle dimensioni volute. Una tecnica più antica, ma ancora utilizzata in biochimica, è la **cromatografia su carta**: la separazione dei componenti di un miscuglio, deposto sulla lastrina o sulla carta sotto forma di macchia, è provocata dalla risalita della fase mobile. Il solvente si muove attraverso la fase fissa per azione capillare; le diverse sostanze del miscuglio si separano perché si muovono a velocità diverse (**figura 20** a pag. successiva).

Tecniche cromatografiche più complesse sono la **gascromatografia** e la **cromatografia liquida ad alta risoluzione** (**HPLC**, *High Performance Liquid Chromatography*): la prima utilizza come solvente di trasporto un gas, la seconda un liquido ad alta pressione. Con la gascromatografia, è possibile analizzare i campioni di fluidi biologici degli atleti per evidenziare anche deboli tracce di sostanze dopanti.

Ti ricordi?

L'**eluente** può essere una soluzione di più solventi diversi.

1. Prelevare un po' di soluzione colorata con una pipetta.

2. Deporre macchie di colore da 2-3 mm di diametro ben allineate e a 1 cm dal fondo.

3. Inserire la carta in un becher contenente poca acqua; essa non deve entrare a contatto diretto con le macchie di colore. Lasciar salire l'acqua per capillarità per 15 min.

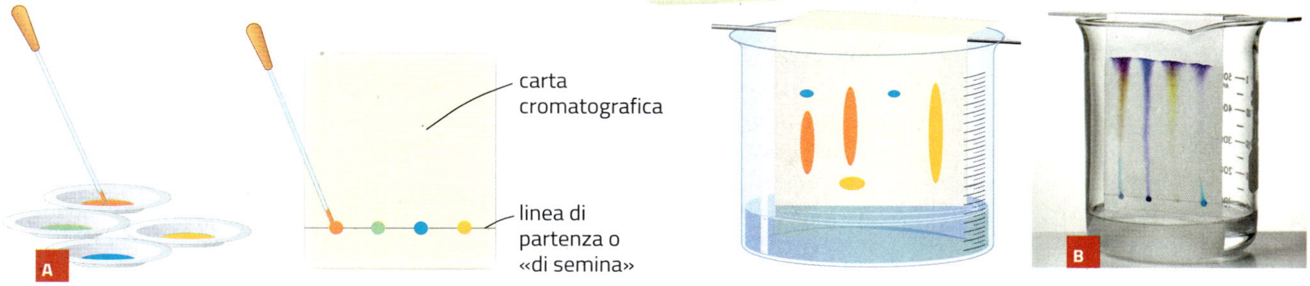

▲ **Figura 20**
(A) Separazione dei coloranti mediante cromatografia su carta. (B) Separazione mediante cromatografia su carta di inchiostri di penna a sfera. Ogni inchiostro nero è in realtà un miscuglio di molte sostanze colorate. Per separare i pigmenti è stato usato il seguente eluente: alcol butilico (6 mL); alcol etilico (2,5 mL); acqua (1,5 mL); acido acetico (1 goccia).

La distillazione separa grazie alla diversa volatilità dei componenti liquidi

La **distillazione** è il metodo privilegiato per la separazione di miscele liquide e si basa sulla diversa volatilità dei vari componenti. La volatilità rappresenta la tendenza a evaporare ed è più alta per i liquidi a basso punto di ebollizione.

La distillazione riunisce in sé due passaggi di stato: l'evaporazione e la condensazione. Il primo avviene nel recipiente in cui la miscela bolle; il secondo interessa i vapori, che condensano all'interno dell'apparecchiatura con acqua fredda. Il deposito in cui avviene la condensazione si chiama *refrigerante* (**figura 21**).

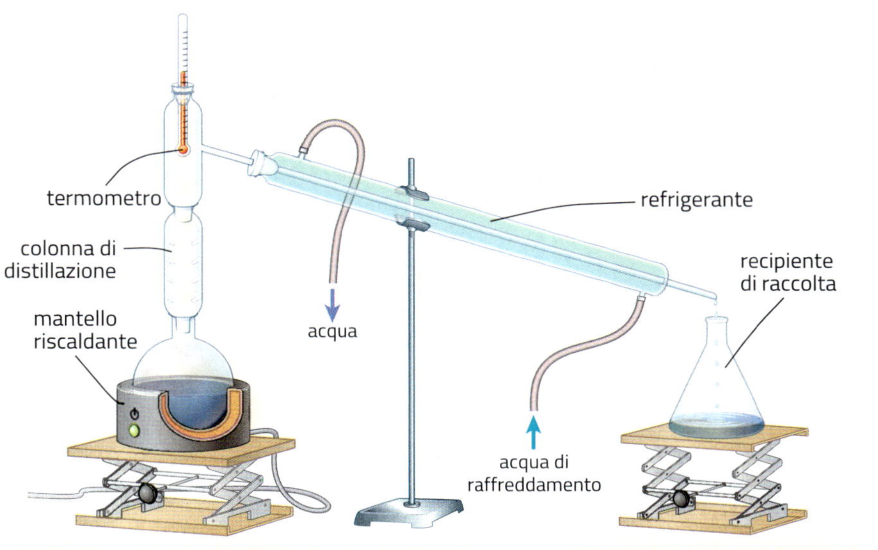

◄ **Figura 21**
Apparecchiatura per la distillazione.

Guarda il video nell'ebook
La chimica in laboratorio
La distillazione

I vapori di una miscela all'ebollizione sono più ricchi del componente che possiede la maggiore volatilità. Il componente più volatile si separa per primo recuperandolo una volta condensato.

La **distillazione semplice** permette di separare un liquido da sali non volatili disciolti, oppure più liquidi con temperatura di ebollizione molto diversa. La distillazione è usata, per esempio, per ottenere acqua «distillata», ovvero priva di sali disciolti.

La **distillazione frazionata** si utilizza invece quando i diversi componenti di una miscela liquida hanno temperature di ebollizione differenti, ma molto vicine fra loro, come nel caso del petrolio.

Guarda il video nell'ebook
La chimica in laboratorio
Ottenere l'acqua distillata

Facciamo il punto

1. Quale tecnica scegli per separare la sabbia dall'acqua?
2. Quali proprietà sfrutta la tecnica di centrifugazione?
3. In passato il caffè decaffeinato si otteneva usando un solvente per sciogliere la caffeina. Quale tecnica si usava?
4. Quale principio sfrutta la distillazione di una miscela di due liquidi?

SINTESI DI FINE CAPITOLO

LO SAI? RIPASSA CON LO SMARTPHONE

I sistemi materiali

Una porzione limitata di materia è detta **sistema**. Ogni sistema è formato da corpi materiali, in tre possibili stati fisici o di aggregazione: **solido**, **liquido** e **aeriforme**.

I corpi solidi hanno forma e volume proprio, i corpi liquidi hanno volume proprio ma assumono la forma del recipiente in cui sono contenuti. Gli aeriformi non hanno né forma né volume proprio, ma occupano tutto lo spazio a loro disposizione e sono quindi comprimibili.

Un corpo può trovarsi in uno dei tre stati in base alla natura chimica, alla temperatura e alla pressione.

Una **fase** è una porzione di materia delimitata che ha proprietà intensive uniformi, ed è distinguibile dalle altre. Un sistema costituito da un'unica fase è detto **omogeneo**, se è formato da due o più fasi è **eterogeneo**.

Le sostanze pure e i miscugli

Da un punto di vista chimico un sistema può essere formato da **sostanze pure** o da **miscugli**.

Un **sistema** è **puro** è formato da una sola sostanza che possiede proprietà caratteristiche e composizione costante. Un sistema puro è fisicamente **omogeneo** se formato da una sostanza pura in un'unica fase, è fisicamente **eterogeneo** se sono presenti due o più fasi della stessa sostanza pura.

I sistemi costituiti da due o più sostanze sono detti **miscugli** (o **miscele**).

I miscugli **omogenei** (o **soluzioni**) sono formati da un'unica fase. In ogni soluzione distinguiamo il **solvente**, più abbondante, e i **soluti** disciolti in esso. I miscugli **eterogenei** sono formati da più sostanze in fasi diverse.

I miscugli eterogenei e i colloidi

Miscugli eterogenei possono essere le **schiume** (formate da gas dispersi in un liquido), le **nebbie** (formate da gocce di liquido sospese in un gas) e le **emulsioni** (formate da più liquidi immiscibili suddivisi in goccioline minutissime difficilmente separabili).

I **colloidi** sono miscugli particolari simili alle soluzioni ma con particelle più grandi (tra 10^{-9} e 10^{-6} m), disperse in un solvente. Le particelle costituiscono la **fase dispersa** e il solvente è la **fase disperdente**: se prevale la fase disperdente si ha un **sol**, se prevale la fase solida si ha un **gel**.

I miscugli omogenei o soluzioni

Una soluzione è **satura** quando presenta un **corpo di fondo** che non si può sciogliere ulteriormente.

La **solubilità** è la quantità massima di soluto che si può sciogliere in una determinata quantità di solvente a una certa temperatura.

Le soluzioni con molto solvente rispetto ai soluti sono **diluite**, le soluzioni con poco solvente e molto soluto sono **concentrate**.

La **concentrazione** di una soluzione è il rapporto tra la quantità di soluto e la quantità di soluzione o di solvente in cui il soluto è disciolto. Si può esprimere in percentuale.

La **concentrazione percentuale in massa** (%*m/m*) si calcola:

$$\% \ m/m = \frac{m_{\text{soluto}} \ (\text{g})}{m_{\text{soluzione}} \ (\text{g})} \cdot 100$$

La **concentrazione percentuale massa su volume** (%*m/V*) si calcola:

$$\% \ m/V = \frac{m_{\text{soluto}} \ (\text{g})}{m_{\text{soluzione}} \ (\text{mL})} \cdot 100$$

La **concentrazione percentuale volume su volume** (%*V/V*) si calcola:

$$\% \ V/V = \frac{V_{\text{soluto}} \ (\text{mL})}{V_{\text{soluzione}} \ (\text{mL})} \cdot 100$$

Se si conosce la **densità** di una soluzione si può utilizzare per la conversione:

$$\% \ m/V = \% \ m/m \cdot d$$

Gli stati fisici e i passaggi di stato

I passaggi di stato sono trasformazioni fisiche che avvengono per variazioni di temperatura o pressione. I passaggi di stato portano a cambiamenti di densità. Nello schema sotto sono riportati i nomi dei passaggi di stato:

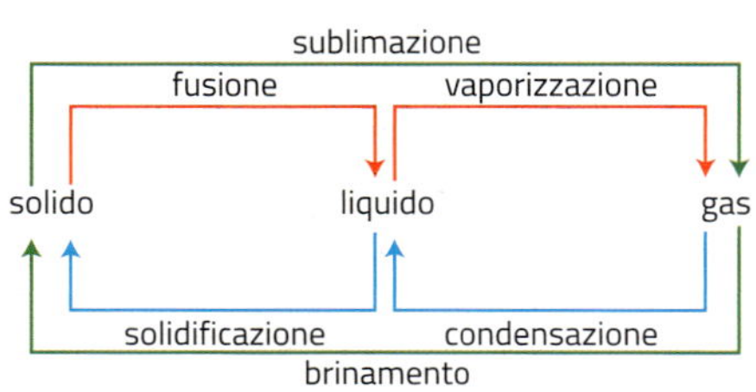

Le curve di riscaldamento

Le curve di riscaldamento e raffreddamento possono essere usate per distinguere le sostanze pure dai miscugli.

Nel caso di una sostanza, la **curva di riscaldamento** si ottiene fornendo calore nel tempo e misurando la temperatura. Essa presenta due **soste termiche**, tratti orizzontali in cui la temperatura resta costante durante i passaggi di stato: da solido a liquido e da liquido ad aeriforme. La **curva di raffreddamento** si ottiene raffreddando il sistema nel tempo e presenta due soste termiche: da aeriforme a liquido e da liquido a solido.

Nel caso di un miscuglio, le due curve di riscaldamento e raffreddamento non presentano invece soste termiche ben definite.

Le tecniche di separazione dei miscugli

La **filtrazione** utilizza filtri che separano particelle solide da miscugli liquidi o gassosi.

La **centrifugazione** separa miscugli di liquidi e solidi con diversa densità, stratificando le varie componenti, grazie a dispositivi rotanti ad alta velocità detti **centrifughe**.

L'**estrazione** separa i componenti di un miscuglio utilizzando opportuni solventi che sciolgono solo essi.

La **cromatografia** utilizza una fase mobile o eluente, che trasporta in modo selettivo i componenti del miscuglio attraverso una fase fissa. Esistono diversi tipi di cromatografia:

- su carta;
- su strato sottile;
- gascromatografia;
- cromatografia liquida ad alta risoluzione.

La **distillazione** separa miscele liquide sfruttando la diversa volatilità dei vari componenti. I liquidi a basso punto di ebollizione si separano per primi e sono seguiti da quelli a punto di ebollizione progressivamente più elevato.

La distillazione **semplice** permette di separare un liquido da soluti non volatili.

La distillazione **frazionata** permette di separare liquidi a punto di ebollizione molto vicino tra loro, come nel caso del petrolio.

VERIFICA LE TUE CONOSCENZE

ZTE ONLINE

1. Individua l'affermazione esatta.

A Si definisce fase una porzione di materia chimicamente distinguibile e delimitata che ha proprietà intensive uniformi.

B Si definisce fase una porzione di materia fisicamente distinguibile e delimitata che ha proprietà intensive uniformi.

C Si definisce fase una porzione di materia fisicamente distinguibile e delimitata che ha proprietà estensive uniformi.

D Si definisce fase una porzione di materia fisicamente distinguibile perché si trova in uno stato fisico diverso dal resto del materiale.

2. Vero o falso?

In una miscela di acqua e alcol etilico è immerso un piccolo oggetto metallico. Si può dire che questo sistema è eterogeneo perché

a) formato da tre sostanze chimicamente diverse tra loro. V F

b) il liquido ha proprietà intensive diverse dal solido. V F

c) le proprietà intensive dell'acqua sono diverse da quelle dell'etanolo. V F

d) costituito da fasi diverse. V F

Barra il completamento esatto.

3. Un miscuglio eterogeneo in cui un gas è disperso in un liquido si chiama:

A fumo

B gel

C emulsione

D schiuma

4. Con la parola *miscuglio* si deve sempre e solo intendere una miscela

A omogenea liquida.

B eterogenea formata da un solido e da un liquido.

C costituita da sostanze che si presentano in stati fisici diversi.

D di due o più sostanze o di una stessa sostanza in stati fisici diversi.

5. Le emulsioni sono miscugli eterogenei formati

A da due liquidi, come acqua e alcol etilico.

B da almeno un componente solido finemente suddiviso.

C da due liquidi insolubili l'uno nell'altro.

D dalla dispersione di un gas in un liquido.

6. La nebbia è un miscuglio

A eterogeneo, di un solido in un gas.

B eterogeneo, di un liquido in un gas.

C omogeneo, di gas a diversa densità.

D eterogeneo, solo in presenza di inquinanti.

7. Il passaggio di stato da solido ad aeriforme è denominato

A evaporazione.

B condensazione.

C brinamento.

D sublimazione.

8. Come è definita la temperatura a cui coesistono la fase solida e la fase liquida?

A Temperatura di ebollizione.

B Temperatura di fusione.

C Temperatura di evaporazione.

D Temperatura di condensazione.

Rispondi alla domanda.

9. Perché di prima mattina capita di bagnarsi le scarpe se si cammina su un prato mentre nel pomeriggio questo, in genere, non avviene? Quali passaggi di stato si verificano durante la notte e il giorno?

....

....

....

Vero o falso?

10. Considera le seguenti affermazioni riguardanti i metodi di separazione.

a) La cromatografia è una tecnica di separazione per miscugli eterogenei. V F

b) La distillazione è una tecnica di separazione che comporta dei passaggi di stato. V F

c) I miscugli eterogenei tra solidi e gas possono essere separati tramite filtrazione. V F

d) Una sostanza pura sottoposta a cromatografia su strato sottile produce una sola macchia. V F

11. Con la filtrazione si separano i componenti di un miscuglio formato

a) da due solidi suddivisi in particelle di diverse dimensioni. V F

b) da un liquido e da un solido in esso insolubile. V F

c) da una soluzione e dal corrispondente corpo di fondo. V F

d) da un liquido e da un gas. V F

12. Completa il brano.

La distillazione è un procedimento che permette di separare i componenti di un miscuglio .... sfruttando la diversa .... ossia la diversa tendenza a .... Si tratta di un metodo basato su due .... di .... : l'evaporazione e la .... I distillati del vino hanno rispetto a esso una gradazione alcolica .... perché l'alcol etilico ha una temperatura di ebollizione .... di quella dell'acqua.

Rispondi alle domande.

13. Qual è la differenza tra un sistema omogeneo e un sistema eterogeneo?

....

....

....

14. Qual è la differenza tra fase e stato fisico?

....

....

....

....

15. Che cosa significa che la solubilità del sale da cucina a 20 °C è di 360 g/L?

....

....

....

....

16. Definisci l'espressione *corpo di fondo*.

....

....

....

17. Quali sono, in generale, le differenze tra le solubilità di un solido e di gas?

....

....

....

....

18. Vi è una differenza fra punto di fusione e punto di solidificazione di una sostanza pura?

....

....

....

....

VERIFICA LE TUE ABILITÀ

19. Indica, dopo una discussione con i tuoi compagni, quali, fra le seguenti, sono sostanze pure e quali miscugli.

a) acqua di mare ....

b) olio di semi ....

c) sabbia ....

d) oro ....

e) ossigeno ....

f) bronzo ....

20. Barra il completamento esatto.
Il petrolio è estratto dal sottosuolo insieme ad acqua che contiene disciolte diverse sostanze. In questa forma, quindi, il petrolio è

A una sospensione.

B una soluzione.

C un sistema fisicamente eterogeneo e chimicamente omogeneo.

D un sistema fisicamente e chimicamente eterogeneo.

Rispondi alle domande.

21. **La solubilità di un solido nell'acqua, a una determinata temperatura, è una grandezza intensiva o estensiva?**

....

22. **Sapendo che l'ammoniaca è un gas, prevedi l'andamento della sua solubilità in acqua all'aumentare della temperatura.**

....

23. Vero o falso?
Se un recipiente, che contiene una soluzione satura del sale nitrato di potassio, viene lasciato aperto per qualche giorno (considera anche la possibilità che la temperatura cambi)

a) l'acqua in parte evapora e si forma il corpo di fondo. V F

b) la solubilità del nitrato di potassio diminuisce al diminuire della quantità di solvente. V F

c) la solubilità del nitrato di potassio rimane comunque invariata. V F

Rispondi alle domande.

24. **Sciogliendo in 80,0 mL di acqua distillata, 9,60 g di solfato di potassio, K_2SO_4, sostanza usata principalmente come fertilizzante, si ottiene una soluzione satura (t = 25 °C). Calcola la solubilità del solfato di potassio a 25 °C.**

....

25. **Nell'acqua di un acquario da 60 L sono disciolti 480 mg di ossigeno. Qual è la concentrazione dell'ossigeno disciolto?**

....

26. **Calcola la massa di acido solforico contenuta in 460 g di soluzione al 12,0% *m*/*m*.**

....

27. **Quanti grammi di soluto bisogna aggiungere a 50,0 g di una soluzione al 10,0% *m*/*m* perché la sua concentrazione raddoppi?**

....

28. **75,0 mL di una soluzione al 18,0% *m*/*V* vengono portati al volume di 1 L per aggiunta di acqua distillata. Calcola la concentrazione % *m*/*V* della soluzione così ottenuta.**

....

29. **74,0 g di cloruro di calcio sono stati sciolti in 650 g di acqua. Calcola la concentrazione *m*/*m* della soluzione.**

....

30. **265 g di una soluzione, con densità 1,20 g/mL, contengono 10,6 g di soluto. Calcola le concentrazioni % *m*/*m* e % *m*/*V*.**

....

31. **Un cocktail ha un volume di 200 mL e contiene un quarto di una bevanda alcolica che ha un contenuto di alcol etilico pari a 18°. Determina il volume di alcol presente nel cocktail e la sua gradazione alcolica.**

....

32. Barra la risposta esatta.
In quanti grammi di solvente sono disciolti 16 g di soluto se la concentrazione della soluzione è 20 % *m*/*m*?

A 64 g

B 80 g

C 96 g

D 84 g

Rispondi alle domande.

33. **Come puoi ottenere un campione puro di ferro da un miscuglio eterogeneo di polvere di marmo (insolubile) e sale da cucina, NaCl (solubile)?**

....

34. **Immagina di dover distillare un miscuglio composto per il 50% di acqua e per il 50% di un liquido sconosciuto che bolle a 55 °C. Le prime gocce di distillato sono più ricche di acqua o del liquido sconosciuto?**

....

35. Vero o falso?
Correggi le espressioni errate del tutto o in parte.

a) Con la parola «fase» si intende una porzione delimitata di materia che ha le stesse proprietà estensive in ogni sua parte. V F

b) Una sostanza pura, essendo chimicamente omogenea, deve essere sempre costituita da una sola fase. V F

c) Le fasi di un sistema possono essere separate le une dalle altre con procedimenti fisici. V F

d) Nelle bevande con alta gradazione alcolica i cubetti di ghiaccio non galleggiano. V F

36. **Quale delle seguenti curve corrisponde alla condensazione e alla solidificazione dei vapori di alcol puro?**

a) 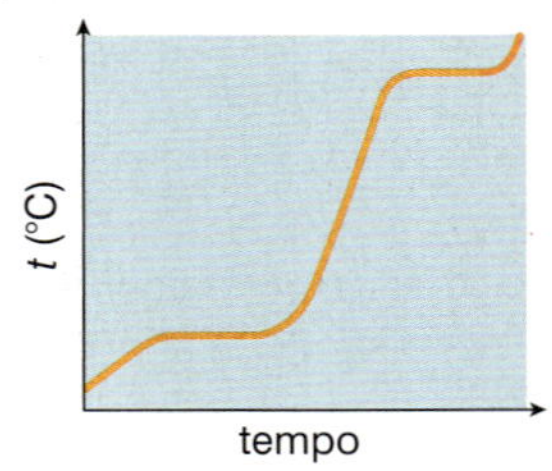

b) 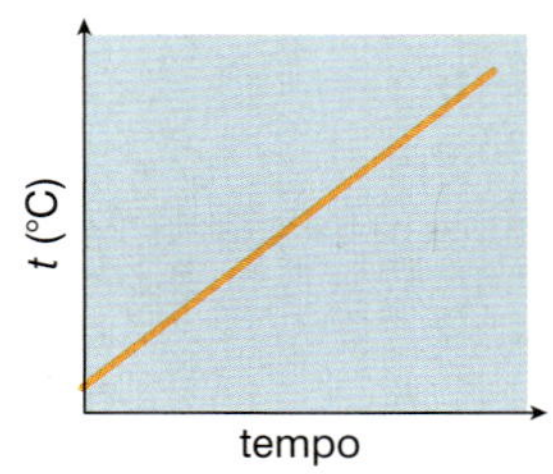

c) 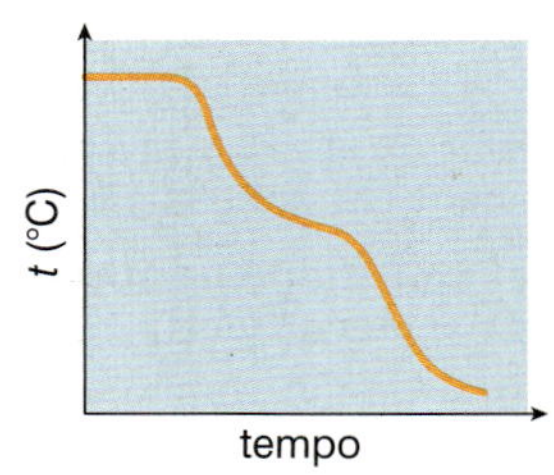

d) 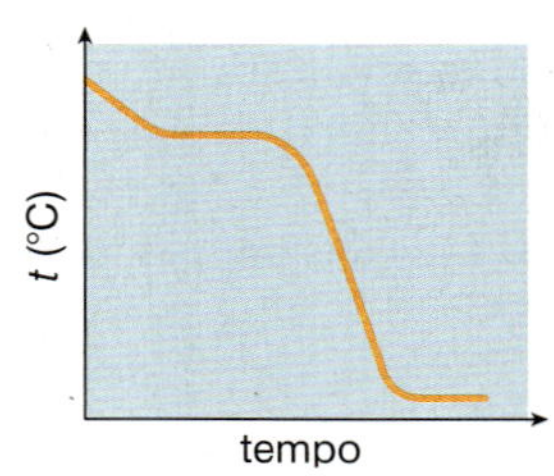

Rispondi alle domande.

37. **Perché volumi diversi di soluzioni di sale da cucina, aventi densità diverse, possono contenere la stessa quantità di soluto disciolto?**

....

....

38. **In quale caso, per una stessa soluzione, il valore della concentrazione % *m*/*V* risulterebbe minore rispetto alla concentrazione *m*/*m*?**

....

....

39. **A parità di massa, il volume di gran parte dei solidi è maggiore o minore di quello dei corrispondenti liquidi?**

....

....

40. Collega i passaggi di stato indicati con i termini che li contraddistinguono.

a) solido - liquido	1) fusione
b) gassoso - solido	2) sublimazione
c) liquido - gassoso	3) solidificazione
d) aeriforme - liquido	4) evaporazione
e) liquido - solido	5) brinamento
f) solido - gassoso	6) condensazione

Barra la risposta esatta.

41. **Quale tra le seguenti soluzioni è la meno concentrata?**

- A 20 g di glucosio in 0,800 kg di acqua.
- B 18 g di glucosio in 720 g di soluzione.
- C 30 g di glucosio in 1060 g di soluzione.
- D 3,0 g di glucosio in 0,060 kg di soluzione.

42. Vero o falso?

Se un recipiente, che contiene una soluzione satura di nitrato di potassio, viene lasciato aperto per qualche giorno (considera anche la possibilità che la temperatura cambi)

a) l'acqua in parte evapora e si forma il corpo di fondo. V F

b) la solubilità del nitrato di potassio diminuisce al diminuire della quantità di solvente. V F

c) la solubilità del nitrato di potassio rimane comunque invariata. V F

d) la soluzione potrebbe diventare insatura. V F

UNITUTOR
VERSO L'UNIVERSITÀ

Preparati ai test di ammissione sul sito Unitutor

43. **Durante la fusione di un corpo che si trova allo stato solido quale delle seguenti grandezze del sistema non cambia?**

- A La temperatura
- B L'energia termica
- C La velocità media con cui si muovono le sue particelle
- D Il volume
- E La densità

[dal test di ingresso a Medicina 2008-09]

TEST YOURSELF

44. Is it a pure substance or a mixture?

a) Aluminum ....

b) Apple juice ....

c) Carbon dioxide ....

d) Chicken soup ....

45. Is the system homogeneous or heterogeneous?

a) Water and ice ....

b) Water and olive oil ....

c) Water with sugar dissolved ....

d) Salt and pepper ....

46. Why is the boiling point an useful property for the identification of chemical substances?

VERSO L'ESAME: LE TUE COMPETENZE

SCHEMATIZZA

47. Scegli una sostanza che conosci e compila uno schema dei passaggi di stato che può subire. Inserisci nello schema i nomi dei passaggi lungo le frecce che li rappresentano.

SCHEMATIZZA

48. Crea una mappa concettuale che colleghi i termini elencati, inserisci anche i connettori logici tra i termini.
Miscuglio - omogeneo - eterogeneo - sostanza pura - sistema - fase

SCHEMATIZZA

49. Costruisci una tabella che riassuma le caratteristiche degli stati fisici della materia, con esempi per ciascuno di essi. Non dimenticare che le sostanze che scegli possono essere in diversi stati fisici a seconda delle condizioni di temperatura e pressione in cui si trovano, per cui indica anche valori possibili di queste due grandezze.

SPIEGA

50. Spiega perché le bevande gassate sono più frizzanti se servite fredde.

SPIEGA

51. La caffeina fonde a 178 °C ed è solubile nel cloroformio il quale è insolubile in acqua. La temperatura di ebollizione del cloroformio è 62 °C.

Spiega quali tecniche si potrebbero utilizzare per separare la caffeina dal caffè e ottenere caffeina pura.

SPIEGA

52. L'analisi cromatografica di un alimento di colore verde evidenzia la presenza di coloranti. Si vuole valutare se i coloranti sono quelli consentiti dalla legge. Utilizza i dati forniti dai due cromatogrammi per risolvere il problema.

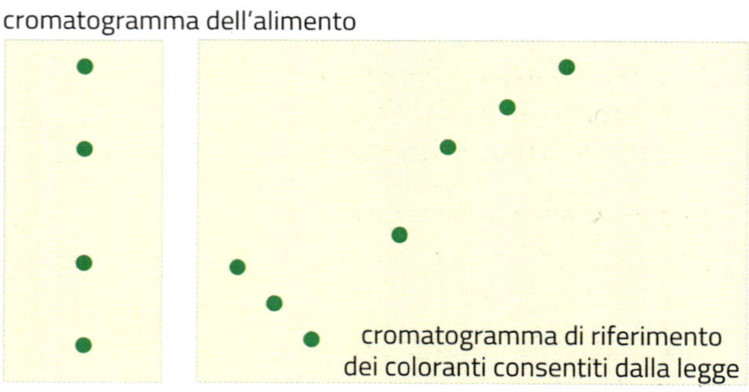

RICERCA

53. La parola «brinamento» ha origine da «brina». Quest'ultima è formata da minuscoli cristalli di ghiaccio che si depositano sul terreno nei mesi freddi, durante le ore notturne.

A che cosa si deve questo fenomeno?

INTERPRETA

54. Osservi che la solubilità in acqua di un solido a te sconosciuto diminuisce con l'aumentare della temperatura.

Come interpreti questo fenomeno?

INTERPRETA

55. Osserva attentamente il grafico e rispondi.

a) Come varia la solubilità del nitrato di potassio quando la temperatura passa da 30 °C a 80 °C?

b) È corretto affermare che a 70 °C la solubilità di KNO_3 è pari circa a tre volte quella di $CuSO_4$?

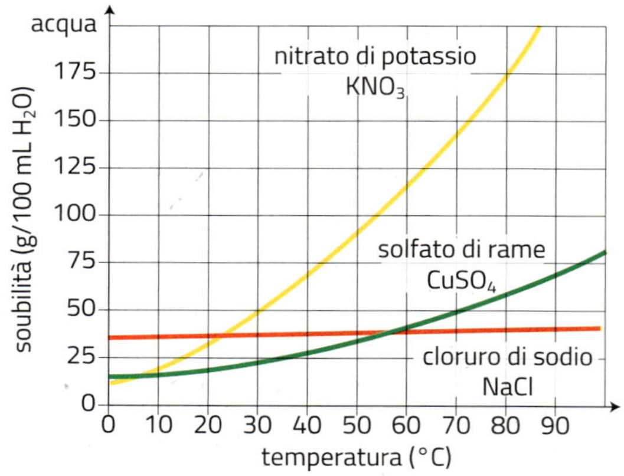

INTERPRETA

56. I diversi componenti cellulari possono essere separati tra loro per centrifugazione. Durante una discussione in classe, un compagno sostiene che, per questo, tutte le parti della cellula devono trovarsi allo stato liquido.

Qual è il tuo pensiero in merito? Motiva la tua risposta.

CONFRONTA

57. È possibile calcolare la concentrazione % *m*/*m* di una soluzione di acido solforico al 40% *m*/*V*, in assenza di altri dati?

RAGIONA

58. Di prima mattina capita di bagnarsi le scarpe se si cammina su un prato mentre nel pomeriggio questo, in genere, non avviene?

Perché? Quali passaggi di stato si verificano durante la notte e il giorno?

IPOTIZZA

59. Supponi di avere davanti a te un miscuglio di acqua e olio extravergine di oliva.

In che modo puoi separare i due liquidi senza modificare le proprietà organolettiche dell'olio?

RAGIONA

60. Il salgemma è un minerale costituito da cloruro di sodio purissimo e viene estratto insieme a impurità di sabbia.

In che modo si può separare il sale da tali impurità?

RAGIONA

61. Un miscuglio è composto da acqua, sabbia, olio, pigmenti fotosintetici.

Quali metodologie puoi utilizzare per separare ciascun componente di tale miscuglio? Rispondi in cinque righe.

SEI PRONTO PER LA VERIFICA?

Dopo aver studiato i contenuti del **capitolo 2**, svolgi la prova nel **tempo massimo di un'ora**.

Alla fine della prova **controlla le tue risposte** con le soluzioni che troverai sul sito online.zanichelli.it/chimicanatura2ed e **calcola il punteggio** totale che hai conseguito.

CONOSCENZE

Rispondi alle domande.

1. **Elenca la principali caratteristiche di solidi, liquidi e aeriformi. Perché i solidi e i liquidi sono definiti stati condensati della materia, a differenza degli aeriformi?**

(10 punti se hai risposto correttamente) ...../10

2. **La seguente affermazione contiene un errore. Quale? Motiva la tua risposta.**
Un sistema che presenta le stesse proprietà intensive in ogni sua parte è fisicamente e chimicamente omogeneo.

(10 punti se hai risposto correttamente) ...../10

3. **Come definisci un miscuglio eterogeneo? Considera un bicchiere che contiene del tè, due cubetti di ghiaccio e uno spicchio di limone. Quali sono le fasi in esso presenti? Sono tutte chimicamente eterogenee?**

(10 punti se hai risposto correttamente) ...../10

4. Completa il brano.

Le soluzioni sono miscugli ....
Esistono soluzioni liquide, ... e solide, come le .... Il latte, che è un .... ha aspetto uniforme se osservato a occhio nudo. Al microscopio, invece, rivela l'esistenza di goccioline di grasso immerse in un liquido trasparente. Il latte, quindi, è da considerare una ....

(10 punti se hai risposto correttamente) ...../10

5. Vero o falso? Correggi le espressioni errate.
Analizzando le curve di riscaldamento di quantità diverse di una stessa sostanza pura, si vede che

- [A] presentano entrambe due soste termiche ben definite.
- [B] la lunghezza delle soste termiche è la stessa, trattandosi della medesima sostanza.
- [C] la temperatura del vapore resta costante nel tempo.

(10 punti se hai risposto correttamente) ...../10

Rispondi alle domande.

6. **Un liquido limpido e incolore comincia a bollire alla temperatura di circa 78 °C. Durante l'ebollizione, però, la temperatura aumenta. Come giustifichi questo comportamento?**

(10 punti se hai risposto correttamente) ...../10

ABILITÀ

7. **Con 15,6 g di glicerolo, un liquido solubile in acqua, sono stati preparati 146,0 g di soluzione, di cui devi calcolare la concentrazione % *m*/*m*. La densità della soluzione ottenuta è uguale, maggiore o minore di quella dell'acqua? Quale dato dovresti conoscere per rispondere? Quali ipotesi puoi comunque fare?**

(10 punti se hai risposto correttamente) ...../10

8. **Un miscuglio è formato da due liquidi solubili l'uno nell'altro: alcol etilico e alcol metilico. Con quale procedimento potresti separarli? Motiva la tua risposta.**

(10 punti se hai risposto correttamente) ...../10

9. **Calcola la concentrazione percentuale in massa delle seguenti soluzioni. Qual è la più diluita?**

a) Soluzione contenente 3,0 g di soluto in 50 mL (densità di 1,2 g/mL).
b) Soluzione contenente 12 g di soluto in 240 g di solvente.
c) Soluzione di zucchero al 5,0% *m*/*m*.
d) D Soluzione al 5,00 % *m*/*V* con densità di 1,25 g/mL.

(10 punti se hai risposto correttamente) ...../10

10. **Individua, fra le seguenti, le soluzioni rispettivamente con minore e con maggiore densità.**

a) 50 g di soluto in 900 g di acqua.
b) 50 g di soluto in 900 g di soluzione.
c) 2,5 g di soluto in 45 g di soluzione.
d) 4,8 g di soluto in 84 g di soluzione.

(10 punti se hai risposto correttamente) ...../10

PUNTEGGIO TOTALE

...../100

Se hai ottenuto:

- meno di 60 punti devi riprendere lo studio dei capitoli;
- tra 60 e 70 punti hai una preparazione sufficiente;
- tra 70 e 80 punti hai una preparazione buona;
- tra 80 e 100 punti significa che hai studiato a fondo.

Capitolo 3

Dalle trasformazioni chimiche alla teoria atomica

1 Le trasformazioni della materia

Alcuni cambiamenti della materia sono semplici *mutamenti dello stato fisico*: l'acqua contenuta in un bicchiere evapora e lascia i sali minerali nel recipiente nel quale era contenuta, un ghiacciolo tenuto a temperatura ambiente tornerà a essere una soluzione zuccherina, i vapori di alcol all'interno di un refrigerante condensano e tornano allo stato liquido.

Accade qualcosa di molto diverso, però, quando scaldiamo in un tegame acqua e zucchero, versiamo del limone nel tè o lasciamo bruciare una candela. In questi casi siamo in presenza di una *trasformazione chimica*.

▲ **Figura 1**
L'acqua subisce continuamente delle trasformazioni fisiche.

Le trasformazioni possono essere fisiche o chimiche

Come abbiamo visto al capitolo precedente, l'acqua può passare da uno stato fisico all'altro rimanendo sempre la stessa sostanza (**figura 1**).

Anche la dissoluzione del comune sale da cucina in una pentola d'acqua è una trasformazione fisica: infatti, si può ottenere nuovamente il sale per semplice evaporazione del solvente.

Le trasformazioni che non alterano la composizione chimica di una sostanza si definiscono *trasformazioni fisiche* o *fenomeni fisici*.

Le **trasformazioni fisiche** provocano un cambiamento fisico reversibile della materia e non producono nuove sostanze.

Se riscaldiamo su una fiamma una striscia metallica di magnesio, essa si incendia e produce una luce bianca molto intensa; la striscia di magnesio, inizialmente grigia lucente, diventa bianca e perde di consistenza.

La striscia metallica di magnesio ha subìto una trasformazione chimica perché il magnesio, reagendo con l'ossigeno dell'aria, ha dato luogo a una nuova sostanza (ossido di magnesio) con proprietà molto diverse rispetto al metallo iniziale (**figura 2**).

Le trasformazioni che comportano la formazione di nuove sostanze con proprietà anche molto diverse da quelle dei materiali originari si chiamano *trasformazioni chimiche* o *reazioni chimiche*.

Le **reazioni chimiche** sono trasformazioni che comportano una variazione della composizione chimica delle sostanze originarie (**reagenti**), con formazione di nuove sostanze (**prodotti**).

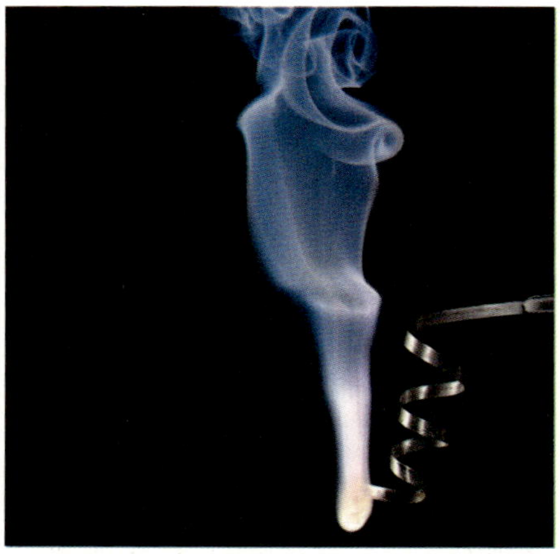

▲ **Figura 2**
La combustione di un nastro di magnesio è una trasformazione chimica.

Per rappresentare una reazione chimica occorre utilizzare simboli precisi. Si scrivono a sinistra i reagenti e a destra i prodotti, collegati da una *freccia* (→):

reagenti → prodotti

Le trasformazioni chimiche comportano quindi la formazione di prodotti costituiti da nuove combinazioni degli elementi presenti nei reagenti. Nel nostro esempio magnesio e ossigeno reagiscono per formare ossido di magnesio:

magnesio + ossigeno → ossido di magnesio

La freccia indica l'andamento della reazione, dà il senso di cambiamento e ci informa che i reagenti si trasformano in prodotti.

Guarda il video nell'ebook
VideoLab
Una combustione senza ossigeno

Come è possibile riconoscere una reazione chimica?

I materiali più complessi e gli stessi organismi viventi, come gli alberi e i fiori, si ottengono da materiali più semplici attraverso una lunga serie di reazioni chimiche. Anche il petrolio si è formato milioni di anni fa come prodotto di complicate reazioni chimiche. Tutte le trasformazioni del cibo che ingeriamo sono di natura chimica e sono reazioni chimiche anche la combustione di una candela o la sintesi del nylon (**figura 3**).

Anche se in una reazione chimica le sostanze originarie si trasformano profondamente, non sempre sono ben evidenti le differenze tra reagenti e prodotti. Molte reazioni, tuttavia, sono accompagnate da alcuni caratteristici cambiamenti, come:

Guarda il video nell'ebook
VideoLab
Versare l'invisibile

1. la formazione di bollicine;
2. un cambiamento di colore;
3. la formazione o la scomparsa di un solido (**figura 4**);
4. una variazione di temperatura del sistema;
5. il cambiamento di odore;
6. emissione di luce.

▲ **Figura 3**
Il nylon, usato anche per l'abbigliamento sportivo, si ottiene con una reazione chimica.

▲ **Figura 4**
Lo zinco reagisce con il nitrato di piombo e forma cristalli di piombo.

▲ **Figura 5**
Il riscaldamento di cristalli di iodio porta a una trasformazione fisica: si forma un vapore violetto con identica composizione chimica.

Queste osservazioni, condotte a livello macroscopico, ci indicano che si sono formate nuove sostanze e quindi nuove particelle a livello microscopico. Visto-si cambiamenti della sostanza originaria possono derivare, però, anche da una trasformazione fisica. I cristalli di iodio, grigi e lucenti, se riscaldati sublimano e formano un vapore violetto con identica composizione chimica (**figura 5**).

Per riconoscere con certezza la natura della trasformazione è necessario far ricorso all'*analisi chimica*, cioè a un processo di indagine che ci consente di determinare con notevole sicurezza la composizione delle sostanze.

Facciamo il punto

1. Spiega la differenza tra una trasformazione fisica e una trasformazione chimica. Fai un esempio per ciascuna.
2. Come sono chiamate le trasformazioni chimiche?
3. Come sono dette le sostanze che subiscono una trasformazione chimica?
4. Come sono dette le sostanze presenti al termine di una trasformazione chimica?
5. Perché si usa una freccia nelle reazioni chimiche?
6. Elenca almeno tre indizi che permettono di capire se si sta verificando una trasformazione chimica.

2 Sostanze elementari e composti

A colpo d'occhio

MATERIALI
- SOSTANZE SEMPLICI
- SOSTANZE COMPOSTE

Il processo chimico che ci permette di determinare la composizione di un corpo materiale è chiamato *analisi*. I risultati di moltissime analisi ci confermano che tutti i materiali sulla Terra sono formati a livello macroscopico da due tipi di sostanze pure: le *sostanze semplici* o elementari e le *sostanze composte* o composti.

Si definisce **sostanza semplice**, o **elementare**, una sostanza pura che non può essere suddivisa in altre sostanze ancora più semplici.

Quando il chimico prova a fare l'analisi di un oggetto in oro puro, trova che esso è costituito interamente di oro e non si può trasformare in una sostanza ancora più semplice. Altri esempi di sostanze semplici sono l'ossigeno, l'azoto (che troviamo nell'aria), lo zolfo, l'argento ecc.

A livello microscopico le sostanze semplici sono costituite da un unico tipo di atomo. Una sostanza semplice è formata da atomi di un unico elemento, singoli o legati fra loro a formare **molecole**. Per esempio la sostanza semplice zolfo è costituita da **molecole** formate ciascuna da 8 atomi identici tra loro; quindi se proviamo a separare lo zolfo in sostanze ancora più semplici non si ottiene nessun'altra sostanza. In natura esistono 89 tipi diversi di atomo e almeno una ventina sono prodotti artificialmente dall'uomo. Queste tipologie diverse di atomo sono dette **elementi**. Nella **tabella 1** sono riportati i nomi e i simboli di elementi comuni.

Le parole

Spesso il termine **elemento** viene considerato sinonimo di sostanza semplice o elementare.

Se invece prendiamo dell'acqua e facciamo passare corrente elettrica attraverso di essa, si nota ai due elettrodi la formazione di bollicine di diversa natura: si forma sia la sostanza semplice gassosa idrogeno, sia la sostanza semplice gassosa ossigeno. La reazione può essere descritta così:

$$\text{acqua } (l) \rightarrow \text{idrogeno } (g) + \text{ossigeno } (g)$$

Leggi l'approfondimento nell'ebook
Per saperne di più
Sostanze naturali e artificiali

I pedici (*l*) e (*g*) indicano che l'acqua è allo stato liquido, mentre l'idrogeno e l'ossigeno si trovano allo stato gassoso. L'acqua è quindi separabile in due sostanze semplici. Questo significa che l'acqua è una sostanza composta, o **composto**.

Si definisce **sostanza composta** o **composto** qualsiasi sostanza pura che può essere separata in due o più sostanze semplici.

A livello microscopico, i composti non possono mai essere formati da atomi isolati o da molecole di atomi dello stesso elemento, ma sono costituiti da atomi di due o più elementi diversi, legati saldamente tra loro in quantità reciproche fisse, attraverso forze di natura elettrica dette *legami chimici*.

Nel formare i composti, gli elementi si ricombinano in modo preciso; sono quindi i mattoni chimici che compongono tutte le sostanze pure.

Gli **elementi** sono invariabili e durante le trasformazioni chimiche si possono ricombinare in modo diverso, ma mai cambiare la propria natura.

▸ **Tabella 1**
I nomi e i simboli degli elementi più rappresentativi.

Elemento	Simbolo chimico	Elemento	Simbolo chimico	Elemento	Simbolo chimico
alluminio	Al	idrogeno	H	potassio	K
argento	Ag	iodio	I	radon	Rn
azoto	N	litio	Li	rame	Cu
cadmio	Cd	magnesio	Mg	silicio	Si
calcio	Ca	manganese	Mn	sodio	Na
carbonio	C	mercurio	Hg	stagno	Sn
cloro	Cl	neon	Ne	stronzio	Sr
cromo	Cr	nichel	Ni	titanio	Ti
elio	He	oro	Au	uranio	U
ferro	Fe	ossigeno	O	xenon	Xe
fluoro	F	piombo	Pb	zinco	Zn
fosforo	P	platino	Pt	zolfo	S

Gli elementi sono rappresentati da simboli e classificati nella tavola periodica

Guardiamo nuovamente la **tabella 1**. Tutti gli elementi conosciuti hanno un nome e un **simbolo chimico**. Il simbolo è spesso l'abbreviazione del nome latino o greco dell'elemento; se è presente solo una lettera questa è scritta in maiuscolo, se sono presenti due lettere la prima è in maiuscolo e la seconda in minuscolo. Per esempio, il simbolo del potassio è K, perché il suo nome latino era *kalium*; quello del litio, il cui nome greco era *lithos*, si scrive Li.

Potassio
K
Quando c'è una sola lettera è scritta in maiuscolo.

Litio
Li
Se le lettere sono due o tre, solo la prima è maiuscola.

La lettura delle formule va fatta nominando una lettera per volta: per esempio, Ti si legge «ti-i» e non «ti»; il ferro, il cui simbolo è Fe, si legge «effe-e» e non «fe».

Titanio
Ti
Si legge «ti-i» e non «ti».

Ferro
Fe
Si legge «effe-e» e non «fe».

Nel 1869 il chimico russo Dmitrij Ivanovic Mendeleev scoprì che gli elementi potevano essere classificati e ordinati sulla base delle loro proprietà chimiche e fisiche. Il risultato del suo lavoro e degli aggiustamenti successivi è la **tavola periodica degli elementi** (**figura 6**) che è riportata, nella sua versione moderna, anche in fondo al libro.

Gli elementi della tavola periodica sono organizzati in righe e colonne. Le righe orizzontali sono dette **periodi**, le colonne verticali sono dette **gruppi**. I periodi sono numerati da 1 a 7, mentre i gruppi sono numerati da 1 a 18.

▾ Figura 6
La tavola periodica degli elementi.

Legenda: semimetalli; non metalli; metalli; gas nobili

GRUPPI

PERIODI	1 I	2 II	3	4	5	6	7	8	9	10	11	12	13 III	14 IV	15 V	16 VI	17 VII	18 VIII
1	idrogeno H 1																	elio He 2
2	litio Li 3	berillio Be 4											boro B 5	carbonio C 6	azoto N 7	ossigeno O 8	fluoro F 9	neon Ne 10
3	sodio Na 11	magnesio Mg 12											alluminio Al 13	silicio Si 14	fosforo P 15	zolfo S 16	cloro Cl 17	argon Ar 18
4	potassio K 19	calcio Ca 20	scandio Sc 21	titanio Ti 22	vanadio V 23	cromo Cr 24	manganese Mn 25	ferro Fe 26	cobalto Co 27	nichel Ni 28	rame Cu 29	zinco Zn 30	gallio Ga 31	germanio Ge 32	arsenico As 33	selenio Se 34	bromo Br 35	cripton Kr 36
5	rubidio Rb 37	stronzio Sr 38	ittrio Y 39	zirconio Zr 40	niobio Nb 41	molibdeno Mo 42	tecnezio Tc 43	rutenio Ru 44	rodio Rh 45	palladio Pd 46	argento Ag 47	cadmio Cd 48	indio In 49	stagno Sn 50	antimonio Sb 51	tellurio Te 52	iodio I 53	xenon Xe 54
6	cesio Cs 55	bario Ba 56	lantanio La 57	afnio Hf 72	tantalio Ta 73	tungsteno W 74	renio Re 75	osmio Os 76	iridio Ir 77	platino Pt 78	oro Au 79	mercurio Hg 80	tallio Tl 81	piombo Pb 82	bismuto Bi 83	polonio Po 84	astato At 85	radon Rn 86
7	francio Fr 87	radio Ra 88	attinio Ac 89	rutherfordio Rf 104	dubnio Db 105	seaborgio Sg 106	bohrio Bh 107	hassio Hs 108	meitnerio Mt 109	darmstadtio Ds 110	roentgenio Rg 111	copernicio Cn 112	nihonio Nh 113	flerovio Fl 114	moscovio Mc 115	livermorio Lv 116	tennessinio Ts 117	oganessio Og 118

LANTANIDI	cerio Ce 58	praseodimio Pr 59	neodimio Nd 60	promezio Pm 61	samario Sm 62	europio Eu 63	gadolinio Gd 64	terbio Tb 65	disprosio Dy 66	olmio Ho 67	erbio Er 68	tulio Tm 69	itterbio Yb 70	lutezio Lu 71
ATTINIDI	torio Th 90	protoattinio Pa 91	uranio U 92	nettunio Np 93	plutonio Pu 94	americio Am 95	curio Cm 96	berkelio Bk 97	californio Cf 98	einstenio Es 99	fermio Fm 100	mendelevio Md 101	nobelio No 102	laurenzio Lr 103

▲ **Figura 7**
Il mercurio è l'unico metallo liquido a temperatura ambiente; è nota la sua tipica lucentezza metallica.

Gli elementi sono classificati in metalli, non metalli e semimetalli

In base alle differenti proprietà fisiche e chimiche, gli elementi si possono classificare in tre tipologie diverse: *metalli*, *non metalli* e *semimetalli* (o *metalloidi*). Puoi dedurre la natura di ogni elemento dal colore della sua casella nella tavola periodica.

I **metalli** sono gli elementi più numerosi. Come sostanze elementari sono solidi a temperatura ambiente (a 20 °C), a eccezione del mercurio che è liquido (**figura 7**).

Tutti i metalli sono generalmente lucenti (si comportano cioè come specchi che riflettono la luce) e sono ottimi conduttori di calore e di elettricità. Sono inoltre facilmente riducibili in fili grazie alla loro *duttilità*, ed è possibile lavorarli in lamine sottili mediante stampi a pressione o con il martello, grazie alla *malleabilità*.

Queste proprietà sono di grande importanza per l'utilizzo dei metalli come materie prime nella realizzazione di manufatti. Il rame e l'alluminio elementari, che sono duttili e ottimi conduttori, sono utilizzati per esempio per la produzione di cavi elettrici (**figura 8**).

▲ **Figura 8**
Se si «spella» un cavo elettrico si ritrovano all'interno i fili di rame che permettono la conduzione dell'elettricità nei circuiti.

Gli utensili metallici e le pentole da cucina, che devono essere prodotti con materiali malleabili per dare loro la forma voluta e che siano anche buoni conduttori di calore per una migliore e più uniforme cottura, sono prodotti con metalli puri come il rame e l'alluminio o con leghe metalliche come l'acciaio inox.

Tra le molteplici proprietà chimiche dei metalli vi è la reattività con l'ossigeno, cioè molti metalli (esclusi i metalli nobili come oro e argento) si ossidano facilmente a contatto con sostanze contenute nell'aria. La ruggine sugli oggetti di ferro e acciaio, il verderame su quelli di rame e di bronzo esposti alle intemperie sono esempi di queste ossidazioni. I metalli non reagiscono invece chimicamente tra sé.

Le proprietà fisiche dei **non metalli** sono per lo più opposte a quelle dei metalli. Allo stato elementare sono solidi (zolfo, fosforo), liquidi (bromo) e gassosi (azoto, cloro, fluoro ecc.). I non metalli solidi non sono in genere lucenti come i metalli (fa eccezione lo iodio elementare solido), ma molti non metalli sono nettamente colorati: lo zolfo è giallo, il cloro è verde pallido, il bromo è rosso. I non metalli sono inoltre cattivi conduttori di calore e di corrente elettrica, per cui sono buoni isolanti. Un'importante eccezione è costituita dal carbonio (**figura 9**).

Dal punto di vista delle proprietà chimiche, i non metalli reagiscono facilmente con i metalli, ma anche tra loro.

► **Figura 9**
La grafite e il diamante sono entrambi costituiti da carbonio ma hanno caratteristiche molto differenti.

L'ultimo gruppo (gruppo 18) della tavola periodica è costituito da non metalli molto particolari, i **gas nobili**, che presentano una reattività chimica pressoché nulla. Questa grande stabilità li rende inerti.

I **semimetalli**, o metalloidi, come per esempio il germanio e il silicio, hanno proprietà intermedie tra quelle dei metalli e dei non metalli. Queste proprietà possono variare a seconda della temperatura e dell'ambiente chimico in cui tali materiali sono posti. A temperatura ambiente i semimetalli elementari sono solidi e isolanti, ma diventano eccellenti conduttori di elettricità se raggiungono alte temperature, e ancora di più se vengono loro aggiunte minime quantità di impurezze di altri elementi vicini a loro nella tavola periodica (per esempio, boro, fosforo). Questa proprietà li rende materiali *semiconduttori*, materie prime di grande importanza nella produzione di microcircuiti per i computer (**figura 10**).

▲ **Figura 10**
Microchip di silicio di dimensioni piccolissime.

I composti sono le sostanze pure più abbondanti in natura

Le sostanze più numerose sulla Terra sono i composti; attualmente il loro numero supera i diciannove milioni. L'acqua distillata, lo zucchero, l'ibuprofene (un antinfiammatorio) sono esempi di composti, che possono essere di origine naturale o sintetica. Tutti i composti, indipendentemente dalla loro natura, presentano una stessa proprietà: le percentuali in massa degli elementi che costituiscono un determinato composto sono sempre le stesse.

Possiamo a questo punto distinguere chiaramente un miscuglio da un composto: i **miscugli**, diversamente dai composti, hanno una composizione che può variare. Il succo di frutta e l'aria di montagna sono miscugli, formati da una miscela di elementi e composti diversi, presenti in percentuali variabili (**figura 11**).

◂ **Figura 11**
L'aria di montagna e il succo di frutta sono miscugli.

1 - Per saperne di più

La chimica dello smartphone

Se volessimo analizzare a livello chimico il nostro smartphone scopriremmo con sorpresa che contiene decine di elementi della tavola periodica. Non solo: accanto a materiali comuni come i silicati e il rame, per raggiungere le prestazioni e le funzionalità a cui siamo abituati, si sfruttano le proprietà di alcuni metalli molto particolari, le *terre rare* o *Rare Earth Elements*, abbreviate con la sigla REE.

Secondo la definizione IUPAC, le REE sono lo scandio, l'ittrio e i lantanidi, cioè quegli elementi con un numero atomico compreso tra 51 e 71, la cui peculiarità a livello elettronico è la presenza dell'orbitale *f*. Praseodimio, europio, disprosio, neodimio e gadolinio sono solo alcune delle terre rare che si trovano nei nostri smartphone. Questi elementi chimici, seppur presenti in minima quantità, hanno un ruolo fondamentale in molte funzioni del telefono, dalla visualizzazione dei colori del *touchscreen* alle componenti elettroniche.

Tanta chimica in pochissimo spazio

La scoperta di materiali con prestazioni migliori ha permesso di sviluppare tecnologie sempre più efficienti e sofisticate. Grazie alla *miniaturizzazione*, il mercato dell'hi-tech ha visto una crescita e una diffusione senza precedenti, e ci ha permesso di maneggiare quotidianamente dispositivi leggeri, compatti e funzionali. Questo è possibile grazie al connubio di diversi compartimenti.

Dal problema dell'approvvigionamento all'*e-waste*

L'esplosione del mercato dell'hi-tech e la diffusione di tablet e smartphone ha sollevato il problema dell'approvvigionamento e del recupero dei metalli preziosi contenuti in questi dispositivi elettronici. Questi elementi, infatti, sono presenti in basse concentrazioni sia nei minerali da cui vengono estratti, sia nei prodotti finali a cui vengono destinati. Questo significa che le attività di estrazione e di recupero sono complesse e costose, comportando un impatto ambientale ed economico piuttosto gravoso. A questo si aggiunge il problema della distribuzione geografica dei giacimenti, che nel caso delle terre rare è concentrata in Cina, paese che da solo soddisfa circa il 90% dell'approvvigionamento mondiale. Il recupero e il successivo riciclo di questi metalli sono quindi diventati una necessità sempre più stringente. Gli ***e-waste***, cioè i rifiuti di apparecchiature elettriche ed elettroniche (**RAEE**), devono essere trattati come dei veri e propri rifiuti speciali. Anche noi come cittadini possiamo dare il nostro contributo, impegnandoci nella raccolta differenziata di questi rifiuti: è questo il primo passo per valorizzare le risorse del nostro pianeta, agendo in modo responsabile nel rispetto dell'ambiente e della nostra salute.

Facciamo il punto

1. Come si definisce una sostanza semplice o elementare?
2. Come si definisce un composto chimico?
3. Quanti sono gli elementi chimici?
4. Per quale motivo sia le sostanze semplici sia i composti sono sostanze pure?
5. Quanti elementi diversi occorrono al minimo per formare un composto? E per formare una sostanza semplice?
6. Come si possono suddividere gli elementi chimici in base alle loro proprietà chimiche e fisiche?

3 La nascita della moderna teoria atomica

Le prime ipotesi sull'esistenza degli atomi non si basavano su risultati sperimentali, ma su argomentazioni filosofiche. Per Democrito, un filosofo vissuto circa 2500 anni fa, tutta la materia è costituita da particelle infinitamente piccole da lui chiamate «atomi», dalla parola greca *atomos* che significa «indivisibile». Democrito affermava che gli atomi erano immutabili, indivisibili e indistruttibili e tra essi c'era spazio vuoto. Per Aristotele, al contrario, la materia, il risultato della combinazione dei quattro elementi – acqua, aria, terra e fuoco – è divisibile all'infinito. L'interpretazione aristotelica della materia come qualcosa di continuo ha dominato il pensiero scientifico quasi fino alla fine del Settecento.

Sono stati necessari quasi ventidue secoli prima che si affermasse un modello atomico costruito su basi sperimentali.

Oggi, grazie alle nuove tecniche di microscopia e di visualizzazione con l'aiuto del computer, possiamo farci un'idea dell'aspetto degli atomi (**figura 12**).

▼ **Figura 12**
Atomi di silicio (Si): l'immagine è stata ottenuta con un microscopio a effetto tunnel (STM).

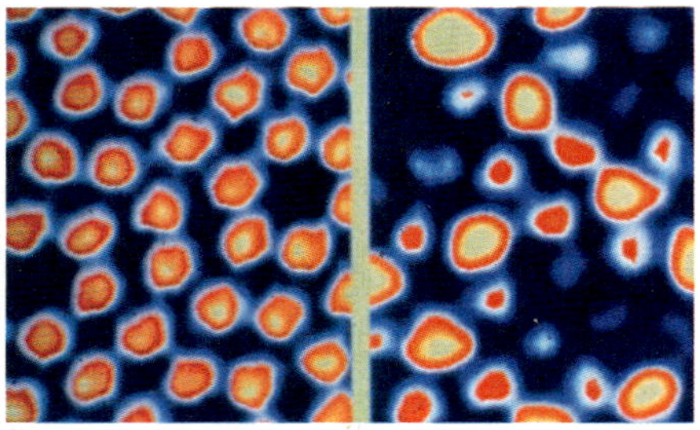

Nel 1803, lo scienziato inglese John Dalton arrivò alla conclusione che la materia fosse costituita da particelle piccolissime, gli atomi, che possono legarsi per formare molecole. L'ipotesi di Dalton poggia su solide basi sperimentali e su precise deduzioni logiche; il suo punto di partenza è un'attenta analisi delle tre leggi fondamentali della chimica, o *leggi ponderali*: la **legge di conservazione della massa**, la **legge delle proporzioni definite** e la **legge delle proporzioni multiple**.

Studieremo una per una le tre leggi e ne spiegheremo il significato alla luce della teoria atomica.

Lavoisier scoprì che la massa si conserva durante le reazioni chimiche

Leggi l'approfondimento nell'ebook
La storia della scienza
Antoine Lavoisier

«Mi sono dato come legge di procedere sempre dal noto all'ignoto, e di non fare alcuna deduzione che non sgorghi direttamente dagli esperimenti e dall'osservazione»: in questa frase di Antoine Lavoisier (1743-1794), un chimico francese vissuto alla fine del Settecento, è condensato il modo di procedere del ricercatore moderno, basato sull'osservazione e sull'attività sperimentale. Lavoisier fu il primo a notare che, in una reazione, la somma delle masse dei reagenti è sempre uguale alla somma delle masse dei prodotti (**figura 13**); in altre parole, *nelle reazioni chimiche la materia si conserva*.

Guarda il video nell'ebook
La chimica in laboratorio
La legge di conservazione della massa

La **legge di conservazione della massa**, enunciata da Lavoisier nel 1789, afferma che, in una reazione chimica, **la massa dei reagenti è esattamente uguale alla massa dei prodotti**.

La bilancia fu lo strumento di misura che accompagnò Lavoisier nei suoi lavori sperimentali e intorno al quale ruotarono le prime idee scientifiche della chimica. Inoltre, l'osservazione sistematica e l'uso rigoroso degli strumenti di misura permisero a Lavoisier di comprendere il ruolo dell'ossigeno nelle reazioni di combustione.

▼ **Figura 13**
La legge di Lavoisier può essere verificata utilizzando ioduro di potassio e nitrato di piombo.

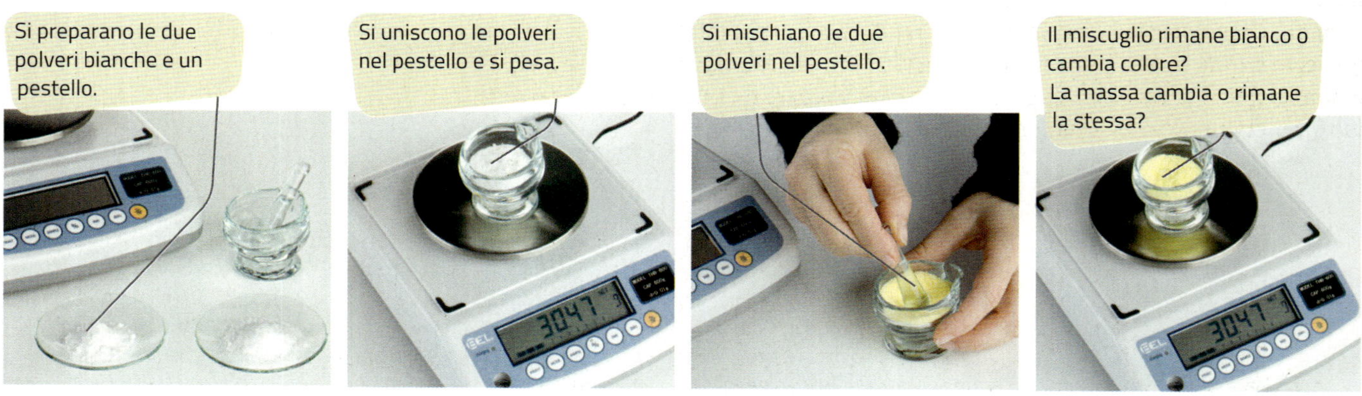

Esercizio Svolto

Proviamo insieme

Determina la massa di magnesio che reagisce completamente con 10,67 g di ossigeno per dare 26,87 g di ossido di magnesio.

Risoluzione

Scriviamo lo schema di reazione e, in corrispondenza, le quantità delle specie chimiche conosciute:

magnesio + ossigeno → ossido di magnesio
? g + 10,67 g = 26,84

La legge di conservazione della massa afferma che $m_{reagenti} = m_{prodotti}$, quindi:

$m_{magnesio} + m_{ossigeno} = m_{ossido\ di\ magnesio}$

Sostituiamo i dati e ricaviamo la massa di magnesio:

$m_{magnesio} + 10{,}67\ g = 26{,}87\ g$

$m_{magnesio} = 26{,}87\ g - 10{,}67\ g = 16{,}20\ g$

La massa di magnesio è 16,20 g.

Prova tu

Determina la massa di cloruro di sodio che si ottiene dalla reazione tra 4,58 g di sodio e 7,09 g di cloro. 11,67 g

Proust scoprì la legge delle proporzioni definite nei composti chimici

Alla fine del Settecento Joseph Proust (1745-1826), un altro chimico francese, effettuò numerosi esperimenti seguendo un metodo d'indagine analogo a quello di Lavoisier. Nel 1799, sulla base dei risultati ottenuti enunciò la **legge delle proporzioni definite** (o **della composizione costante**).

Leggi l'approfondimento nell'ebook
La storia della scienza
Joseph-Louis Proust

In un composto gli elementi che lo costituiscono sono presenti secondo **rapporti in massa costanti e definiti.**

Proust verificò sperimentalmente che riscaldando diversi campioni di carbonato di rame del peso di 123,5 g, si ottengono sempre 63,5 g di rame e 48,0 g di ossigeno e 12,0 g di carbonio (**figura 14**). Il carbonato di rame, quindi, qualunque sia la sua origine (naturale o preparato in laboratorio), contiene sempre rame, ossigeno e carbonio nelle stesse proporzioni di massa.

Proust non fu in grado di spiegare la regolarità di questa reazione perché non conosceva il concetto di atomo e si limitò a scrivere: «... un composto è un prodotto privilegiato al quale la natura ha dato una composizione costante».

Guarda il video nell'ebook
La chimica in laboratorio
La preparazione di un composto: la legge di Proust

Per comprendere meglio il significato della legge di Proust, consideriamo diverse quantità di disolfuro di ferro, che troviamo in un minerale molto comune costituito da zolfo e ferro, la *pirite*. Come si vede nello schema che segue, masse diverse del minerale presentano lo stesso rapporto, detto *rapporto di combinazione*, tra le masse degli elementi che lo costituiscono.

$m_{disolfuro\ di\ ferro}$	m_{ferro}	m_{zolfo}	m_{zolfo}/m_{ferro}	m_{ferro}/m_{zolfo}
120,0 g	55,9 g	64,1 g	1,15	0,872
59,9 g	27,9 g	32,0 g	1,15	0,872
72,1 g	33,6 g	38,5 g	1,15	0,872

Il rapporto di combinazione m_{zolfo}/m_{ferro} è 1,15; 1,15 g di zolfo si combinano esattamente 1,00, g di ferro per formare 2,15 g di disolfuro di ferro. Il rapporto di combinazione m_{ferro}/m_{zolfo}, pari a 0,872, esprime invece i grammi di ferro che si combinano con esattamente 1,00 g di zolfo.

In qualsiasi campione di pirite questi rapporti sono rispettati. Se facciamo reagire ferro e zolfo non rispettando il rapporto di combinazione, la quantità eccedente non reagisce. Questi dati ci permettono di prevedere quanto solfuro di ferro si può ottenere a partire da una certa quantità di zolfo e di ferro.

◂ **Figura 14**
La decomposizione del carbonato di rame.

Esercizio Svolto

Proviamo insieme

Per far reagire completamente 7,50 g di zolfo, quanto ferro dovremo impiegare sapendo che il rapporto di combinazione m_{zolfo}/m_{ferro} è 1,15? Quanto disolfuro di ferro si formerà?

Risoluzione

Scriviamo lo schema di reazione:

zolfo + ferro → disolfuro di ferro
7,50 g + ? g = ? g

Conoscendo il rapporto di combinazione è possibile impostare un'equazione:

$$\frac{m_{zolfo}}{m_{ferro}} = 1,15$$

Poiché 1,15 g di zolfo reagisce con 1,00 grammi di ferro la quantità di ferro che stiamo cercando sarà minore di 7,50 g. Infatti, sostituendo i valori si ottiene:

$$\frac{7,5\ g}{m_{ferro}} = 1,1 \qquad m_{ferro} = \frac{7,5\ g}{1,1} = 6,8\ g$$

Riportando il risultato nello schema di reazione otteniamo:

zolfo + ferro → disolfuro di ferro
7,5 g + 6,52 g = ? g

A questo punto possiamo calcolare la massa del disolfuro di ferro che si ottiene utilizzando la legge di Lavoisier sommando le masse dei reagenti:

$$m_{disolfuro\ di\ ferro} = m_{zolfo} + m_{ferro} = 7,50\ g + 6,52\ g = 14,02\ g$$

La massa del disolfuro di ferro ottenuta è pari a 14,02 g.

Prova tu

1. Quanto disolfuro di ferro si formerà mettendo a reagire 4,53 g di ferro con zolfo in eccesso?
2. Se 16,20 g di magnesio si combinano con 10,67 g di ossigeno quale sarà il rapporto di combinazione tra magnesio e ossigeno? E tra ossigeno e magnesio?
3. Il rapporto di combinazione dell'acqua $m_{ossigeno}/m_{idrogeno}$ è 7,9. Se mettiamo a reagire 1,0 g di idrogeno e 7,9 g di ossigeno quanta acqua ti aspetti di ottenere? Quanta acqua si formerà invece mettendo a reagire 1,0 g di idrogeno e 10,0 g di ossigeno?

La legge delle proporzioni definite ci permette di distinguere in modo chiaro i composti dai miscugli di elementi.

Mentre possiamo distinguere una soluzione da un'altra per una diversa percentuale tra solvente e soluto, la composizione di un composto resterà sempre identica, indipendentemente dalla sua provenienza.

Inoltre, i miscugli eterogenei, come ferro e zolfo, possono essere separati facilmente con mezzi fisici: una calamita è sufficiente a isolare il ferro dallo zolfo mentre gli stessi elementi combinati in un composto, il solfuro ferroso (che costituisce la pirite), possono essere separati soltanto con reazioni chimiche fornendo energia (**figura 15**).

▼ **Figura 15**
(A) Miscuglio di limatura di ferro e polvere di zolfo. (B) Minerale pirite, un composto di zolfo e ferro.

Con una calamita è possibile separare il ferro dallo zolfo. È possibile preparare miscugli di zolfo e ferro in qualunque rapporto in massa.

In un composto, per separare il ferro dallo zolfo è necessaria una reazione chimica. Il rapporto tra la massa di zolfo e la massa di ferro è 1,1. Qualsiasi campione di pirite avrà sempre lo stesso rapporto di combinazione.

Dalton scoprì la legge delle proporzioni multiple nei composti diversi di stessi elementi

In natura esistono un gran numero di composti formati dagli stessi elementi ma con una natura chimica molto diversa. Sia l'acqua sia l'acqua ossigenata sono formati dagli stessi elementi, idrogeno e ossigeno, ma le loro caratteristiche fisiche e chimiche sono molto diverse!

Agli inizi dell'Ottocento John Dalton (1766-1844), un insegnante inglese di matematica e filosofia naturale, studiò a lungo composti di questo tipo fino ad arrivare a formulare nel 1808 la *legge delle proporzioni multiple.*

Leggi l'approfondimento nell'ebook
La storia della scienza
John Dalton

Consideriamo, per esempio, la reazione di ossigeno e carbonio (combustione), dalla quale si possono ottenere due gas, uno dei quali più tossico dell'altro. Il primo e il più pericoloso è il monossido di carbonio, che si ottiene in tutte le combustioni in condizioni di carenza di ossigeno. L'altro gas è il diossido di carbonio, che è il principale prodotto della combustione in un ambiente ben aerato.

Partendo da 1,00 g di carbonio, l'ossigeno consumato può essere pari a 1,33 g oppure a 2,66 g (figura 16). Possiamo notare come le quantità di ossigeno che si combinano con 1,00 g di carbonio stiano tra loro in rapporto di numeri interi piccoli: 1,33 : 2,66 = 1 : 2.

Queste osservazioni possono essere generalizzate nella **legge delle proporzioni multiple**. Quando un elemento si combina con la stessa massa di un secondo elemento per formare composti diversi, **le masse del primo elemento stanno fra loro in rapporti semplici**, esprimibili mediante numeri interi piccoli.

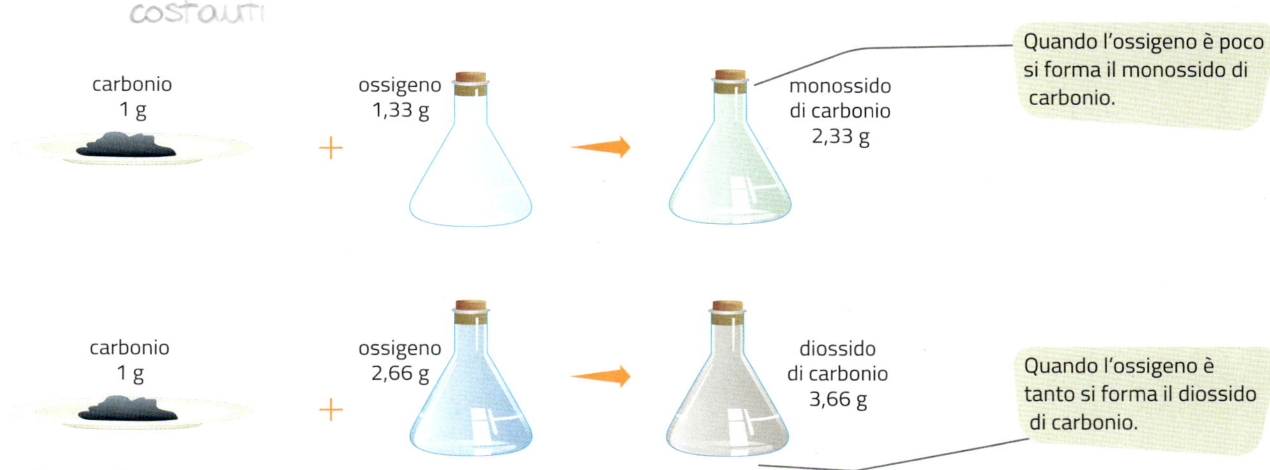

▲ **Figura 16**
Il carbonio reagisce con l'ossigeno per dare il monossido di carbonio, gas tossico, e il diossido di carbonio, gas meno tossico. Quando l'ossigeno è poco si forma il monossido di carbonio. Per questo è necessario aerare i locali in cui sono in funzione caldaie o stufe a gas.

Esercizio Svolto

Proviamo insieme

Gli elementi cromo e ossigeno si combinano per formare due composti.

	massa cromo (g)	massa ossigeno (g)
composto I	20,8 g	6,40 g
composto II	7,43 g	6,86 g

Dimostra che i dati confermano la legge delle proporzioni multiple.

Risoluzione

Determiniamo il rapporto di combinazione $m_{cromo}/m_{ossigeno}$. In questo modo otteniamo la massa di cromo che si combina con la stessa quantità, 1,00 g di ossigeno.

composto I $\quad \dfrac{m_{cromo}}{m_{ossigeno}} = \dfrac{20{,}8\text{ g}}{6{,}40\text{ g}} = 3{,}25$

composto II $\quad \dfrac{m_{cromo}}{m_{ossigeno}} = \dfrac{7{,}43\text{ g}}{6{,}86\text{ g}} = 1{,}08$

Adesso verifichiamo il rapporto tra le masse di cromo che si sono combinate con la stessa massa di ossigeno:

$$\frac{3{,}25}{1{,}08} = 3{,}00$$

Il rapporto tra le masse di cromo che si combinano con la stessa massa di ossigeno per formare due composti diversi è espresso da un numero intero e piccolo.

Prova tu

1. Dall'analisi di due composti formati da idrogeno e ossigeno si ottengono i seguenti risultati:

	massa ossigeno (g)	massa idrogeno (g)
composto A	8,88 g	1,12 g
composto B	9,41 g	0,593 g

Determina il rapporto tra le quantità di ossigeno che si combinano con la stessa quantità di idrogeno.

2. Il rame e l'ossigeno formano due composti. Le quantità di rame che si combinano con 1,00 g di ossigeno stanno tra loro in un rapporto 1:2. Se nel primo caso il rapporto di combinazione $m_{rame}/m_{ossigeno}$ è 3,97, quale sarà il rapporto di combinazione nel secondo composto?

La teoria atomica di Dalton spiega le leggi ponderali

Come si possono spiegare le regolarità formulate nelle leggi ponderali? Dalton, nel 1803, iniziò a elaborare la prima **teoria atomica** che si basa sui seguenti punti:

1. la materia è fatta di atomi piccolissimi, che sono indivisibili e indistruttibili;
2. tutti gli atomi di uno stesso elemento sono identici e hanno la stessa massa;
3. gli atomi di un elemento non possono essere convertiti in atomi di altri elementi;
4. gli atomi di un elemento si combinano solo con numeri interi di atomi di altri elementi;
5. gli atomi non possono essere né creati né distrutti, ma si trasferiscono interi da un composto all'altro.

La teoria di Dalton concorda perfettamente con le tre leggi ponderali. Infatti, i punti 1, 2, 3 e 5 implicano che in una reazione chimica gli atomi rimangano invariati in numero e in massa; quindi, *la massa totale non subisce alcuna variazione*, come afferma la legge di conservazione della massa.

Anche la legge di Proust è conforme all'ipotesi atomica di Dalton (**figura 17**): in base ai punti 4 e 5 un composto ha composizione costante, perché contiene un numero fisso di atomi di ciascun elemento.

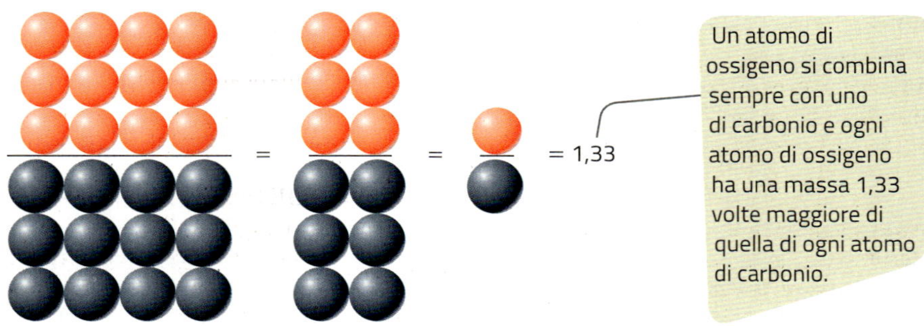

▸ Figura 17
La legge delle proporzioni multiple spiega la formazione di monossido e diossido di carbonio a partire da carbonio e ossigeno.

La legge delle proporzioni multiple conferma i punti 4 e 5 della teoria atomica. Se consideriamo l'esempio della reazione tra carbonio e ossigeno (**figura 18**), notiamo che si formano due composti diversi: il primo (monossido di carbonio) contiene un atomo di ossigeno per ogni atomo di carbonio, il secondo (diossido di carbonio) contiene due atomi di ossigeno per ogni atomo di carbonio.

▸ Figura 18
Il rapporto tra le masse di ossigeno e di carbonio nell'ossido di carbonio è definito e costante.

Facciamo il punto

1. Che cosa afferma la legge della conservazione della massa?
2. Si può applicare la legge delle proporzioni definite alle sostanze semplici? Perché?
3. Si può applicare la legge delle proporzioni definite ai miscugli? Perché?
4. Si può applicare la legge delle proporzioni multiple a un unico composto? Perché?
5. Quali sono i punti in cui si articola la teoria atomica di Dalton?
6. Se la materia fosse costituita da atomi tutti di massa uguale tra loro, per formare un composto AB quale sarebbe sempre la proporzione tra i due elementi A e B?

SINTESI DI FINE CAPITOLO

LO SAI? RIPASSA CON LO SMARTPHONE

Le trasformazioni della materia

La materia può subire **trasformazioni fisiche** e **chimiche**.

Le **trasformazioni fisiche** non producono nuove sostanze ma portano solo a un cambiamento fisico reversibile.

Le **trasformazioni chimiche** (o **reazioni**) comportano una variazione della composizione chimica delle sostanze originarie, i **reagenti**, e formazione di nuove sostanze, i **prodotti**.

Le reazioni chimiche si possono rappresentare con **simboli** precisi:

reagenti → prodotti

Alcuni fenomeni sono **segnali** tipici delle reazioni chimiche: formazione di bollicine, cambiamento di colore, formazione o scomparsa di un solido, variazione di temperatura, il cambiamento di odore, emissione di luce.

Sostanze elementari e composti

Le **sostanze pure** possono essere **semplici** e **composte**.

Una **sostanza semplice** (o **elementare**) è formata da atomi di un unico elemento, che possono essere singoli o legati a formare **molecole**. Una sostanza semplice non può essere scomposta in sostanze ancora più semplici.

Gli elementi presenti in natura sono 89, oltre una ventina poi sono sintetizzati artificialmente.

Una **sostanza composta** (o **composto**) può essere scomposta in due o più sostanze semplici.

Gli **elementi** sono **invariabili**, nelle reazioni chimiche possono ricombinarsi tra loro ma mai cambiare la propria natura.

La tavola periodica e la classificazione degli elementi

Gli elementi hanno un proprio nome e un simbolo chimico e sono rappresentati nella **tavola periodica**, proposta nel 1869 da Mendeleev. La tavola è organizzata in righe orizzontali dette **periodi** e colonne o **gruppi**.

Gli **elementi** sono classificabili in metalli, non metalli e semimetalli.

I **metalli** sono per lo più solidi lucenti, sono duttili e malleabili e sono buoni conduttori di calore e di corrente elettrica. Reagiscono facilmente con l'ossigeno e con i non metalli.

I **non metalli** sono solidi, liquidi o gassosi, non sono lucenti, sono fragili se solidi. Sono isolanti termici ed elettrici. Reagiscono facilmente coi metalli e tra sé.

I **gas nobili** sono non metalli molto particolari, con una reattività pressoché nulla.

I **semimetalli** hanno proprietà intermedie, sono isolanti a bassa temperatura e buoni conduttori di corrente elettrica e calore ad alta temperatura, soprattutto se vengono loro aggiunte impurezze di altri elementi.

I composti

I **composti chimici** sono le sostanze più abbondanti in natura e hanno una **composizione costante**, diversamente dai miscugli che hanno composizione variabile. La percentuale in massa degli elementi che costituiscono un composto è costante.

La teoria atomica

Il termine **atomo** deriva dal greco e significa **indivisibile**. Questo termine fu coniato dal filosofo greco Democrito. La **teoria atomica** fu proposta da Dalton nel 1803 sulla base delle leggi ponderali.

La **legge di conservazione della massa**, enunciata da **Lavoisier** nel 1789, afferma che in una reazione chimica la massa dei reagenti è esattamente uguale alla massa dei prodotti.

La **legge delle proporzioni definite**, enunciata da **Proust** nel 1799, afferma che in un composto gli elementi che lo costituiscono sono presenti in rapporti di massa costanti e definiti.

La **legge delle proporzioni multiple**, enunciata da **Dalton** nel 1808, che afferma che quando un elemento si combina con la stessa massa di un secondo elemento per formare composti diversi, le masse del primo elemento stanno fra loro in rapporti semplici, esprimibili mediante numeri interi piccoli.

La teoria atomica di Dalton

La **teoria atomica** di Dalton si basa sui seguenti punti:

1. la materia è fatta di atomi piccolissimi, indivisibili e indistruttibili;
2. tutti gli atomi di uno stesso elemento sono identici e hanno la stessa massa;
3. gli atomi di un elemento non possono essere convertiti in atomi di altri elementi;
4. gli atomi di un elemento si combinano solo con numeri interi di atomi di altri elementi;
5. gli atomi non possono essere né creati né distrutti, ma si trasferiscono interi da un composto all'altro.

GRUPPI

semimetalli · non metalli · metalli · gas nobili

PERIODI	1 I	2 II	3	4	5	6	7	8	9	10	11	12	13 III	14 IV	15 V	16 VI	17 VII	18 VIII
1	idrogeno H 1																	elio He 2
2	litio Li 3	berillio Be 4											boro B 5	carbonio C 6	azoto N 7	ossigeno O 8	fluoro F 9	neon Ne 10
3	sodio Na 11	magnesio Mg 12											alluminio Al 13	silicio Si 14	fosforo P 15	zolfo S 16	cloro Cl 17	argon Ar 18
4	potassio K 19	calcio Ca 20	scandio Sc 21	titanio Ti 22	vanadio V 23	cromo Cr 24	manganese Mn 25	ferro Fe 26	cobalto Co 27	nichel Ni 28	rame Cu 29	zinco Zn 30	gallio Ga 31	germanio Ge 32	arsenico As 33	selenio Se 34	bromo Br 35	cripton Kr 36
5	rubidio Rb 37	stronzio Sr 38	ittrio Y 39	zirconio Zr 40	niobio Nb 41	molibdeno Mo 42	tecnezio Tc 43	rutenio Ru 44	rodio Rh 45	palladio Pd 46	argento Ag 47	cadmio Cd 48	indio In 49	stagno Sn 50	antimonio Sb 51	tellurio Te 52	iodio I 53	xenon Xe 54
6	cesio Cs 55	bario Ba 56	lantanio La 57	afnio Hf 72	tantalio Ta 73	tungsteno W 74	renio Re 75	osmio Os 76	iridio Ir 77	platino Pt 78	oro Au 79	mercurio Hg 80	tallio Tl 81	piombo Pb 82	bismuto Bi 83	polonio Po 84	astato At 85	radon Rn 86
7	francio Fr 87	radio Ra 88	attinio Ac 89	rutherfordio Rf 104	dubnio Db 105	seaborgio Sg 106	bohrio Bh 107	hassio Hs 108	meitnerio Mt 109	darmstadtio Ds 110	roentgenio Rg 111	copernicio Cn 112	nihonio Nh 113	flerovio Fl 114	moscovio Mc 115	livermorio Lv 116	tennessinio Ts 117	oganessio Og 118

LANTANIDI	cerio Ce 58	praseodimio Pr 59	neodimio Nd 60	promezio Pm 61	samario Sm 62	europio Eu 63	gadolinio Gd 64	terbio Tb 65	disprosio Dy 66	olmio Ho 67	erbio Er 68	tulio Tm 69	itterbio Yb 70	lutezio Lu 71
ATTINIDI	torio Th 90	protoattinio Pa 91	uranio U 92	nettunio Np 93	plutonio Pu 94	americio Am 95	curio Cm 96	berkelio Bk 97	californio Cf 98	einstenio Es 99	fermio Fm 100	mendelevio Md 101	nobelio No 102	laurenzio Lr 103

VERIFICA LE TUE CONOSCENZE

ZTE ONLINE

1. Indica da quali elementi sono formati i seguenti composti.

a) Acido solforico, H_2SO_4.

b) Solfato di sodio, Na_2SO_4.

c) Idrossido di potassio, KOH.

....

....

....

Rispondi alle domande.

2. Il potassio, K, è uno degli elementi principali contenuti nei fertilizzanti chimici spesso indicati con la sigla NPK. Consulta la tavola periodica e scrivi il nome degli elementi N e P.

....

....

3. Scrivi il nome dei seguenti elementi: O, Cu, Na, Mg, B, S, W, Au, Mn.

....

....

....

4. Scrivi i simboli dei seguenti elementi: magnesio, calcio, piombo, azoto, fosforo, manganese, iodio, zinco, potassio.

....

....

....

5. Che cosa significa affermare che la materia è discontinua?

....

....

**6. Il primo a pensare che la materia fosse costituita da atomi fu Democrito (460 circa a. C. - 370 circa a. C.). Spiega in sintesi la differenza tra la sua dottrina filosofica e la teoria di Dalton.
Per quali proprietà, secondo Dalton, gli atomi di elementi diversi si differenziavano tra loro?**

....

....

7. Quale o quali delle seguente affermazioni sono estranee alla teoria atomica di Dalton?

A Tutta la materia è formata da atomi.

B Gli atomi durante le reazioni chimiche possono modificare le loro caratteristiche.

C Un atomo contiene un nucleo intorno al quale ruotano gli elettroni.

D Gli atomi non possono essere né creati né distrutti.

8. Vero o falso?

a) In un composto, gli elementi che lo costituiscono sono presenti secondo rapporti in massa costanti e definiti. V F

b) In un composto, gli elementi che lo costituiscono sono sempre presenti in masse uguali. V F

c) La composizione chimica di un composto è definita e costante. V F

d) Le molecole dei composti contengono almeno due tipi di elementi diversi. V F

9. Quante trasformazioni fisiche e quante trasformazioni chimiche sono descritte nel brano?

La benzina è spruzzata nel carburatore, viene miscelata con l'aria, convertita in vapore e infine bruciata; i prodotti di combustione si espandono nei cilindri.

Rispondi alle domande.

10. Descrivi le differenze che permettono di distinguere una trasformazione fisica da una chimica e individua almeno un esempio per ciascun tipo di trasformazione.

....

....

....

....

....

....

....

....

....

....

11. Quale area della tavola periodica è occupata dai metalli? Quali sono le loro proprietà caratteristiche?

....

....

....

....

....

12. Quale area della tavola periodica occupano i non metalli? Quali sono le loro proprietà caratteristiche?

....

....

....

....

....

13. Quale area della tavola periodica occupano i semimetalli? Quali sono le loro proprietà caratteristiche?

....

....

....

....

14. Mescolando fra loro due soluzioni incolori si è ottenuta una miscela limpida di colore blu. Quale tipo di trasformazione si è verificato?

....

15. Quale tipo di trasformazione, fisica o chimica, si è verificata in ciascuno dei seguenti casi?

a) Un frutto si è ricoperto di una patina verdastra che emana un odore sgradevole.

b) Hai separato le sostanze colorate di una miscela mediante cromatografia.

c) Versando dell'aceto nel tegame usato per la cottura della pasta, la patina biancastra sul fondo scompare.

d) Durante la cottura di un uovo in padella, l'albume diventa un solido bianco insolubile in acqua.

16. Vero o falso?

a) Le sostanze che si ottengono per elettrolisi dell'acqua non possono essere decomposte in altre sostanze più semplici. V F

b) Un solido che, se riscaldato, libera ossigeno è un composto. V F

c) Una sostanza che ha una composizione costante è un miscuglio omogeneo. V F

d) Un liquido trasparente colorato che, dopo l'evaporazione dell'acqua, lascia un residuo solido è un miscuglio eterogeneo. V F

Rispondi alle domande.

17. In che modo si può separare un miscuglio di limatura di ferro e polvere di zolfo nei suoi componenti? Le sostanze che così si ottengono possono essere ulteriormente suddivise con metodi fisici o chimici?

....

....

....

....

18. Quanti grammi di diossido di carbonio si producono bruciando completamente 9,8 g di carbonio con 26 g di ossigeno?

....

VERIFICA LE TUE ABILITÀ

Rispondi alle domande.

19. **Un campione di 48,60 g di carbonato di rame, se riscaldato, si decompone producendo 31,29 g di ossido di rame e un altro composto. Calcola la massa di quest'ultimo.**

20. **Lo zinco reagisce con l'acido cloridrico per produrre cloruro di zinco e idrogeno. Sapendo che 4,0 g di zinco si combinano con 4,4 g di acido cloridrico e che si formano 0,12 g di idrogeno, calcola la massa di cloruro di zinco prodotta.**

21. **Sapendo che per bruciare completamente 16,0 g di metano sono necessari 64,0 g di ossigeno, calcola la massa di ossigeno richiesta per la combustione di 64,0 g di metano.**

22. **Nell'anidride solforica, il rapporto di combinazione tra le masse di zolfo e ossigeno è 2:3. Calcola la massa di zolfo che si combinerà con 5,0 g di ossigeno; quanti grammi di anidride si otterranno?**

23. **Un composto formato da idrogeno e bromo ha un rapporto di combinazione di 1:79,65. Quanti grammi di idrogeno reagiscono con 14,35 g di bromo? Quanti grammi di idrogeno e di bromo sono presenti in 100 g di composto?**

24. **Facendo reagire zinco e zolfo si forma solfuro di zinco con un rapporto di combinazione tra le masse dei reagenti di 1:0,49. Quanti grammi di solfuro di zinco si ottengono da 10 g di zinco?**

25. **Se 6,8 g di cromo reagiscono con 3,2 g di ossigeno per formare 10,0 g di composto, con quanti grammi di cromo si combinano 1,6 g di ossigeno?**

26. **Un campione di un composto costituito da calcio e ossigeno contiene il 71% in massa di calcio. Quanti grammi di calcio sono presenti in 9,5 g di composto? Quanti grammi di ossido di calcio si ottengono da 5,0 g del metallo?**

27. **Barra il completamento corretto.**
Se il rapporto di combinazione in massa fra potassio e cloro è 1,10:1, in 50,0 g di composto sono contenuti

- A 22 g di potassio.
- B 26 g di cloro.
- C 24 g di cloro.
- D 24 g di potassio.

Rispondi alle domande.

28. **La percentuale in massa del cloro nel cloruro di sodio è 60,65%. Calcola la massa del cloro contenuta in 30 kg di cloruro di sodio.**

29. **Un composto costituito da idrogeno, zolfo e ossigeno ha un rapporto di combinazione tra le masse dei tre elementi di 1:16:32. Calcola con quanti grammi di idrogeno e di zolfo si combinano 40,0 g di ossigeno.**

30. **L'acido acetilsalicilico (il principio attivo di molti comuni farmaci antipiretici) contiene solo carbonio, idrogeno e ossigeno in rapporto di 27:2:16.**
Calcola le masse dei tre elementi contenute in una dose costituita da 800 mg di acido.

31. **Dalla reazione fra alluminio e ossigeno si forma un composto detto ossido di alluminio. Se da 8,10 g di alluminio si producono 15,3 g di ossido, quanti grammi di ossigeno sono stati consumati? Qual è la composizione % dell'ossido di alluminio?**

32. **Un composto formato da azoto e ossigeno è costituito dal 46,67% di azoto e dal 53,33% di ossigeno.**
Calcola il rapporto di combinazione tra le masse di azoto e ossigeno in tale composto. Calcola quanto azoto si combina con 32 g di ossigeno.

33. **La purezza dell'oro usato nell'oreficeria è valutata attraverso una scala la cui unità è il carato, che corrisponde a 1/24 in massa di oro; pertanto l'oro a 24 carati è oro puro.**
Quale percentuale di oro è contenuta in una lega a 18 carati?

34. **Barra la risposta corretta.**
Quale tra questi due ossidi di ferro contiene la più elevata percentuale di ferro? Deduci senza svolgere calcoli.

- A Fe_2O_3
- B FeO

UNITUTOR
VERSO L'UNIVERSITÀ

Preparati ai test di ammissione sul sito Unitutor

35. **Che cosa afferma la legge di Lavoisier?**

- A La somma delle masse delle sostanze poste a reagire è uguale alla somma delle masse delle sostanze ottenute dopo la reazione
- B Quando due gas nelle stesse condizioni di temperatura e pressione si combinano i loro volumi stanno in rapporto numerico semplice tra loro e col prodotto della reazione, se questo a sua volta è un gas
- C In un composto chimico allo stato puro gli elementi che lo formano stanno tra loro in proporzione di peso definita e costante
- D Volumi uguali di gas diversi nelle stesse condizioni di temperatura e pressione, contengono lo stesso numero di molecole
- E Se due elementi si combinano tra loro per dare più di un composto le quantità in peso di uno, che si combinano con una quantità fissa dell'altro, stanno tra loro in rapporti esprimibili mediante numeri interi, in genere piccoli

[test di ingresso a Medicina 2006-2007]

TEST YOURSELF

36. **Complete the periodic table with the following words.**

noble gases - metals - nonmetals - metalloids - lanthanides - actinides

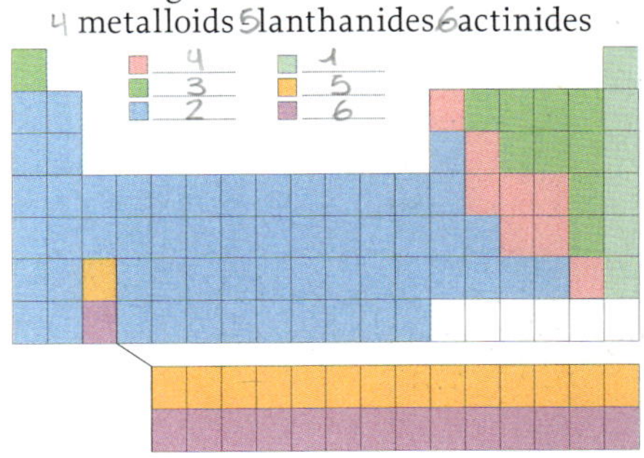

VERSO L'ESAME: LE TUE COMPETENZE

SCHEMATIZZA

37. Il magnesio possiede le seguenti proprietà; distingui quelle fisiche da quelle chimiche.

a) È solido a temperatura ambiente.

b) Conduce la corrente elettrica.

c) Brucia all'aria con una fiamma luminosa.

d) Forma una polvere bianca quando viene a contatto con acido cloridrico.

e) Fonde a 651 °C.

SCHEMATIZZA

38. Rappresenta con il modello a sfere compatte:.

a) un elemento.

b) un composto.

c) una soluzione di due elementi.

d) una soluzione di un elemento e un composto.

SPIEGA

39. I miscugli seguono la legge di Proust? Argomenta la tua risposta con almeno un esempio.

RICERCA

40. Ricerca in rete dati sul processo di lievitazione della pasta per la panificazione. È una trasformazione chimica o fisica? Perché?

INTERPRETA

41. Lo stagno si combina con ossigeno e idrogeno per dare due differenti composti che si chiamano rispettivamente idrossido stannoso $Sn(OH)_2$ e idrossido stannico $Sn(OH)_4$. La composizione percentuale nei due composti è riportata nella tabella seguente.

Calcola la massa di stagno contenuta in 0,290 kg dei due composti.

	$Sn(OH)_2$	$Sn(OH)_4$
Sn	77%	64%
O	21%	34%
H	1%	2%

RAGIONA

42. Il rame, metallo di colore rosso, si ossida all'aria producendo l'ossido di rame, che è un composto di colore nero.

Che tipo di trasformazione è avvenuta?

INTERPRETA

43. Esponendo al calore della fiamma il permanganato di potassio, che è costituito da cristalli lucenti e scuri, si osservano i seguenti cambiamenti: si produce un gas che ravviva una fiamma; si ottiene una polvere bruna e di aspetto terroso.

È avvenuta una trasformazione chimica o fisica? Perché?

CONFRONTA

44. Confronta il concetto di elemento con quello di composto. Rispondi in 10 righe, utilizzando, come traccia, le seguenti domande.

a) Quanti sono gli elementi presenti in natura? Possono essere in numero illimitato?

b) Quanti sono i composti? Perché sono più numerosi degli elementi?

c) Qual è il numero minimo di elementi presente in un composto?

d) I composti hanno una composizione definita e costante?

IPOTIZZA

45. La produzione di sale a partire da acqua di mare sfrutta una trasformazione chimica o fisica?

IPOTIZZA

46. Per eliminare i residui di calcare da un lavandino si può impiegare un po' di aceto. Si osserva in quel caso una leggera effervescenza.

Si tratta di una trasformazione fisica o chimica?

CALCOLA

47. In un esperimento 5,00 g di stagno reagiscono con cloro per dare 7,98 g di composto. In un esperimento successivo, 0,714 g di stagno si combinano con 0,426 g di cloro.

a) Quanti grammi di cloro reagiscono nel primo caso?

b) Quanti grammi di prodotto si ottengono nel secondo?

c) Quali leggi ponderali risultano verificate?

CALCOLA

48. L'analisi di due campioni (indicati con A e B) ha dato i seguenti risultati:
in A, 0,77 g di ossigeno sono combinati con 10,00 g di piombo;
in B, la composizione % corrisponde a 13,4% di ossigeno e 86,6% di piombo.

a) Calcola la composizione % di A e metti a confronto i valori ottenuti.

b) Come interpreti i dati?

c) Quale o quali leggi ponderali sono rispettate?

SEI PRONTO PER LA VERIFICA?

IN 1 ORA

Dopo aver studiato i contenuti del **capitolo 3**, svolgi la prova nel **tempo massimo di un'ora**.

Alla fine della prova **controlla le tue risposte** con le soluzioni che troverai sul sito online.zanichelli.it/chimicanatura2ed e **calcola il punteggio** totale che hai conseguito.

CONOSCENZE

Barra il completamento esatto.

1. Quali di questi fatti o fenomeni sono dovuti a trasformazioni chimiche?

A Dai tubi di scappamento delle automobili fuoriesce CO_2 mista a altre sostanze.

B Da una bottiglia di acqua minerale stappata si libera CO_2.

C Una mela esposta all'aria cambia colore.

D Un po'di zucchero, sciolto in acqua, forma una soluzione limpida e incolore.

E Versando idrossido di sodio e acido cloridrico in una provetta si avverte un aumento di temperatura.

(10 punti se hai risposto correttamente) ...../10

2. La diversa capacità di combinazione dell'azoto, che può formare più composti con l'ossigeno, tra cui NO e NO_2, esprime a livello microscopico e simbolico

A la legge delle proporzioni definite.

B la legge delle proporzioni multiple.

C la legge delle pressioni parziali di Dalton.

D la legge della conservazione della massa.

(10 punti se hai risposto correttamente) ...../10

Rispondi alle domande.

3. Quali sostanze si ottengono dalla decomposizione dell'acqua per elettrolisi? Si tratta di elementi o di composti? Il rapporto in peso fra i prodotti può variare al variare della quantità d'acqua sottoposta a elettrolisi? Oppure, al variare delle condizioni di laboratorio?

(15 punti se hai risposto correttamente) ...../15

4. Su quali basi sperimentali John Dalton costruì la sua teoria atomica? Qual era, all'epoca, il principale strumento di misura utilizzato nell'attività di laboratorio?

(10 punti se hai risposto correttamente) ...../10

5. Correggi le affermazioni che sono in contrasto con la teoria atomica di Dalton.

a) Tutti gli atomi di uno stesso elemento hanno le stesse proprietà fisiche, per esempio la densità.

b) Gli atomi rimangono inalterati durante le reazioni chimiche.

c) Gli atomi di elementi diversi hanno pesi diversi.

d) Gli atomi contengono un piccolo nucleo centrale.

(15 punti se hai risposto correttamente) ...../15

ABILITÀ

Risolvi i problemi.

6. Sapendo che il rapporto tra la massa di un atomo di ossigeno e la massa di un atomo di azoto è 1,14:1, stabilisci la formula del composto ottenuto facendo reagire 1,79 g di azoto con 2,05 g di ossigeno.

(10 punti se hai risposto correttamente) ...../10

7. Con quanti grammi di carbonio si combinano 133 g di ossigeno per formare monossido di carbonio? Con quanti grammi di ossigeno reagiscono 50,0 g di carbonio per formare diossido di carbonio? In che rapporto stanno tra loro le diverse quantità di carbonio che si combinano con la stessa quantità di ossigeno nel primo e nel secondo composto? A quale legge ponderale fa riferimento il quesito?

(15 punti se hai risposto correttamente) ...../15

8. 73,0 g di rame si sono combinati 40,9 g di cloro per dare una sostanza di colore verde. In un altro esperimento, 10,0 g di rame hanno reagito con 11,2 g di cloro producendo un composto bruno. Quanti grammi di cloro si combinano con 1,00 grammi di rame nel primo e nel secondo caso? Quale legge ponderale è rispettata? Motiva la risposta con il calcolo.

(15 punti se hai risposto correttamente) ...../15

PUNTEGGIO TOTALE

...../100

Se hai ottenuto:

- meno di 60 punti devi riprendere lo studio dei capitoli;
- tra 60 e 70 punti hai una preparazione sufficiente;
- tra 70 e 80 punti hai una preparazione buona;
- tra 80 e 100 punti significa che hai studiato a fondo.

Capitolo 4

Il modello particellare

1 Dal mondo macroscopico al mondo particellare

Finora ci siamo limitati a osservazioni che avvengono a livello di corpi e oggetti di dimensioni macroscopiche; la determinazione di grandezze intensive come temperatura e densità e di grandezze estensive come massa e volume viene effettuata su porzioni di materia che possiamo vedere e toccare. Anche gli studi di Lavoisier e Proust si basano su osservazioni di grandezze fisiche e solo con Dalton si inizia a parlare di *modello atomico*.

Consideriamo ora le proprietà della materia dal punto di vista della teoria atomica, a livello microscopico, utilizzando il **modello particellare** e aiutandoci con il **linguaggio simbolico**.

A colpo d'occhio

- PROPRIETÀ DELLA MATERIA
  - FISICHE MACROSCOPICHE
  - CHIMICHE MICROSCOPICHE

La materia ha proprietà macroscopiche e microscopiche

Come abbiamo visto nel capitolo 3, la materia è formata da sostanze pure, suddivise in sostanze elementari e composti. I mattoni chimici delle sostanze pure sono gli elementi. L'oro (Au), il rame (Cu), il ferro (Fe) e l'alluminio (Al) sono esempi di elementi a noi ben noti e che possiamo riconoscere facilmente.

Immaginiamo ora di tagliare un foglio di alluminio in campioni sempre più minuti; dopo numerosissime suddivisioni, possiamo supporre di arrivare alla singola particella, l'**atomo**, che conserva intatte le proprietà chimiche dell'elemento alluminio.

▼ **Figura 1**
Rotoli di fogli di alluminio.

Riprendiamo l'esempio dell'alluminio; un singolo atomo di questo elemento ha le stesse proprietà chimiche di un oggetto di alluminio. Esso non possiede però le stesse proprietà fisiche: un solo atomo non può essere di colore grigio, né condurre la corrente elettrica (**figura 1**). Un solo atomo ha una massa, è sempre in moto e reagisce con altri atomi, ma non ha alcun senso attribuirgli un colore o una conducibilità. Le *proprietà fisiche* di un elemento, come l'opacità, il colore, la conducibilità elettrica, la densità e lo stato di aggregazione, sono il risultato dell'unione dei tantissimi atomi che costituiscono un oggetto: esse sono chiamate *proprietà macroscopiche* della materia. Le *proprietà chimiche* come la reattività, cioè la facilità con cui una sostanza si combina con altre sostanze, sono invece *proprietà microscopiche*.

Sostanze elementari e composti possono essere formati da molecole

Immaginiamo ora di suddividere in porzioni via via più piccole una goccia di acqua, sostanza che sappiamo essere un composto. La parte più piccola ottenuta dalla suddivisione della goccia e capace di conservare le proprietà chimiche dell'acqua è chiamata *molecola*.

La **molecola** è un raggruppamento di due o più atomi, legati chimicamente tra loro, che possiede proprietà chimiche caratteristiche.

Le molecole possono essere costituite da atomi diversi, nel caso dell'acqua da idrogeno e ossigeno, ma anche da atomi dello stesso tipo. Nel secondo caso si hanno le molecole delle sostanze elementari, come l'idrogeno, l'ossigeno, l'azoto, il fluoro, il cloro, il bromo e lo iodio, che si trovano in natura sotto forma di molecole costituite da due atomi identici (*molecole diatomiche*) (**figura 2**).

▼ **Figura 2**
Alcune sostanze semplici sono costituite da molecole diatomiche.

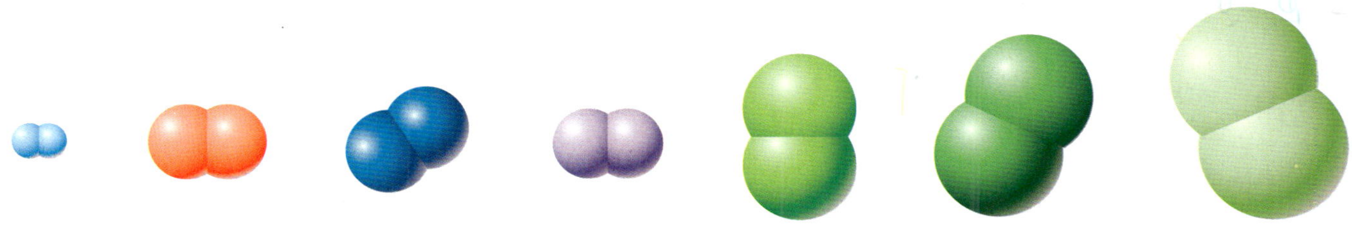

Altre sostanze semplici, come il fosforo e l'arsenico, esistono sotto forma di molecole costituite da quattro atomi; lo zolfo e il selenio possiedono molecole ancora più complesse, formate da otto atomi (**figura 3**).

Le molecole dei composti, a differenza di quelle delle sostanze elementari, sono costituite da atomi di tipo diverso. I composti, infatti, hanno una composizione definita cui partecipano atomi di natura diversa.

Riprendiamo l'esempio dell'acqua: è un composto costituito da molecole la cui formula chimica è H_2O e questo significa che la molecola dell'acqua è formata dall'unione di due atomi di idrogeno e uno di ossigeno (**figura 4**). In altre parole, gli atomi di idrogeno e di ossigeno sono legati tra loro con un rapporto di combinazione (fra gli atomi) 2:1. La massa d'acqua contenuta in un bicchiere è formata in realtà da milioni e milioni di molecole d'acqua, ciascuna costituita da due atomi di idrogeno legati a un atomo di ossigeno.

Ogni molecola è rappresentata da una **formula chimica** che ne specifica la composizione.

La **formula di una molecola** indica da quali elementi è costituita e quanti atomi di ciascun elemento contiene.

▼ **Figura 3**
Zolfo e fosforo: due sostanze semplici con molecole complesse.

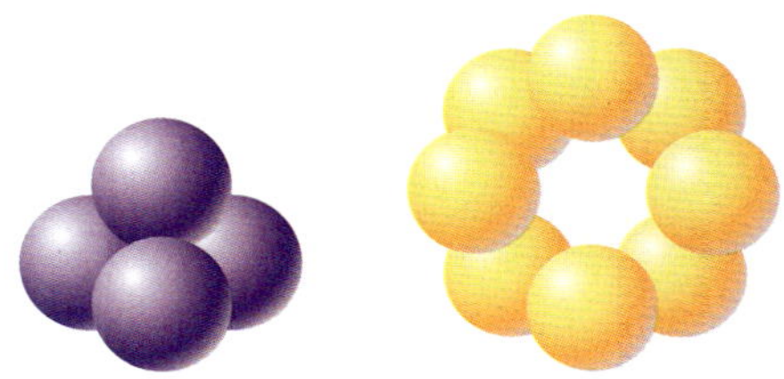

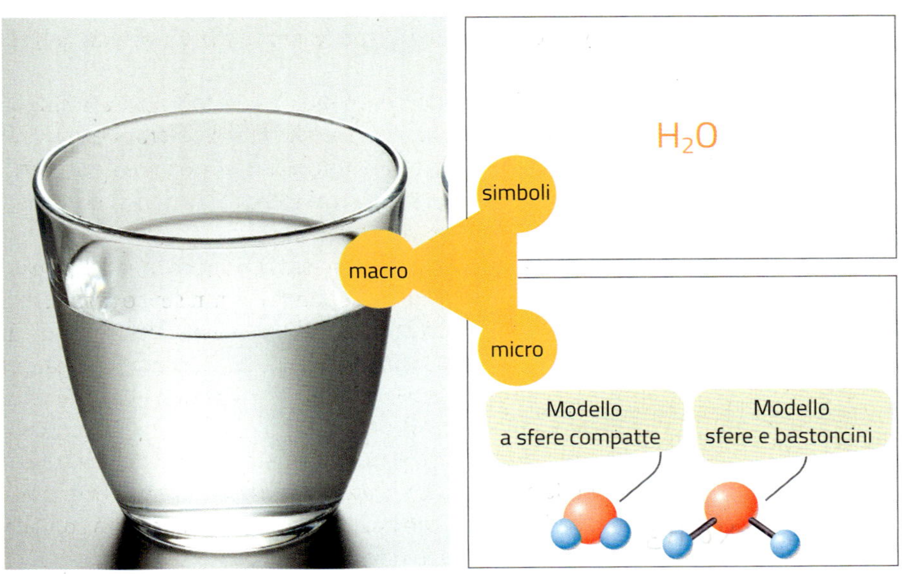

◀ **Figura 4**
La molecola dell'acqua rappresentata in due modi diversi.

◀ **Triangolo delle competenze**
L'acqua

L'ossigeno, per esempio, è una sostanza semplice le cui molecole diatomiche hanno formula chimica O_2, cioè sono formate da due atomi di ossigeno legati tra loro. Il numero «due» in basso a destra del simbolo è chiamato **indice numerico** e specifica il numero di atomi dello stesso elemento presenti nella stessa molecola.

In qualche caso le formule chimiche sono adoperate per evidenziare dei raggruppamenti di atomi che caratterizzano un certo composto. Per esempio, l'idrossido ferrico ha formula chimica $Fe(OH)_3$: l'indice 3 posto dopo la parentesi moltiplica per 3 tutti gli indici degli atomi che si trovano al suo interno; abbiamo quindi un atomo di ferro, tre di ossigeno e tre di idrogeno.

La formula che utilizziamo per indicare quali e quanti atomi costituiscono la molecola di un composto è chiamata **formula bruta** o **grezza**.

Alcuni composti sono formati da ioni

Oltre agli atomi e alle molecole esistono anche altre particelle che prendono il nome di *ioni*. Che cosa sono? A differenza di atomi e molecole, che sono elettricamente neutri, gli ioni sono particelle elettricamente cariche.

Si definiscono **ioni** gli atomi o i gruppi di atomi con una o più cariche elettriche, positive o negative.

Tipici esempi di ioni sono lo ione permanganato, lo ione sodio, e lo ione rame, che in soluzione acquosa è solitamente di colore azzurro (**figura 5**).

▼ **Figura 5**
Una soluzione di solfato di rame.

Gli ioni carichi positivamente sono chiamati **cationi**, quelli carichi negativamente sono detti **anioni**.

Per rappresentare uno ione, si scrive il simbolo dell'elemento (o degli elementi che costituiscono il gruppo di atomi), riportando in alto a destra il tipo e il numero delle cariche elettriche che possiede. La scritta Na^+ indica lo ione sodio, cioè un catione con una sola carica elettrica positiva; O^{2-} indica lo ione dell'ossigeno, cioè un anione con due cariche elettriche negative.

Le sostanze formate da ioni sono **composti ionici**: essi non sono formati da molecole ma da schiere di ioni positivi e negativi che si alternano in modo ordinato. In un composto ionico o in una sua soluzione acquosa la somma totale delle cariche negative è sempre uguale a quella delle cariche positive.

Il composto ionico più comune è il cloruro di sodio, cioè il comune sale da cucina, molto abbondante nelle acque marine. La sua formula, NaCl, *non indica una molecola* ma semplicemente il rapporto in cui si trovano le particelle che lo costituiscono – cationi Na^+ e anioni Cl^- – (**figura 6**) ovvero che per ogni Na^+ è presente un Cl^-. La formula NaCl ci dice quindi che il rapporto con cui gli ioni si sono combinati è 1:1 (per questo è detta *formula minima*).

► **Figura 6**
In un composto ionico come il cloruro di sodio (NaCl), non vi sono molecole ma schiere di ioni disposti in un rapporto ben preciso.

► **Il triangolo delle competenze**
Il cloruro di sodio

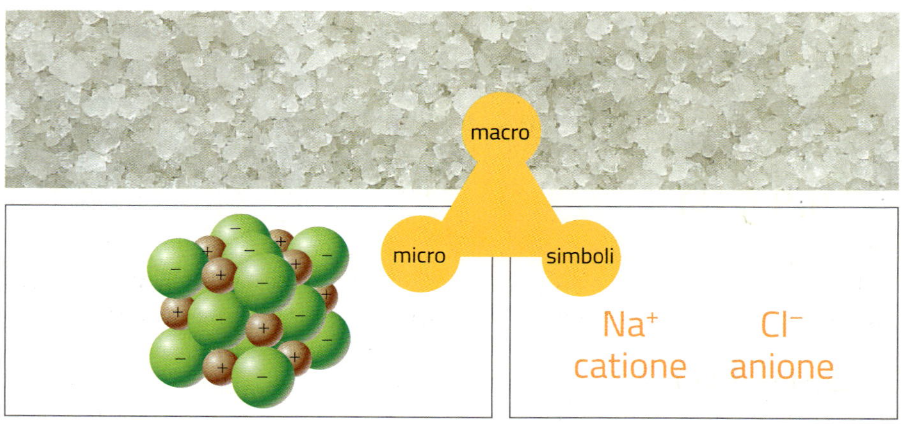

Facciamo il punto

1. Come puoi definire l'atomo?
2. Come puoi definire una molecola?
3. Che cosa indica la formula grezza di un composto?
4. Elenca almeno due sostanze semplici formate da molecole e non da atomi singoli.
5. Che cosa sono gli ioni? Come si classificano in base alla loro carica elettrica?
6. Spiega perché la formula NaCl non rappresenta una molecola.

2 La massa degli atomi e delle molecole

Dalton aveva immaginato che gli atomi degli elementi fossero diversi per massa gli uni dagli altri. Ma come è possibile pesare gli atomi? Nessuna bilancia riesce a pesare un singolo atomo però esistono strumenti chiamati **spettrometri di massa** (figura 7) che permettono di ottenere la massa in grammi di un atomo.

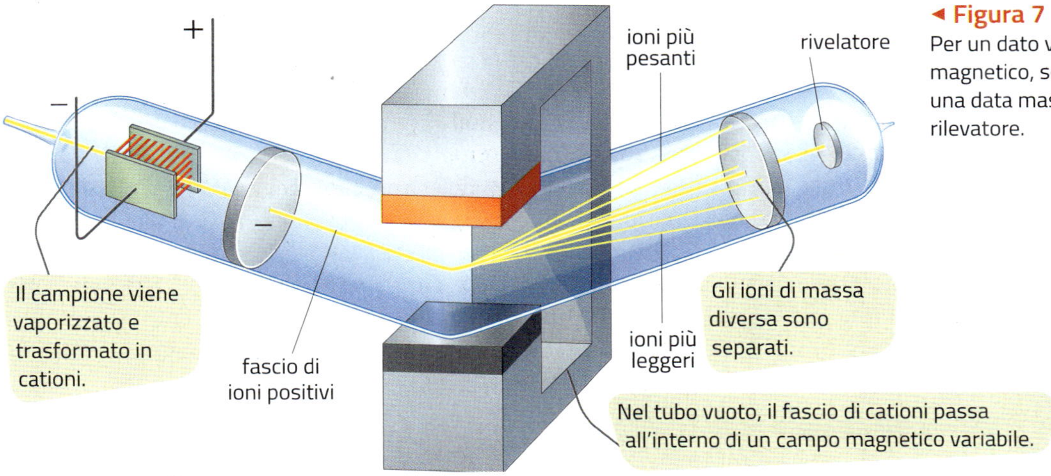

◂ **Figura 7**
Per un dato valore di campo magnetico, solo ioni aventi una data massa raggiungono il rilevatore.

La massa degli atomi è ricavata per confronto con un'unità di riferimento

La massa di un atomo può essere confrontata con quella di un altro usato come riferimento. La massa di riferimento è detta **unità di massa atomica (u)**.

Come atomo campione è stato scelto quello del carbonio-12, un particolare tipo di atomo, o isotopo, dell'elemento carbonio.

L'unità di massa atomica **u** è uguale a 1/12 della massa del carbonio-12, che corrisponde a $1{,}66054 \cdot 10^{-27}$ kg.

Il valore che si ottiene dal confronto tra la massa dell'atomo dato e l'unità di massa atomica è la **massa atomica relativa**. Essa esprime quanto un atomo è più pesante dell'unità di massa atomica, u.

La massa atomica relativa, A_r, si può misurare non solo prendendo un atomo per volta, ma anche tanti atomi per volta. Se per esempio un atomo di alluminio pesa 26,98 volte quello dell'atomo campione, anche 1000 atomi dell'uno peseranno esattamente 26,98 volte 1000 atomi campione.

I chimici non possono contare uno per uno gli atomi, ma si affidano per il calcolo al concetto di mole.

La **mole** è l'unità di misura della quantità di sostanza e contiene tante particelle quante ne sono contenute in 12 g di carbonio-12. Questo numero vale $6{,}022 \cdot 10^{23}$ ed è chiamato **costante di Avogadro**.

In una mole di una sostanza qualsiasi è quindi contenuto esattamente questo numero di particelle, indipendentemente dalla natura della sostanza stessa (figura 8).

Leggi l'approfondimento nell'ebook
La storia della scienza
Amedeo Avogadro

Le parole

Uno stesso elemento può essere presente in natura con masse atomiche diverse, ovvero sotto forma di vari **isotopi**. Isotopo deriva dalle parole greche *isos* («stesso») e *topos* («posto») nel senso che, pur essendo le masse atomiche diverse, si tratta dello stesso elemento (ovvero della stessa «casella» nella tavola periodica).

A

B

◂ **Figura 8**
(A) Una mole di alcuni elementi;
(B) una mole di alcuni composti.

La massa atomica e la massa molecolare permettono di ricavare la massa di una mole di una qualsiasi sostanza

Per ottenere una mole di un elemento si deve pesare una quantità in grammi corrispondente alla sua massa atomica relativa, un valore che troviamo nella tavola periodica.

Per esempio, nel caso dell'alluminio, dalla tavola periodica si ricava il valore 26,98 per la massa relativa (**figura 9**) e si esprime in grammi. Pesando esattamente 26,98 g di alluminio saremo sicuri di avere una mole di atomi di alluminio.

▲ **Figura 9**
Nella tavola periodica è possibile trovare la massa atomica relativa di ciascun elemento.

La **massa atomica** espressa in grammi fornisce la massa di una mole (o massa molare) dell'elemento.

Nel caso di una sostanza elementare formata da molecole con più atomi, questo valore va moltiplicato per il numero di atomi che formano la molecola.

Per esempio, la massa molare della sostanza elementare idrogeno H_2 si ottiene moltiplicando per 2 la massa atomica dell'idrogeno ed esprimendo il valore in grammi.

Nel caso dei composti, che sono formati da atomi di elementi diversi, ci si comporta in modo simile. Si ricava la massa atomica di ciascun elemento del composto dalla tavola periodica, si verifica quanti atomi di ciascun elemento sono presenti nel composto e si moltiplica per questo valore, poi si addizionano tra loro tutti i valori. Si ottiene in questo modo la massa molecolare.

La **massa molecolare** espressa in grammi fornisce la massa di una mole, o massa molare, di un composto o di una sostanza elementare formata da molecole.

Esercizio Svolto

Proviamo insieme
Quanto pesa una mole di Mg?

Risoluzione
Si legge sulla tavola periodica la massa atomica del magnesio, pari a 24,31.
24,31 g è la massa di una mole di atomi di magnesio, Mg.

Prova tu
Quanto pesa una mole di P?

Esercizio Svolto

Proviamo insieme
Quanto pesa una mole di acido solforico, H_2SO_4?

Risoluzione
Dalla tavola periodica si ricavano le masse atomiche di H, S e O.
Ci sono due atomi di idrogeno, pertanto la massa atomica di H va moltiplicata per 2, c'è poi un solo atomo di zolfo e infine quattro atomi di ossigeno, quindi l'ossigeno va moltiplicato per 4.
Come calcolo finale si sommano tra loro tutti i valori ottenuti:

$$(2 \cdot 1.008) + 32.07 + (4 \cdot 16.00) = 98.09$$

98,09 g è quindi la massa di una mole di acido solforico.

Prova tu
Quanto pesa una mole di acido nitrico, HNO_3?

Come si usa la mole nei calcoli di laboratorio?

La mole permette di collegare il mondo macroscopico e quello microscopico: tra grammi, moli e numero di particelle esistono alcune relazioni che sono alla base dei calcoli in laboratorio.

La massa di una sostanza qualunque può essere pesata su una bilancia, quindi, a partire dal valore massa, si può calcolare il **numero di moli**, conoscendo la massa molare della sostanza:

$$n = \frac{m}{M}$$

Numero di moli (n); Massa del campione (g) (m); Massa molare (g/mol) (M)

Si può anche calcolare la **massa in grammi** che corrisponde a un dato numero di moli, sempre conoscendo la massa molare:

$$m = n \cdot M$$

Massa del campione (g) (m); Numero di moli (n); Massa molare (g/mol) (M)

Inoltre, la costante di Avogadro mette in relazione il **numero di particelle** e il numero di moli:

$$N_p = N \cdot n$$

Numero di particelle (N_p); Numero di moli (n); Numero di Avogrado (N)

Vediamo negli esempi seguenti che gli stessi risultati possono essere ottenuti ragionando in termini di proporzionalità.

Esercizio Svolto

Proviamo insieme

A quante moli corrispondono 10 g di ferro elementare?

Risoluzione

Prima di tutto calcoliamo a quanto corrisponde una mole di ferro.

Troviamo sulla tavola periodica la massa atomica del ferro, che è pari a 55,85.

Se pesiamo 55,85 g di ferro abbiamo esattamente una mole.

Possiamo quindi impostare una proporzione:

$55{,}85 : 1 \text{ mole} = 10 \text{ g} : x$

$$x = 10 \text{ g} \cdot \frac{1 \text{ mol}}{55{,}85 \text{ g/mol}}$$

risolvendo si ottiene $x = 0{,}18$ mol

Prova tu

A quante moli corrispondono 15 g di rame elementare?

Esercizio Svolto

Proviamo insieme

Quanto pesano 2,5 mol di acqua, H_2O?

Risoluzione

Per prima cosa calcoliamo la massa di una mole di acqua.

Calcoliamo la massa molecolare

$2 \cdot 1{,}008 + 16{,}00 = 18{,}008$

Prendendo 18,008 g di acqua abbiamo esattamente una mole.

Possiamo allora impostare la proporzione:

$$x = \frac{2{,}5 \text{ mol di } H_2O \times 18{,}0089 \text{ g}}{1{,}0 \text{ mol di } H_2O} = 45{,}02 \text{ g}$$

Risolvendo si ha

$x = 2{,}5$ mol di $H_2O \times 18{,}008$ g / 1 mol

$= 45{,}02$ g di acqua corrispondono a 2,5 mol.

Prova tu

Quanto pesano 1,5 mol di NaCl?

Esercizio Svolto

Proviamo insieme

Quante particelle ci sono in 1,6 mol di qualsiasi sostanza chimica?

Risoluzione

Sappiamo che in una mole di qualsiasi sostanza, indipendentemente dalla sua natura chimica, abbiamo sempre $6{,}022 \cdot 10^{23}$ particelle. Possiamo allora impostare una proporzione:

$1 \text{ mol} : 6{,}022 \cdot 10^{23} \text{ particelle} = 1{,}6 \text{ mol} : x$

Da cui, risolvendo abbiamo:

$$x = \frac{6{,}022 \cdot 10^{23} \text{ particelle} \cdot 1{,}6 \text{ mol}}{1{,}0 \text{ mol}}$$

$= 9{,}635 \cdot 10^{23}$ particelle in tutto

Per sapere di quali particelle si tratta, si deve verificare la natura della sostanza e stabilire se queste particelle sono atomi (negli elementi), o molecole o ioni (nelle sostanze elementari e composti).

Prova tu

Quante particelle ci sono in 2,5 mol di argento? E in 2,5 mol di CO_2?

Facciamo il punto

1. Quante particelle contiene 1 mol di magnesio? E 1 mol di diossido di carbonio, CO_2?
2. Quanto vale la costante di Avogadro?
3. Che cosa si intende per massa atomica relativa?
4. Quale atomo è preso come riferimento per pesare la massa atomica relativa di tutti gli altri?
5. Quale strumento permette di misurare la massa in grammi di ogni atomo?
6. Per quale motivo se si vuole sapere quante particelle ci sono in una certa quantità di moli di una sostanza, non importa sapere la natura della sostanza?
7. Perché una mole di ferro (Fe) e una mole di boro (B) hanno una massa diversa? Qual è la variabile in gioco in questo caso?

3 Le particelle e l'energia

Quante volte durante la giornata utilizziamo l'*energia*? Adoperiamo energia per riscaldare o raffreddare le abitazioni, per alimentare le auto, i treni o gli aerei, per ascoltare musica o per navigare nel web, ma anche per preparare o conservare i cibi. La maggior parte dell'energia utilizzata per questi scopi è ricavata dai combustibili fossili attraverso reazioni chimiche come la combustione (**figura 10**).

▸ **Figura 10**
Le città utilizzano ogni giorno ingenti quantità di energia.

Curiosità
Un joule è un valore molto piccolo, corrisponde all'energia necessaria per un battito del nostro cuore, e per questo in chimica si utilizza il suo multiplo kilojoule (kJ) equivalente a 1000 J.

L'energia può essere convertita in forme diverse

L'energia è qualcosa di impalpabile, non la possiamo tenere in mano o studiare sotto la lente di un microscopio. La definizione più comune è la seguente.

L'**energia** è una grandezza fisica che assume forme diverse, si conserva, si trasforma, si trasferisce e determina dei cambiamenti nei sistemi interessati.

Un corpo possiede energia se può compiere un **lavoro**, come sollevare un peso o allungare una molla, e **trasferire calore**, se posto a contatto con un altro corpo che si trova a temperatura inferiore. Energia, lavoro e calore, nel SI, hanno la stessa unità di misura: il **joule** (J).

$$J = N \cdot m = \frac{kg \cdot m^2}{s^2}$$

La **caloria (cal)** è un'unità di misura del calore che non appartiene al Sistema Internazionale. La kcal (o kilocaloria) è usata nelle etichette degli alimenti per indicarne il valore energetico (**figura 11**).

La caloria è definita come la quantità di calore necessaria per riscaldare 1,00 g di acqua da 14,5 a 15,5 °C. La caloria e il joule sono legati tra loro dalla seguente relazione:

$$1 \text{ cal} = 4{,}18 \text{ J e } 1 \text{ kcal} = 4{,}18 \text{ kJ}$$

Un modo per classificare l'energia è distinguerla in *cinetica* o *potenziale*.

L'**energia cinetica** è associata al movimento di un corpo e dipende dalla sua massa e dalla sua velocità: quanto maggiori sono massa e velocità tanto maggiore è il contenuto di energia cinetica.

▴ **Figura 11**
Un esempio di etichetta per alimenti in cui vengono riportati i valori nutrizionali espressi in kilocalorie (kcal) e kilojoule (kJ).

L'**energia potenziale** deriva dalla posizione di un corpo. L'energia potenziale gravitazionale è la forma di energia potenziale di più immediata comprensione. Un libro sollevato in cima a uno scaffale possiede un'energia gravitazionale che dipende dalla sua massa e dall'altezza dal suolo dello scaffale; se il libro cade, restituisce l'energia immagazzinata (**figura 12**).

L'energia gravitazionale non è l'unica forma di energia potenziale.

In modo analogo possiamo considerare l'energia contenuta nei combustibili o nei cibi come energia potenziale chimica, trasformabile in calore o in altra forma di energia mediante reazioni chimiche. Nelle nostre cellule avvengono reazioni di demolizione degli alimenti che liberano l'energia necessaria per la vita e per mantenere stabile la temperatura del corpo (**tabella 1**).

Ogni volta che l'energia si trasforma, cambia aspetto ma non scompare né si crea dal nulla. Accurati calcoli consentono di affermare che la sua quantità, prima e dopo la trasformazione, resta costante.

La **legge di conservazione dell'energia** sancisce che, in qualsiasi processo, l'energia totale si conserva.

Le parole

Energia potenziale dà l'idea di energia immagazzinata che ha la potenzialità di essere trasformata in un'altra forma.

▼ **Figura 12**
Da energia potenziale a energia cinetica.

Alimenti	**Contenuto energetico (kcal/g)**	**Contenuto energetico (kJ/g)**
glucidi (zucchero, pane, pasta, biscotti)	4	16,7
lipidi (olio, burro, formaggi, grassi animali)	9	37,6
proteine (carne, pesce, uova)	4	16,7
alcol (vino, birra, liquori, sidro)	7	29,3

◀ **Tabella 1**
Il contenuto energetico di alcuni alimenti.

1 - Per saperne di più

L'*energia cinetica* di un corpo in movimento si può calcolare con la formula:

$$E_c = \frac{1}{2} m \cdot v^2$$

dove *m* è la massa del corpo e *v* è la sua velocità in m/s.

L'*energia potenziale gravitazionale* si calcola invece con la formula:

$$E_p = m \cdot g \cdot h$$

Nella formula:
- *m* è la massa;
- *g* l'accelerazione di gravità;
- *h* è l'altitudine a cui è posto il corpo rispetto al livello del mare.

Facciamo il punto

1. Che cos'è l'energia?
2. Qual è l'unità di misura dell'energia nel SI?
3. Quanto vale 1 cal se convertita in J?
4. Quando un corpo possiede energia cinetica?
5. Che cosa afferma la legge di conservazione dell'energia?

4 La teoria cinetico-molecolare

A colpo d'occhio

PARTICELLE
- SOLIDI: VIBRANO INTORNO A POSIZIONI FISSE
- LIQUIDI: MAGGIORE LIBERTÀ DI MOVIMENTO RISPETTO AI SOLIDI
- GAS: MOTO MOLECOLARE DISORDINATO

Le particelle sono in continuo movimento

Il premio Nobel Richard Feynman nel 1963 scriveva: «Se, in un cataclisma, dovesse andare distrutto tutto il sapere scientifico, e si potesse trasmettere alla successiva generazione solo una frase, quale proposizione conterrebbe il massimo d'informazione nel minor numero di parole?

Io credo che sia l'ipotesi atomica e cioè il fatto che tutte le cose sono costituite da atomi (o da molecole e ioni) – piccole particelle che si muovono in tutte le direzioni senza fermarsi mai, che si attraggono quando sono vicine, ma si respingono se sono schiacciate l'una contro l'altra».

Le particelle che costituiscono i corpi materiali sono disposte in modo diverso in base allo stato fisico:

- nei **solidi**, le particelle oscillano e vibrano intorno a posizioni fisse;
- nei **liquidi**, le molecole sono in contatto tra loro ma hanno maggiore libertà di movimento;
- per i **gas**, infine, la libertà di movimento è massima e il moto molecolare è assolutamente disordinato.

Inoltre, le particelle di solidi, liquidi e gas sono sempre separate da spazio vuoto.

La **figura 13** rappresenta il comportamento delle particelle microscopiche nei solidi, nei liquidi e nei gas.

Le particelle possiedono quindi una certa quantità di **energia cinetica** (E_c) che è dovuta al loro moto. Inoltre, esse possiedono anche una certa **energia potenziale** (E_p) che dipende dalla loro posizione reciproca.

La somma dell'energia cinetica e dell'energia potenziale delle particelle, che costituiscono un sistema, è chiamata *energia interna del sistema*:

$$E_{sistema} = E_c + E_p$$

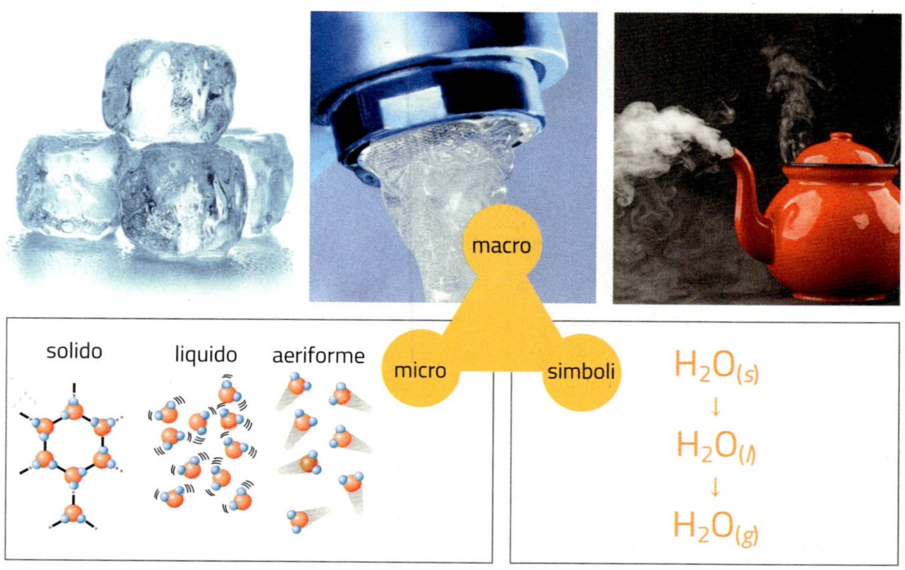

▸ **Figura 13**
Il moto delle particelle nei solidi, nei liquidi e nei gas.

▸ **Triangolo delle competenze**
Gli stati di aggregazione

Allo stato gassoso le particelle sono libere di muoversi molto di più rispetto agli altri stati fisici.

Dal punto di vista microscopico, il disordine è la principale caratteristica della materia gassosa. A che cosa è dovuto il caos in cui convivono gli atomi e le molecole di tutti i gas? Per rispondere a questa domanda utilizzeremo un modello di **gas perfetto** (spesso denominato anche «gas ideale») che ci permette di spiegare il comportamento dei gas per mezzo della teoria cinetico-molecolare.

Le parole

La parola **gas** deriva da *chaos*, termine di origine greca che significa «disordine, confusione»

La teoria cinetico-molecolare descrive il comportamento dei gas perfetti

Questa teoria nacque dalle osservazioni compiute sui gas a livello macroscopico. Le evidenze sperimentali dimostrarono che *tutti i gas si comportano in modo pressoché identico*: non hanno forma propria e occupano il volume del recipiente che li contiene; la loro densità è notevolmente inferiore a quella dei liquidi e dei solidi perché lo spazio vuoto tra le loro molecole è maggiore; sono molto sensibili alle variazioni di pressione e di temperatura.

A causa degli urti continui che avvengono tra le particelle, il loro moto è molto disordinato; le particelle, quindi, non posseggono tutte la stessa energia cinetica. Per questo, piuttosto che parlare di energia di un singolo atomo o di una singola molecola, è preferibile parlare di *energia cinetica media*.

La **teoria cinetico-molecolare** è in grado di spiegare questi comportamenti dal punto di vista microscopico e si serve del **modello di gas perfetto** (**figura 14**) che presenta le seguenti caratteristiche.

1. L'energia cinetica media delle particelle del gas è direttamente proporzionale alla temperatura assoluta.
2. Le particelle del *gas perfetto* non si attraggono reciprocamente (in un *gas reale* invece le particelle esercitano attrazioni reciproche).
3. Nel modello di gas perfetto, il volume proprio occupato dalle particelle è considerato trascurabile. Il volume occupato da un gas è quindi quello del recipiente che lo contiene.
4. Le particelle del gas perfetto si muovono disordinatamente e a grande velocità in tutte le direzioni. Il «cammino» viene continuamente interrotto da urti elastici (cioè, da urti che avvengono senza perdita di energia cinetica) fra le molecole stesse o con le pareti del contenitore.

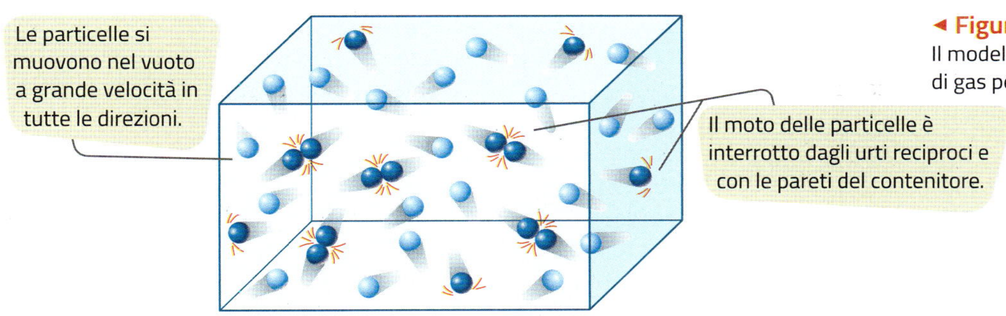

◂ **Figura 14**
Il modello microscopico di gas perfetto.

2 - Per saperne di più

La storia dei gas

Il termine «gas» è adoperato per la prima volta, nel 1630, dal chimico fiammingo Jan Baptiste Van Helmont che comprende per primo come l'aria atmosferica sia un insieme di gas distinti.

Pochi anni dopo, nel 1680, Robert Boyle (1627-1691), uno studioso irlandese, pubblicò *Il chimico scettico* dove raccolse i risultati dei suoi studi sui gas. Secondo Boyle, l'aria è costituita da piccoli corpuscoli in movimento, dispersi in uno spazio vuoto, in grado di legarsi tra loro e dare origine a corpi macroscopici. La comunità scientifica non accettò però questa idea, rivoluzionaria per l'epoca.

Gli studi sistematici sui gas, condotti dal diciassettesimo secolo fino ai primi dell'Ottocento e indicati con il termine di *chimica pneumatica* sono decisivi per lo sviluppo della teoria atomica della materia: permettono di individuare i componenti dell'atmosfera, migliorano le tecniche e le strumentazioni di laboratorio, sono alla base delle ricerche di Dalton e offrono la possibilità di determinare le masse degli atomi.

Oggi sappiamo che la miscela gassosa che respiriamo contiene come componenti principali l'azoto e l'ossigeno in diverse percentuali; i componenti secondari non raggiungono, tutti insieme, l'1% del totale (**figura A**).

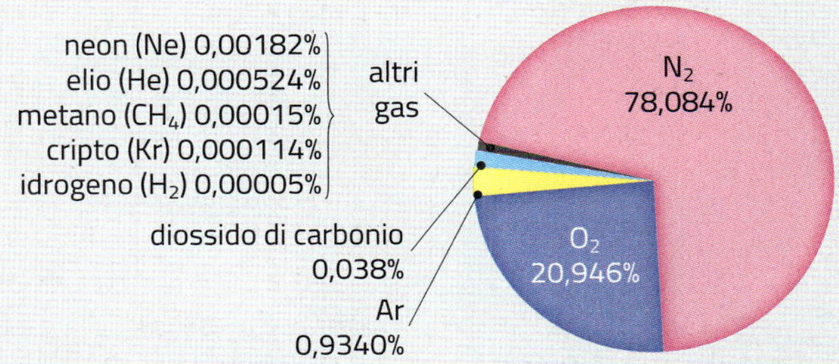

▴ **Figura A**
La composizione percentuale dell'aria priva di vapore acqueo e inquinanti.

La pressione dei gas è dovuta agli urti delle particelle del gas sulla parete del recipiente

Che cosa mantiene tesa la gomma di un palloncino pieno di gas?

Questo fenomeno è dovuto alla **pressione** esercitata dal gas sul palloncino. Le molecole di un gas racchiuse in un contenitore, infatti, si muovono in tutte le direzioni e colpiscono le sue pareti, esercitando una pressione su di esse.

La **pressione di un gas** è l'effetto macroscopico degli urti delle particelle sull'unità di superficie del recipiente che lo contiene.

Maggiori sono il numero e l'energia degli urti, tanto più elevata è la pressione esercitata dal gas. In generale, la pressione p è data dal rapporto tra la forza F, che agisce perpendicolarmente a una superficie, e l'area s della superficie stessa (**figura 15**).

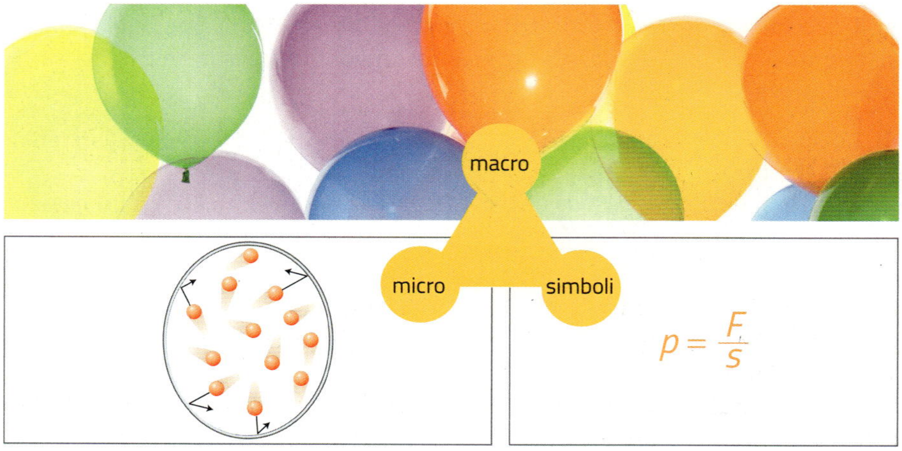

► **Figura 15**
La gomma di un palloncino pieno di gas è mantenuta tesa dalla pressione, cioè dagli urti delle molecole contro le pareti.

► **Il triangolo delle competenze**
La pressione di un gas

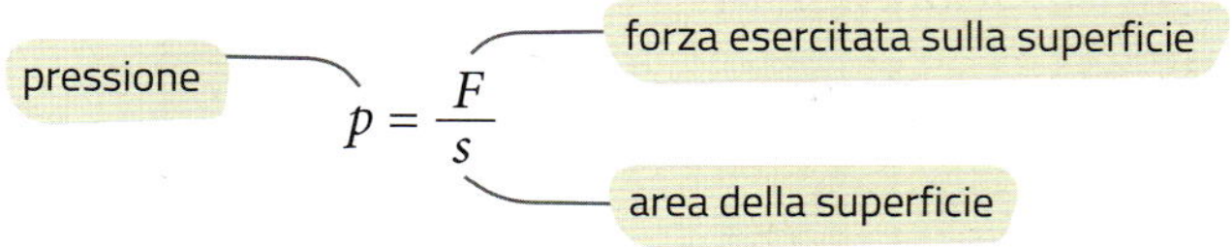

$$p = \frac{F}{s}$$

Anche l'atmosfera esercita una pressione sulle pareti del palloncino: le particelle dei gas atmosferici colpiscono le pareti così come, senza che ce ne rendiamo conto, urtano contro il nostro corpo.

È possibile avere un'idea tangibile della loro azione e di come sono collegati i concetti di forza, pressione e area. Prendiamo una siringa senza ago, spingiamo il pistone in fondo, chiudiamo l'uscita con un dito e cerchiamo di estrarre il pistone (**figura 16**). Sentiremo una forza che si oppone al moto e richiama il pistone nella posizione iniziale. L'origine della forza non è nella siringa, ma nella pressione esterna.

La pressione è una grandezza intensiva, come la temperatura e la densità. L'unità di misura della pressione nel Sistema Internazionale è il pascal (Pa), pari a 1 newton (N) per metro quadrato (m^2):

$$1\ \text{Pa} = \frac{1\ \text{N}}{\text{m}^2} = \frac{1\ \text{kg} \cdot \cancel{\text{m}}}{\text{m}^{\cancel{2}} \cdot \text{s}^2} = \frac{1\ \text{kg}}{\text{m} \cdot \text{s}^2} = 1\ \text{kg} \cdot \text{m}^{-1} \cdot \text{s}^{-2}$$

▼ **Figura 16**
(A) La forza che richiama il pistone nella posizione iniziale è dovuta alla pressione esterna. (B) La forza non dipende dalla posizione del pistone. (C) In una siringa con il diametro doppio la forza aumenta del quadruplo.

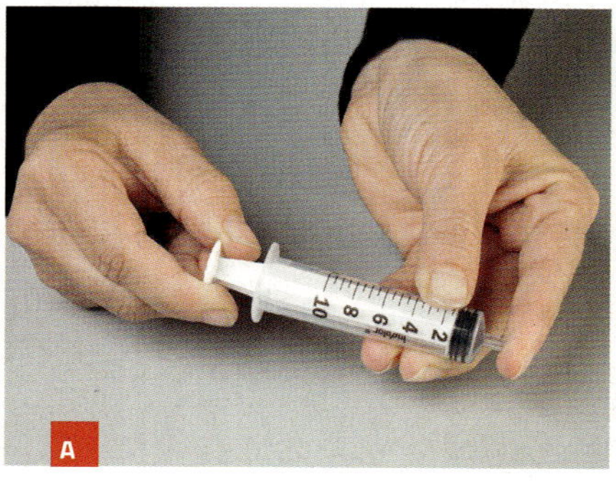

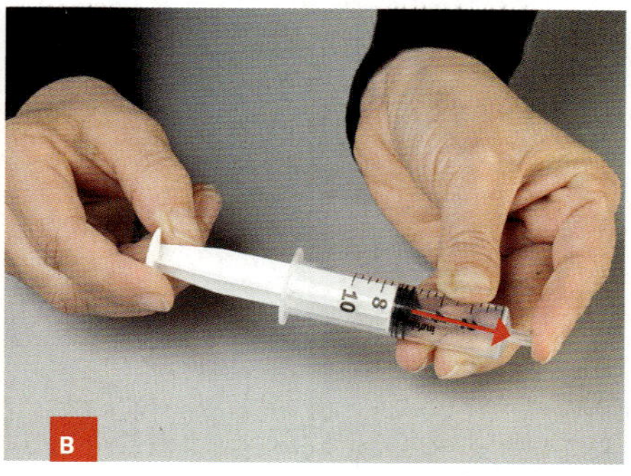

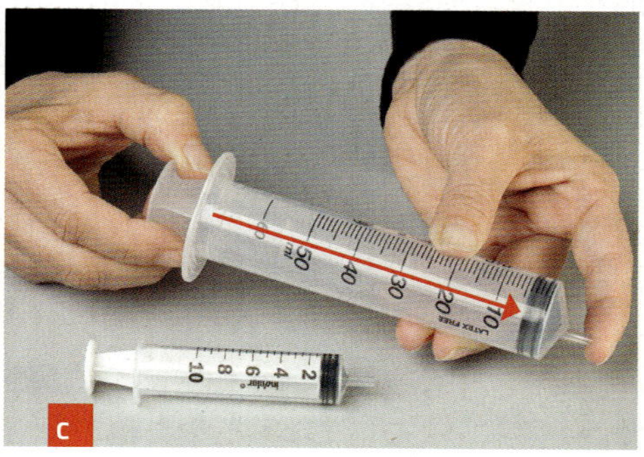

La pressione atmosferica si misura col barometro

Nel 1644 un allievo di Galilei, Evangelista Torricelli, costruì un dispositivo per misurare la pressione atmosferica: il primo *barometro a mercurio*. È costituito da un lungo tubo di vetro chiuso a un'estremità e riempito di mercurio; dopo essere stato capovolto, senza far entrare aria, viene immerso in una bacinella contenente anch'essa mercurio. Torricelli osservò che (a livello del mare) il livello del mercurio dentro il tubo si abbassa fino a un'altezza di 760 mm (**figura 17**).

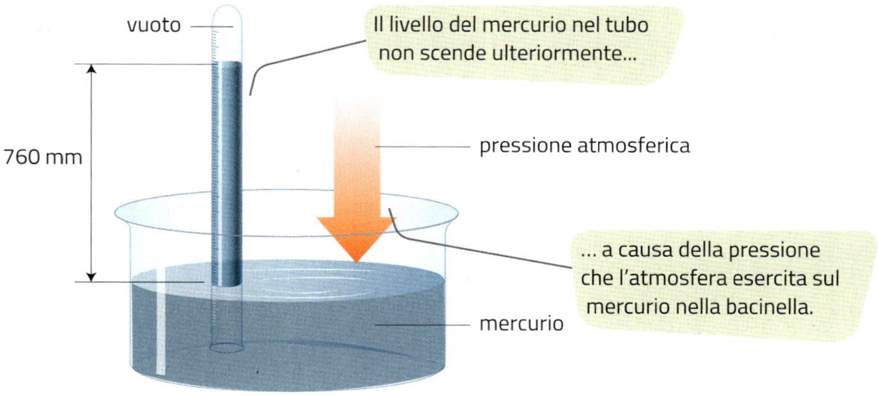

◂ **Figura 17**
L'esperimento di Torricelli.

Il livello raggiunto dal mercurio fornisce la misura della pressione esercitata dall'atmosfera sulla superficie del mercurio nella bacinella, espressa in *millimetri di mercurio* (mmHg).

Oltre al pascal e al millimetro di mercurio, esistono altre unità di misura della pressione, che sono riassunte nella **tabella 2**. Per comodità, nei problemi di chimica usiamo prevalentemente le atmosfere, anche se quest'unità di misura non è ammessa dal SI.

▾ **Tabella 2**
Le unità di misura della pressione.

Unità di misura	Simbolo	Fa parte del SI?	Definizione	Multipli o sottomultipli
pascal	Pa	sì	Pa = N/m^2	1 kPa = 10^3 Pa
bar	bar	no, ma il suo uso è ammesso in meteorologia	1 bar = 10^5 Pa= 0,9869 atm	1 millibar = 10^{-3} bar
atmosfera*	atm	no	1 atm = 101 325 Pa = 1,013 bar = 760 mmHg	
millimetri di mercurio	mmHg	no, ma il suo uso è ammesso per misurare la pressione sanguigna	1 mmHg = 133,322 Pa = $1,3 \cdot 10^{-3}$ atm	

*Una atmosfera corrisponde alla pressione esercitata da una colonna di mercurio alta 760 mm, a livello del mare e a 0 °C.

3 - Per saperne di più

I gas e la meteorologia

Per fare una previsione metereologica, uno dei parametri più importanti è la pressione atmosferica. Le variazioni di pressione in un determinato arco di tempo (dette **tendenze barometriche**) forniscono un'idea generale sull'andamento del tempo. Un abbassamento della pressione comporta l'arrivo di una perturbazione, mentre un suo aumento è sinonimo di tempo stabile e soleggiato. La pressione atmosferica è influenzata da diversi fattori:

- **quota**: a parità di superficie, un aumento o una diminuzione della colonna d'aria soprastante genera un proporzionale aumento o diminuzione di pressione;
- **temperatura**: un gas riscaldandosi si dilata e diventa meno denso, ma se il volume è mantenuto costante la pressione aumenta;
- **umidità**: l'aria umida (cioè contenente vapore acqueo) è più leggera dell'aria secca, quindi all'aumentare del contenuto di vapore si avrà una diminuzione della pressione.

L'umidità gioca un ruolo cruciale nella generazione delle precipitazioni. Il vapore acqueo, esattamente come ogni altro componente dell'atmosfera, contribuisce alla pressione totale della miscela gassosa, esercitando una pressione parziale, detta **pressione di vapore**. Il suo contenuto nell'aria è strettamente legato alla temperatura: maggiore è la temperatura dell'aria, maggiore è la quantità di vapore che può essere contenuta senza condensare. Quando ogni ulteriore aggiunta di vapore ne provoca la condensazione l'aria viene detta **satura**.

L'umidità relativa è il rapporto tra la pressione di vapore rilevata e la corrispondente pressione di vapore saturo a una determinata temperatura. In meteorologia, questo parametro permette di valutare se l'aria è più o meno carica di vapore. Nel caso di un abbassamento di temperatura, se l'aria è carica di vapore, è più facile che si generino nubi in quota, precipitazioni al suolo o altri fenomeni come la rugiada, la brina o la nebbia.

L'equazione di stato riassume il comportamento dei gas perfetti

Se si aumenta la temperatura di un gas, si osserva sperimentalmente che la pressione aumenta e il gas tende a espandersi. Questo accade perché le particelle di un gas si muovono a maggiore velocità quando la temperatura si innalza.

In questo modo gli urti delle particelle contro le pareti del recipiente che contiene il gas diventano più frequenti e più forti. La pressione del gas quindi aumenta di conseguenza e il gas tende a espandersi (**figura 18**).

▼ Figura 18
Quando la temperatura si innalza, le particelle di un gas si urtano con maggiore frequenza e forza poiché aumenta la loro velocità.

Ma anche se si aumenta il numero di particelle, quindi le moli, di un gas, pur mantenendo la temperatura costante, la pressione aumenta. Questo accade perché il numero di urti complessivo, essendo presenti più particelle, aumenta.

In definitiva, pressione, temperatura e numero di particelle sono grandezze di un gas perfetto in proporzione tra loro.

Il volume invece è inversamente proporzionale alla pressione. Tanto più il volume di un gas è grande, a parità di temperatura e quantità di particelle, tanto inferiore è la sua pressione.

L'**equazione di stato dei gas perfetti** è una legge fisica che riassume tutti questi comportamenti in un'unica formula di tipo matematico:

$$p \cdot V = n \cdot R \cdot T$$

dove P è la pressione misurata in atm, V il volume espresso in litri, n le moli dei gas presenti, R una costante (costante universale dei gas, 0,0821) e T la temperatura assoluta in kelvin.

Poiché questa equazione fornisce una buona approssimazione anche per i gas reali, possiamo usarla per calcolare una delle quattro variabili (P, V, T, n), note le altre tre. L'equazione di stato vale anche per le miscele gassose, quindi anche per l'aria:

$$p_{totale} = n_{totale} \cdot R \cdot T/V$$

dove P_{totale} è la pressione totale della miscela, data dalla somma di tutte le pressioni parziali, esercitate dai singoli gas della miscela, e n_{totale} è il numero totale delle moli di ogni gas presente nella miscela.

Guarda il video nell'ebook
La chimica in laboratorio
La misura del volume di un gas

Facciamo il punto

1. Come viene definita la pressione di un gas?
2. Quale strumento permette di misurare la pressione di un gas?
3. Come viene descritto un gas perfetto dalla teoria cinetico-molecolare?
4. Quale legge mette in proporzione diretta pressione e temperatura?
5. Per quale motivo pressione e volume di un gas sono inversamente proporzionali?

SINTESI DI FINE CAPITOLO

LO SAI? RIPASSA CON LO SMARTPHONE

Dal mondo macroscopico al mondo particellare

Le **proprietà chimiche** della materia sono proprietà **microscopiche**.

La più piccola parte di un corpo materiale è detto **molecola**. La molecola è un **raggruppamento di due o più atomi**, legati chimicamente tra loro, che possiede **proprietà chimiche caratteristiche**.

Alcune sostanze elementari sono formate da **molecole diatomiche** (l'idrogeno, l'ossigeno, l'azoto, il fluoro, il cloro, il bromo e lo iodio), altre da molecole di 4 o 8 atomi (fosforo e zolfo).

Ogni molecola è rappresentata da una **formula chimica**, che indica da quali elementi è costituita e quanti atomi di ciascun elemento contiene. La **formula bruta o grezza** indica quali e quanti atomi di un elemento sono presenti in una molecola; i numeri a destra in basso rispetto al simbolo dell'elemento sono detti **indici numerici**.

Gli ioni e i composti ionici

Alcuni composti sono formati da **ioni**, particelle elettricamente cariche. Uno ione è un atomo o un gruppo di atomi con uno o più **cariche elettriche**, positive o negative.

Gli ioni positivi sono chiamati **cationi**, gli ioni negativi sono chiamati **anioni**. Il **simbolo** di uno ione è l'atomo (o il gruppo di atomi) con in alto a destra il tipo e il numero di cariche elettriche.

Le sostanze formate da ioni positivi e negativi, non da molecole sono **composti ionici**. La **formula chimica del composto** è una *formula minima*, non una formula molecolare.

La massa degli atomi e delle molecole

La **massa degli atomi** può essere misurata confrontandola con una massa unitaria, o **unità di massa atomica** (u): 1 u corrisponde a 1/12 della massa dell'atomo di carbonio-12 e vale $1{,}66054 \times 10^{-27}$ kg.

La **massa atomica relativa** (A_r) esprime quante volte un atomo è più pesante dell'unità u.

La **mole** è l'unità di misura della quantità di sostanza, e contiene tante particelle quante ne sono contenute in 12 g di carbonio-12. In una mole di una sostanza qualsiasi vi sono $6{,}02 \times 10^{23}$ particelle: questo valore è detto **costante di Avogadro**.

La **massa atomica** di un elemento espressa in grammi fornisce la massa di una mole (**massa molare**) di quell'elemento.

La **massa molecolare** espressa in grammi fornisce la massa di una mole (massa molare) di un composto o una sostanza elementare formata da molecole.

La mole nei calcoli

Per **ottenere le moli** dalla massa in grammi e la massa molecolare si applica la formula

$$n\ (\text{mol}) = \frac{m\ (\text{g})}{M\ (\text{g/mol})}$$

Per **ottenere la massa** si applica la formula inversa:

$$m\ (\text{g}) = n\ (\text{mol}) \cdot M\ (\text{g/mol})$$

Per **ottenere il numero di particelle** si usa la formula

$$N_p\ (\text{particelle}) = N\ \frac{(\text{particelle})}{(\text{mol})} \cdot n\ (\text{mol})$$

Le particelle e l'energia

L'**energia** è una grandezza fisica che assume forme diverse, si trasforma, si trasferisce e determina cambiamenti nei sistemi. L'**unità di misura** dell'energia è il **joule** (J).

$$\text{J} = \text{N} \cdot \text{m} = \frac{\text{kg} \cdot \text{m}^2}{\text{s}^2}$$

La **caloria** è la quantità di calore necessaria per innalzare la temperatura di 1 g di acqua da 14,5 a 15,5 °C. 1 caloria = 4,184 Joule.

Energia cinetica ed energia potenziale

L'energia si trova in due forme principali: **energia cinetica**, associata al movimento, ed **energia potenziale** che deriva dalla posizione del corpo. Anche se l'energia si può trasformare, la sua quantità complessiva resta costante (**legge di conservazione dell'energia**).

La teoria cinetico-molecolare

Le particelle nei solidi, liquidi e gas possiedono **capacità di movimento** diverso e sono separate da spazi vuoti. Nello **stato solido** le particelle oscillano intorno a posizioni fisse; nei **liquidi** le particelle hanno maggiore possibilità di movimento, mentre nei **gas** la capacità di movimento è massima e le particelle si muovono in modo disordinato.

Le particelle possiedono sia energia cinetica sia energia potenziale che, sommate tra loro, costituiscono l'**energia interna**.

Il modello di gas perfetto

I gas sono rappresentabili secondo il **modello del gas perfetto** o **ideale**. In questo modello le particelle non hanno forma e volume propri e occupano il volume del recipiente. La **teoria cinetico-molecolare** descrive il comportamento di un gas perfetto che si applica bene anche ai **gas reali** e si articola nei seguenti punti:

- L'energia cinetica media delle particelle del gas è proporzionale alla temperatura assoluta.
- Le particelle del gas perfetto non si attraggono reciprocamente.
- Il volume occupato dalle particelle è trascurabile.
- Le particelle del gas perfetto si muovono disordinatamente e a grande velocità in tutte le direzioni. Le particelle subiscono urti elastici, senza perdita di energia cinetica, scontrandosi fra di sé o con le pareti del contenitore.

La pressione dei gas

La **pressione** esercitata da un gas è l'effetto macroscopico degli urti delle particelle sull'unità di superficie. La pressione si calcola secondo il **rapporto**:

$$1\ \text{Pa} = \frac{1\ \text{N}}{\text{m}^2} = \frac{1\ \text{kg} \cdot \cancel{\text{m}}}{\text{m}^{\cancel{2}} \cdot \text{s}^2} =$$

$$= \frac{1\ \text{kg}}{\text{m} \cdot \text{s}^2} = 1\ \text{kg} \cdot \text{m}^{-1} \cdot \text{s}^{-2}$$

L'**unità di misura** della pressione nel SI è il **pascal** (Pa) ma in chimica si usa spesso l'**atmosfera** (atm). La pressione si misura col **barometro**.

L'equazione di stato dei gas perfetti

Pressione, temperatura assoluta e numero di moli di un gas sono legati tra loro dall'**equazione di stato dei gas perfetti:**

$$p \cdot V = n \cdot R \cdot T$$

dove R è una costante che vale 0,0821, la pressione deve essere misurata in atmosfere, il volume in litri e la temperatura in kelvin.

VERIFICA LE TUE CONOSCENZE

ZTE ONLINE

1. Barra l'affermazione errata.

- [A] Le molecole degli elementi sono formate da atomi uguali.
- [B] Le molecole di una sostanza possiedono le stesse proprietà fisiche della sostanza.
- [C] Le molecole dei composti contengono almeno due tipi di atomi.
- [D] Le molecole di una sostanza conservano le sue proprietà chimiche.

2. Barra i due completamenti esatti.
Il cloruro di sodio, NaCl,

- [A] è costituito da molecole.
- [B] è un composto ionico.
- [C] si compone di cationi con carica positiva e negativa.
- [D] si compone di cationi e anioni che hanno una disposizione ordinata.

3. Rispondi alla domanda.
L'energia è una grandezza fondamentale o derivata? Come puoi definire le grandezze derivate?

....

4. Barra il completamento esatto.
Nel SI, l'energia e il lavoro sono espressi

- [A] in kg · m/s²
- [B] in kg · m²/s
- [C] in kilojoule
- [D] in kilocalorie

5. Rispondi alla domanda.
50 g di grassi forniscono al nostro corpo circa 1830 kJ di energia.

- A quante kilocalorie corrispondono?

....

6. Vero o falso?

a) L'energia è la capacità di compiere un lavoro e di trasferire calore. [V] [F]

b) Energia e lavoro hanno la stessa unità di misura. [V] [F]

c) L'energia può essere misurata in joule. [V] [F]

d) Un joule equivale a 4,18 cal. [V] [F]

e) Un oggetto in caduta libera trasforma la sua energia potenziale in energia cinetica. [V] [F]

f) Un oggetto di massa 20 kg possiede un'energia cinetica superiore a un oggetto di 10 kg che si muove alla stessa velocità. [V] [F]

7. Barra la risposta esatta.
Qual è la definizione di unità di massa atomica u?

- [A] È uguale a 1/12 della massa dell'atomo di ^{12}C.
- [B] È uguale a 1/16 della massa dell'atomo di ossigeno.
- [C] È la massa di un atomo di carbonio.
- [D] È la massa di un atomo di idrogeno.

8. Vero o falso?

a) La massa atomica di un elemento è la massa relativa rispetto all'atomo ^{14}C. [V] [F]

b) Per determinare la massa molecolare si fa la somma delle masse atomiche degli atomi che compongono la molecola. [V] [F]

c) Due chiodi di ferro di forma diversa, ma con lo stesso peso, contengono lo stesso numero di atomi. [V] [F]

Rispondi alle domande.

9. Come si definisce la massa atomica relativa? Perché il numero che la rappresenta non è seguito dall'unità di misura del SI?

È il p..........

10. Spiega la differenza tra massa atomica relativa e massa molecolare relativa.

....

Barra il completamento esatto.

11. La massa atomica relativa del piombo è uguale a 207,2. Ciò significa che

- [A] la massa relativa di un atomo di piombo è 207,2 volte maggiore di quella di un atomo di carbonio-12.
- [B] la massa relativa di un atomo di piombo vale 207,2 g.
- [C] la massa relativa di un atomo di piombo è 207,2 volte maggiore della dodicesima parte di un atomo di ^{12}C.
- [D] la massa relativa di un atomo di piombo è 207,2 volte maggiore di quella di un atomo di idrogeno.

Rispondi alle domande.

12. La quantità di sostanza è una grandezza fondamentale o derivata?

....

13. Qual è l'unità di misura della quantità di sostanza nel SI?

....

14. Definisci la costante di Avogadro e riportane il valore.

....

15. Vero o falso?

a) Una mole di atomi contiene un numero di atomi uguale alla costante di Avogadro. [V] [F]

b) Una mole di molecole contiene un numero di molecole uguale alla somma delle masse degli atomi che costituiscono la molecola [V] [F]

c) 1 mol di H_2O contiene $6{,}022 \cdot 10^{23}$ atomi di idrogeno. [V] [F]

d) $6{,}022 \cdot 10^{23}$ molecole di CO_2 hanno massa uguale a $6{,}022 \cdot 10^{23}$ molecole di H_2O. [V] [F]

Rispondi alle domande.

16. Che cosa si intende per gas perfetto? Rispondi in cinque righe.

....

17. Qual è la definizione di pressione? Rispondi in due righe.

....

18. In quale unità di misura si esprime di solito la pressione? Qual è l'unità utilizzata nel SI?

....

19. Barra i completamenti esatti.
Secondo la legge generale dei gas

- [A] T è direttamente proporzionale sia a p sia a V.
- [B] Il rapporto p/T è inversamente proporzionale a V.
- [C] Il prodotto $p \cdot V$ è costante, se la temperatura non varia.
- [D] A parità di massa, il rapporto $p \cdot V/T$ è costante al variare dei parametri.

VERIFICA LE TUE ABILITÀ

Rispondi alle domande.

20. **Scrivi la formula della molecola dell'acido fosforico, che contiene tre atomi di idrogeno, uno di fosforo e quattro di ossigeno.**

....

21. **Qual è rapporto di combinazione più semplice fra gli atomi di calcio e cloro composto ionico $CaCl_2$**

....

22. **Scrivi la formula del composto in cui il rapporto di combinazione tra gli atomi di ferro, carbonio e ossigeno è 1:1:3.**

....

23. **La molecola di un composto formato da boro (B) e ossigeno contiene due atomi di boro e tre di ossigeno. Scrivine la formula.**

....

24. Barra l'affermazione errata.

- [A] Una mole di una sostanza contiene un numero di particelle elementari pari al numero di atomi contenuti in 12 g di carbonio ^{12}C.
- [B] La massa molare varia a seconda del tipo di sostanza.
- [C] Il numero di particelle contenute in una mole varia a seconda del tipo di sostanza considerata.

25. Nelle situazioni e nelle sostanze descritte, quale forma di energia prevale, cinetica o potenziale?

a) Un masso in caduta lungo una parete rocciosa.
b) Un'automobile in corsa su un'autostrada.
c) Le tegole che compongono un tetto.
d) Gli zuccheri sciolti in un succo di frutta.
e) Un gas compresso in una bombola.

Rispondi alle domande.

26. **Quanti joule e quanti kilojoule sono necessari per riscaldare di 20 °C la temperatura di 1 g di acqua?**

....

27. **Se la temperatura di una massa di gas raddoppia, passando per esempio da 40 °C a 80 °C, raddoppia anche l'energia cinetica media delle particelle?**

....

28. Vero o falso? Correggi i completamenti errati.
All'aumentare dell'energia cinetica, aumenta

a) l'intensità delle forze di attrazione fra le particelle. [V] [F]
b) l'energia interna delle singole particelle. [V] [F]
c) l'energia potenziale delle particelle. [V] [F]
d) lo spazio libero fra le particelle. [V] [F]

29. **Leggi attentamente le seguenti affermazioni.**

a) La massa atomica di un elemento è la massa relativa rispetto all'atomo ^{14}C. [V] [F]
b) Per determinare la massa molecolare si fa la somma delle masse atomiche degli atomi che compongono la molecola. [V] [F]
c) Due chiodi di ferro di forma diversa, ma con lo stesso peso, contengono lo stesso numero di atomi. [V] [F]

Rispondi alle domande.

30. **Calcola le masse molecolari dei seguenti composti.**

a) H_2SO_4 .... e) NaOH ....
b) $Mg_3(PO_4)_2$ .... f) $Al_2(SO_4)_3$ ....
c) HNO_3 .... g) Na_2SO_4 ....
d) $Ca(ClO_4)_2$ .... h) $Ca(NO_3)_2$ ....

31. **A quanti grammi corrispondono 0,180 mol di zucchero saccarosio, $C_{12}H_{22}O_{11}$?**

97,613 g ....

....

....

32. **Calcola quante moli sono contenute in un campione di 28,5 g delle seguenti sostanze:**

a) NaI .... c) KOH ....
b) $CuSO_4$ .... d) HIO_3 ....

33. **0,547 mol di una sostanza incognita hanno una massa di 58,46 g. Calcola la massa molare e la massa molecolare della sostanza.**

....

34. **Calcola il numero di atomi contenuti in**

a) 1,52 mol di rame. ....
b) 0,432 mol di piombo. ....
c) 15,0 mol di calcio. ....
d) 0,0185 mol di carbonio. ....

Barra il completamento esatto.

35. **Le particelle del gas perfetto**

- [A] non hanno massa.
- [B] non hanno peso.
- [C] sono considerate dei punti, con volume trascurabile.
- [D] si attraggono le une con le altre.

UNITUTOR
VERSO L'UNIVERSITÀ

Preparati ai test di ammissione sul sito Unitutor

36. **Indicare la definizione CORRETTA di molecola:**

- [A] la più piccola quantità con cui un elemento entra a far parte di un composto
- [B] la più piccola quantità di un elemento che permette di riconoscerlo
- [C] la più piccola quantità di una sostanza chimica che ne conserva solo le caratteristiche fisiche
- [D] la più piccola quantità di un elemento o composto che ne conserva tutte le caratteristiche fisiche e chimiche
- [E] la più piccola quantità di una sostanza chimica che ne conserva le caratteristiche chimiche

[Test di ingresso a Veterinaria, anno 2007-08]

TEST YOURSELF

Answer the following questions.

37. **How many moles of Al are there in 1,08 mol of Al_2O_3?**

38. **How many atoms are there in 6,00 g of ^{12}C?**

39. **How many molecules are there in 175,32 g of AgCl?**

VERSO L'ESAME: LE TUE COMPETENZE:

SCHEMATIZZA

40. Completa la tabella con le definizioni corrette.

	Definizione	Unità di misura
Unità di massa atomica		
Massa atomica relativa		
Massa molecolare relativa		
Massa molare		
Mole		
Costante di Avogadro		

SCHEMATIZZA

41. Considera l'equazione di stato dei gas perfetti.

Fai uno schizzo sul grafico che ti aspetti di ottenere ponendo in ascisse la temperatura e in ordinata la pressione.

Il volume di 1 L rimane costante.

SPIEGA

42. Argomenta brevemente la risposta corretta.

1,00 L di idrogeno e 1,00 L di azoto

[A] contengono lo stesso numero di molecole.

[B] contengono lo stesso numero di atomi.

[C] contengono lo stesso numero di molecole e di atomi.

[D] nessuna delle precedenti potrebbe essere vera.

RICERCA

43. Ricerca in rete informazioni riguardanti il perché i chimici scelsero inizialmente l'atomo di idrogeno come riferimento per determinare le masse relative.

INTERPRETA

44. Quale delle espressioni che seguono consente di ricavare la massa di una molecola di ossido di carbonio, CO (MM = 28)?

a) 28 g/mol $\cdot$ $6{,}022 \cdot 10^{23}$ molecole/mol = $= 4{,}6 \cdot 10^{-23}$ g/molecola

b) $6{,}022 \cdot 10^{23}$ molecole/mol $\cdot$ 28 g/mol = $= 0{,}22 \cdot 10^{23}$ g/molecola

c) 28 g/molecola

d) 28 g/mol $\cdot$ $6{,}022 \cdot 10^{23}$ molecole/mol = $= 1{,}7 \cdot 10^{25}$ g/mol

RAGIONA

45. Immagina di scegliere come riferimento l'atomo di elio, He, e considera la sua massa uguale a uno.

Quali sarebbero le masse relative all'elio degli elementi carbonio, ossigeno e calcio? Consulta la tavola periodica senza considerare, per semplicità, le cifre decimali.

CONFRONTA

46. Consultando la tavola periodica, ordina, in base alla massa molecolare crescente, i seguenti composti, comunemente presenti nella maggior parte delle case (non sempre puri e spesso in soluzione):

- acqua, H_2O;
- sale da cucina, NaCl;
- zucchero da tavola, $C_{12}H_{22}O_{11}$;
- bicarbonato di sodio, $NaHCO_3$;
- candeggina, NaClO;
- ammoniaca, NH_3;
- etanolo (alcol etilico), CH_3CH_2OH;
- metano, CH_4;
- smacchiatore per ruggine e frutta, HF;
- acido acetilsalicilico (aspirina), $C_9H_8O_4$;
- acqua ossigenata, H_2O_2.

a) Controlla poi quali di queste sostanze sono presenti in casa tua.

b) Verifica sulle etichette se sono indicati gli usi del prodotto e se sono riportate specifiche forme di cautela per la loro conservazione e per il loro uso.

IPOTIZZA

47. Ricorda la legge dei gas perfetti e rispondi alle seguenti domande.

a) Come varierebbe il volume di un gas se si raddoppiassero sia la pressione sia la temperatura assoluta?

b) Come varierebbe la pressione dimezzando il volume e raddoppiando la temperatura assoluta?

CALCOLA

48. Un campione di gas, che occupa il volume di 150 mL a 0 °C e 1 atm, viene trasferito in un nuovo recipiente alla temperatura di 365 K e alla pressione di 0,990 atm.

a) Qual è il volume del secondo contenitore?

b) Quale variazione di volume prevedi prima di eseguire i calcoli?

RAGIONA

49. Si dice comunemente che un recipiente è stato riempito con acqua o altro liquido.

Pensi che la stessa espressione possa essere usata anche per i gas? Perché?

RAGIONA

50. Considera un vagoncino fermo in cima alle montagne russe.

a) L'energia che possiede è cinetica o potenziale?

b) Che cosa succederà, in termini energetici, quando il vagoncino inizierà la sua discesa?

SEI PRONTO PER LA VERIFICA?

Dopo aver studiato i contenuti del **capitolo 4**, svolgi la prova nel **tempo massimo di un'ora**.

Alla fine della prova **controlla le tue risposte** con le soluzioni che troverai sul sito online.zanichelli.it/chimicanatura2ed e **calcola il punteggio** totale che hai conseguito.

CONOSCENZE

Rispondi alle domande.

1. **Che cosa indica il simbolo «u»? A quanti grammi corrisponde?**

(5 punti se hai risposto correttamente) ...../5

2. **Qual è la massa in grammi di un atomo di carbonio? E la massa di 10 atomi di zolfo, espressa in kilogrammi?**

(5 punti se hai risposto correttamente) ...../5

3. **Spiega il significato della seguente espressione: un atomo d'oro ha una massa relativa pari a 197,0. Perché le masse atomiche e molecolari relative sono grandezze adimensionali?**

(10 punti se hai risposto correttamente) ...../10

4. **Su una confezione di farro, la varietà più antica di frumento coltivata dall'uomo, si legge che 100 g forniscono mediamente 365 kcal di energia. Quanti kJ e quanti J si possono ottenere dall'intera confezione di 0,500 kg? E se 100 g di cioccolato fondente equivalgono a 2309 kJ, quante sono le kilocalorie corrispondenti? Quale dei due alimenti ha energia potenziale e chimica maggiore?**

(15 punti se hai risposto correttamente) ...../15

5. Vero o falso? Correggi i completamenti errati.
Secondo il modello del gas perfetto
A all'aumentare della temperatura aumenta il numero di particelle per unità di volume.

a) B gli urti fra le molecole avvengono senza perdita totale di energia. V F

b) C il comportamento delle molecole dipende dalle forze con cui si attraggono. V F

c) D l'energia cinetica media delle particelle, a 0 °C, è nulla. V F

(10 punti se hai risposto correttamente) ...../10

Rispondi alla domanda.

6. **Il glucosio, $C_6H_{12}O_6$ ha massa molecolare 180,156.**

a) Quanti atomi di carbonio sono presenti in 0,500 mol di composto?

b) Qual è la massa in grammi di $6{,}022 \cdot 10^{21}$ molecole?

c) Quante moli di atomi di idrogeno sono contenute in 125 g di questo zucchero?

d) Quante molecole e quanti atomi corrispondono a 0,750 mol $C_6H_{12}O6$?

(15 punti se hai risposto correttamente) ...../15

ABILITÀ

Rispondi alle domande.

7. **Quanti grammi di azoto sono contenuti in 3,50 moli di solfato di ammonio, $(NH_4)_2SO_4$? E in 3,50 mol di nitrato di ammonio, NH_4NO_3? Che cosa puoi dire dei risultati ottenuti?**

(10 punti se hai risposto correttamente) ...../10

8. **Qual è la massa di $3{,}011 \cdot 10^{24}$ molecole d'acqua? Quale volume occupano? Considera la densità dell'acqua pari a 1,00 g/mL.**

(10 punti se hai risposto correttamente) ...../10

9. **Come sono collegate fra loro le grandezze pressione, forza e area di una superficie? Come varia la pressione se, a parità di forza applicata, la superficie raddoppia?**

(10 punti se hai risposto correttamente) ...../10

10. **Qual è la massa in grammi di un campione di azoto, N_2, che contiene complessivamente $1{,}20 \cdot 10^{23}$ atomi? Spiega le tappe del procedimento seguito.**

(10 punti se hai risposto correttamente) ...../10

PUNTEGGIO TOTALE ...../100

Se hai ottenuto:

- meno di 60 punti devi riprendere lo studio dei capitoli;
- tra 60 e 70 punti hai una preparazione sufficiente;
- tra 70 e 80 punti hai una preparazione buona;
- tra 80 e 100 punti significa che hai studiato a fondo.

Capitolo

5 Gli atomi, i legami e le reazioni

1 Le particelle dell'atomo

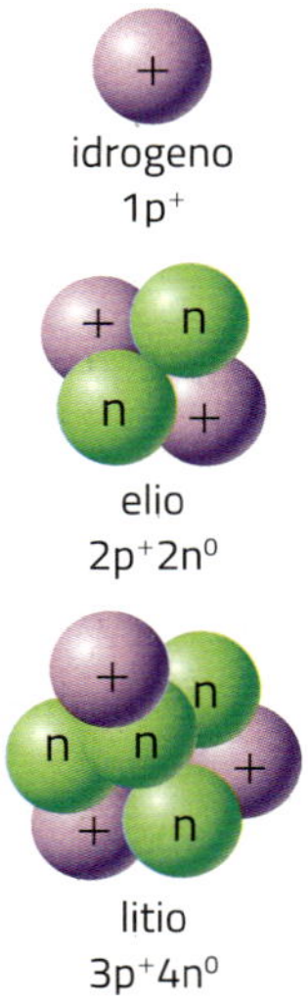

▲ **Figura 1**
I nuclei di idrogeno, elio e litio.

Nonostante Dalton fosse giunto alla conclusione che la materia è costituita da atomi indivisibili, ricerche successive, a partire dalla seconda metà dell'Ottocento, hanno dimostrato che ogni atomo è costituito a sua volta da **particelle subatomiche**, più piccole e con caratteristiche diverse.

L'atomo è formato da protoni, neutroni ed elettroni

Oggi sappiamo che gli atomi di tutti gli elementi sono formati da tre particelle fondamentali: elettrone, protone e neutrone (**figura 1**).

L'**elettrone** ha una massa pari a $9{,}1 \cdot 10^{-31}$ kg e una carica elettrica negativa pari a $-1{,}6 \cdot 10^{-19}$ C (coulomb). A questa carica viene attribuito il valore -1.

La carica elettrica del **protone** è identica a quella dell'elettrone, ma di segno opposto, ($+1{,}6 \cdot 10^{-19}$ C). Per questo motivo le viene attribuito il valore $+1$. La sua massa è invece 1836 volte maggiore di quella dell'elettrone ($1{,}67 \cdot 10^{-27}$ kg).

La terza particella atomica, il **neutrone**, è priva di carica elettrica, cioè è neutra, ed è dotata di una massa 1839 volte maggiore dell'elettrone. Nella **tabella 1** sono riportate le caratteristiche delle tre particelle. Ogni atomo contiene un nucleo, cioè una zona molto piccola e densa in cui sono confinati i protoni e i neutroni; per la loro particolare ubicazione protone e neutrone sono detti **nucleoni**.

▼ **Tabella 1**
Le particelle fondamentali che compongono l'atomo.

Particella	Carica elettrica	Carica relativa al protone	Massa (kg)	Massa (u)	Massa relativa al protone
elettrone (e)	$-1{,}6 \cdot 10^{-19}$ C	-1	$9{,}109 \cdot 10^{-31}$ kg	$5{,}486 \cdot 10^{-4}$ u	1/1836
protone (p)	$+1{,}6 \cdot 10^{-19}$ C	$+1$	$1{,}673 \cdot 10^{-27}$ kg	1,007 u	1
neutrone (n)	0	0	$1{,}675 \cdot 10^{-27}$ kg	1,009 u	$\cong 1$

1 - Per saperne di più

La materia presenta spesso caratteristiche elettriche sotto forma di cariche elettriche positive (+) o negative (–) che manifestano forze di natura attrattiva o repulsiva.

In particolare, le cariche dello stesso segno si respingono tra loro, mentre quelle di segno opposto si attraggono.

Esempi di particelle subatomiche cariche sono i protoni e gli elettroni.

Solo se le cariche positive e negative sono perfettamente bilanciate, uguali in numero, un corpo materiale è neutro, cioè privo di carica.

Il numero atomico identifica un elemento chimico

Per completare la conoscenza del mondo microscopico, soffermiamoci sul nucleo, cioè sul cuore dell'atomo, e prendiamo in considerazione questi due fatti fondamentali:

1. protoni e neutroni occupano uno spazio enormemente ridotto rispetto al volume totale dell'atomo;
2. l'atomo è costituito principalmente da spazio vuoto in cui si muovono gli elettroni, con massa trascurabile.

Come possiamo sfruttare queste conoscenze per identificare un elemento chimico? Ciò è possibile grazie al *numero atomico*.

Il numero di protoni presenti nel nucleo di un atomo si chiama **numero atomico (Z)**. Dato che l'atomo è neutro, questo numero è uguale a quello degli elettroni.

Il numero atomico è caratteristico di ogni elemento e viene scritto in basso a sinistra del simbolo chimico:

numero atomico (Z) → $_{7}N$

Per esempio, tutti gli atomi con 7 protoni nel nucleo sono atomi di azoto, N.

Ti ricordi?
Il **numero atomico** è la grandezza fondamentale che identifica un elemento.

Gli atomi di un elemento possono essere isotopi

L'idrogeno naturale è in massima parte costituito da atomi con un protone e un elettrone. In piccola percentuale, tuttavia, troviamo anche atomi di idrogeno con un protone, un elettrone e uno o due neutroni (**figura 2**).

La presenza del neutrone in più nel nucleo non influenza le proprietà chimiche dell'atomo, che sono identiche a quelle dell'atomo con un solo protone.

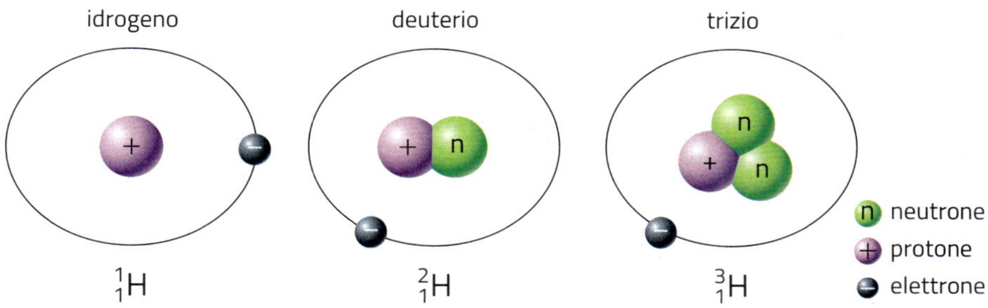

◂ Figura 2
I tre isotopi dell'idrogeno hanno Z = 1. Essi hanno masse diverse (≈1, ≈2, ≈3 rispettivamente), ma tutti formano molecole di acqua per reazione con l'ossigeno. Le proprietà chimiche sono infatti identiche.

I due tipi di atomi, che sono detti *isotopi*, hanno invece proprietà fisiche diverse (per esempio, massa diversa). L'idrogeno possiede tre isotopi: il prozio, il deuterio e il trizio.

In generale quindi: gli **isotopi** sono atomi dello stesso elemento aventi proprietà chimiche identiche ma masse diverse, perché contengono un diverso numero di neutroni.

Consideriamo i seguenti isotopi del carbonio:

numero di massa / numero atomico → $^{12}_{6}C$ $^{13}_{6}C$ $^{14}_{6}C$

Il numero in alto, a sinistra del simbolo dell'elemento, è il *numero di massa* e si indica con la lettera A.

Il **numero di massa** (A) è uguale alla somma del numero di protoni (Z) e del numero di neutroni (N) contenuti nel nucleo.

$$\textbf{A = numero di protoni + numero di neutroni = Z + N}$$

Pertanto, il numero di neutroni dei tre isotopi del carbonio sarà:

$$N = A - Z$$

Curiosità
Il simbolo di un isotopo può essere indicato anche con il simbolo dell'elemento separato con un trattino dal numero di massa. Per esempio: C-12, C-14.

Ti ricordi?

Negli isotopi di uno stesso elemento, il numero di massa A può variare mentre Z resta sempre costante.

Il carbonio-12 possiede sei neutroni nel nucleo (12 – 6 = 6), il carbonio-13 ne possiede sette (13 – 6 = 7) e il carbonio-14 otto (14 – 6 = 8).

Come possiamo notare, i tre isotopi hanno lo stesso simbolo chimico (C) e lo stesso numero atomico e, quindi, avranno identiche proprietà chimiche. Per via della diversa massa, invece, i tre isotopi avranno proprietà fisiche in buona parte *non* coincidenti.

Esercizio Svolto

Proviamo insieme

Un atomo neutro ha numero atomico Z = 17 e numero di massa A = 35.

Indica il simbolo chimico e il numero di protoni, elettroni e neutroni che lo costituiscono.

Risoluzione

Sulla tavola periodica, l'atomo con numero atomico 17 è il cloro, Cl.

Scrivendo quindi il simbolo chimico completo dei valori di Z e A, si trova ${}^{35}_{17}Cl$.

Siccome $Z = p^+ = e^-$ (se l'atomo è neutro, come in questo caso), allora esso possiede 17 protoni e 17 elettroni.

Per calcolare il numero di neutroni, è sufficiente usare la relazione:

$n° = A - Z = 35 - 17 = 18$ neutroni

Prova tu

Uno ione ha carica +1, numero atomico Z = 19 e numero di massa A = 39.

Indica il simbolo chimico e il numero di protoni, elettroni e neutroni che lo costituiscono.

Facciamo il punto

1. Quali sono le particelle che costituiscono un atomo? Descrivile precisando quale sia la posizione, la massa e la carica di ciascuna.
2. Che cos'è il numero atomico? Perché equivale anche al numero di elettroni dell'atomo?
3. Che cosa sono gli isotopi di un elemento?
4. Perché le proprietà degli isotopi sono identiche dal punto di vista chimico ma non fisico?
5. Come si calcola il numero di massa A di un atomo?
6. Quali sono gli isotopi dell'idrogeno?

2 La distribuzione degli elettroni nell'atomo

Gli elementi presenti in natura sono ottantanove. Come è possibile che appena 89 diversi atomi producano circa 20 milioni di sostanze diverse? La risposta è semplice: tutti i corpi dell'Universo esistono perché questi 89 tipi diversi di atomi si aggregano, ovvero *si legano*, in vario modo, fra loro. Ecco la prova più evidente dell'esistenza del **legame chimico**.

Adesso che conosciamo in dettaglio la struttura atomica possiamo chiederci come sia possibile che gli atomi siano in grado di restare legati fra loro. Il modo in cui un atomo reagisce chimicamente, cioè tende a legarsi ad altri atomi, è determinato dal numero e dalla disposizione dei suoi elettroni.

A colpo d'occhio

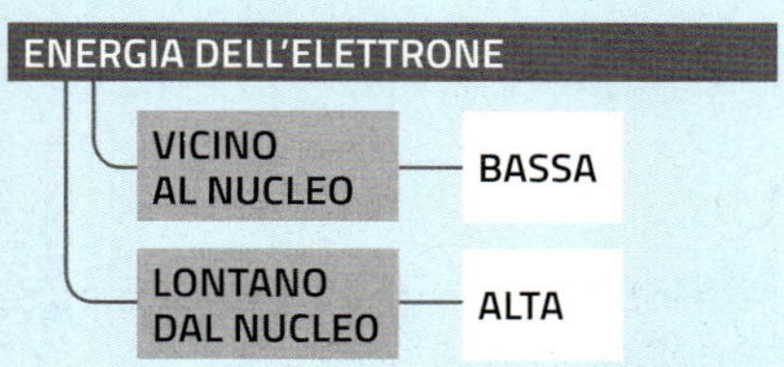

Gli elettroni di valenza sono i più esterni

In un atomo, la distanza media di un elettrone dal nucleo è determinata dalla quantità di energia posseduta dall'elettrone: maggiore è l'energia potenziale, maggiore è la sua probabile distanza dal nucleo. Un elettrone con una scarsa quantità di energia si trova vicino al nucleo (livello di energia più basso) mentre un elettrone con più energia è più lontano dal nucleo (livello di energia più alto). In ogni atomo sono permessi solo certi valori, detti **livelli di energia**.

La disposizione degli elettroni di un atomo costituisce la sua **configurazione elettronica**. Un atomo ha maggiore stabilità quando tutti i suoi elettroni si trovano nei livelli energetici più bassi; perciò il primo livello è riempito prima del secondo, il secondo prima del terzo, e così via.

Il primo livello energetico può contenere al massimo due elettroni, mentre il secondo e il terzo ne possono contenere otto ciascuno.

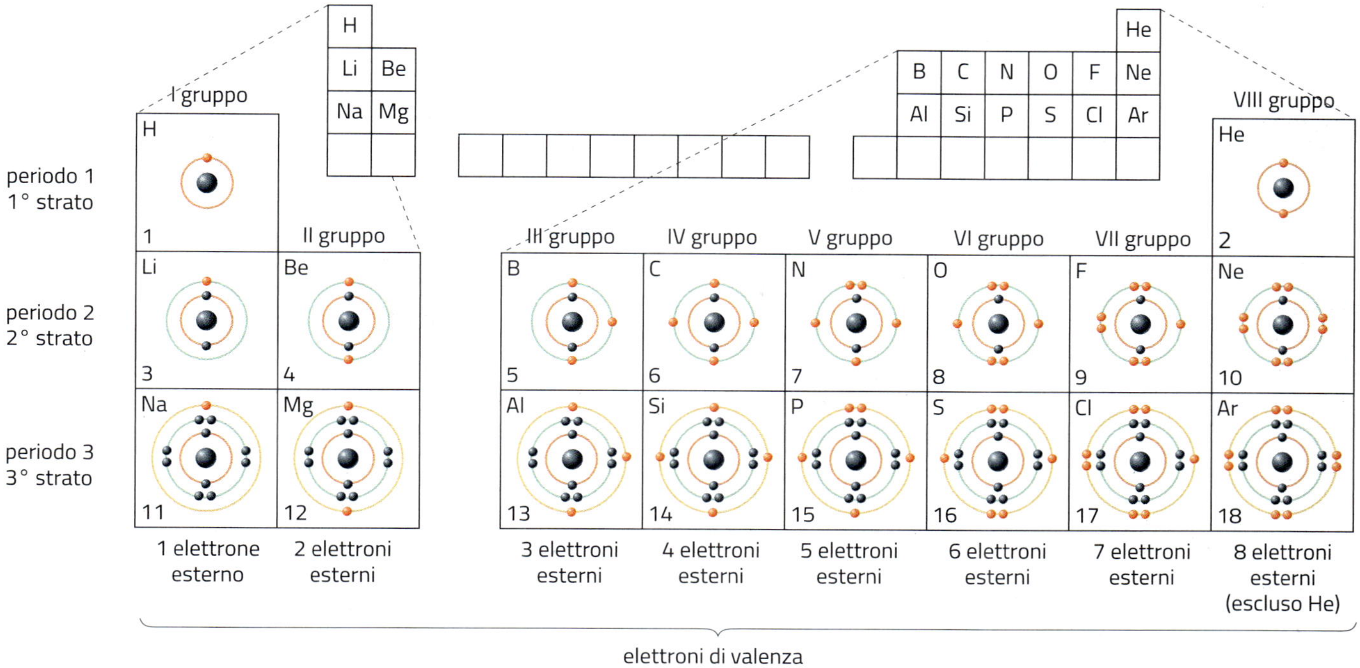

▲ **Figura 3**
Schema parziale di tavola periodica e rappresentazione semplificata della configurazione elettronica esterna dei primi 18 elementi.

La **figura 3** illustra la disposizione degli elettroni nella struttura atomica dei primi 18 elementi chimici della tavola periodica: come si può notare, le strutture elettroniche più esterne degli elementi si ripetono (quando si passa da un periodo a quello successivo), dopo avere completato un livello.

Gli elementi appartenenti allo stesso gruppo presentano lo stesso numero di elettroni esterni, detti anche **elettroni di valenza**; il livello energetico nel quale si trovano questi elettroni è chiamato **strato di valenza** (**figura 4**).

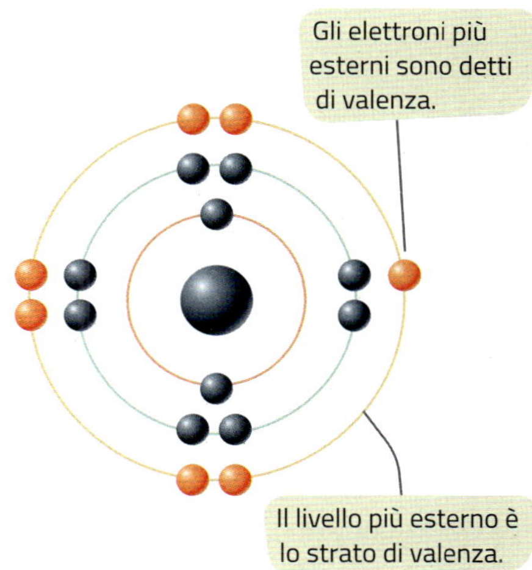

▲ **Figura 4**
La configurazione elettronica dell'atomo di cloro si presenta come formata da strati successivi, o livelli energetici. Lo strato di valenza, più esterno, contiene gli elettroni di valenza (in rosso).

Otto elettroni nello strato di valenza indicano stabilità

Quando gli atomi si avvicinano per dare origine a ioni o molecole, solo gli elettroni più esterni partecipano all'operazione. Il nucleo e i rimanenti elettroni non intervengono. Ciò che determina queste aggregazioni di atomi (oppure di ioni) è chiamato **legame chimico**. Gli elettroni di valenza impegnati nei legami chimici vengono detti anche **elettroni di legame**.

Il legame chimico permette agli atomi di unirsi per formare molecole, o agli ioni di carica opposta di esercitare un'attrazione reciproca tra loro.

Per quale motivo però si originano i legami? Se consideriamo di nuovo la **figura 3**, osserviamo che gli elementi del gruppo I hanno un solo elettrone di valenza, gli elementi del gruppo II hanno due elettroni di valenza, quelli del gruppo III hanno tre elettroni di valenza e così via, fino al gruppo VIII. Gli elementi di tale

2 - Per saperne di più

I simboli di Lewis

Per rappresentare gli elettroni di valenza di un atomo si ricorre ai simboli di Lewis, o simboli elettrone-punto.

Si scrive il simbolo dell'elemento, intorno si dispongono tanti puntini quanti sono gli elettroni di valenza. I puntini vengono disposti prima uno per lato del simbolo, poi appaiati. Su ogni lato si pongono quindi al massimo due puntini. Facciamo qualche esempio.

·Al· (con un puntino sopra)

L'alluminio ha 3 elettroni di valenza, perciò si disegnano 3 puntini, uno per lato.

·C· (con un puntino sopra e uno sotto)

Il carbonio ha 4 elettroni di valenza, perciò si disegnano 4 puntini, uno per lato.

·N· (con due puntini sopra e uno sotto)

L'azoto ha 5 elettroni, due si appaiano e si rappresentano come due puntini insieme.

Leggi l'approfondimento nell'ebook
La storia della chimica
Gilbert Lewis

gruppo, i gas nobili, hanno una configurazione elettronica caratterizzata da otto elettroni esterni, fatta eccezione per l'elio che ne ha soltanto due.

Gli elementi di questo gruppo attirarono l'attenzione dei chimici anche perché tutti inerti. Gli scienziati intuirono quindi che il numero otto doveva avere un particolare significato e indicare la stabilità dell'edificio atomico.

Questo è quanto enunciato dalla **regola dell'ottetto**, formulata da Gilbert N. Lewis nel 1916. Un atomo è particolarmente **stabile** quando ha otto elettroni nello strato di valenza. A questa configurazione elettronica particolare, tipica dei gas nobili, si dà il nome di **ottetto**.

L'idrogeno (con un solo elettrone), il litio (con tre elettroni) e il berillio (con quattro elettroni) tendono invece ad assumere la configurazione elettronica dell'elio (con due elettroni), che è comunque il gas nobile più vicino. Allo stesso modo l'ossigeno, il fluoro e il sodio tendono ad assumere la configurazione elettronica del neon.

3 - Per saperne di più

La chimica nucleare

L'energia nucleare è l'energia che deriva dalle trasformazioni che coinvolgono i nuclei atomici e che comportano la formazione di elementi diversi da quelli iniziali. Le reazioni nucleari comportano una trasformazione dei nuclei stessi degli atomi, accompagnata dalla liberazione di una grandissima quantità di energia, molto maggiore delle reazioni chimiche tradizionali, legate solo a variazioni nella configurazione elettronica.

L'utilizzo del nucleare, come fonte concreta di energia, risale alla prima metà degli anni sessanta del '900, quando se ne dimostrò la competitività economica. Lo slancio inziale di questa nuova tecnologia fu notevole, così come il rallentamento che subì pochi anni dopo il suo sviluppo, a causa di forti contestazioni legate agli aspetti di sicurezza.

Attualmente l'energia nucleare trova impiego sia in campo militare, in ordigni o per la propulsione di mezzi navali, che in campo civile, per la produzione di energia elettrica.

L'energia nucleare può essere prodotta tramite la fusione e la fissione nucleare; delle due reazioni, solamente la seconda è, ad oggi, l'unica realizzabile e controllabile dall'uomo. La fusione nucleare consiste nella fusione di due nuclei leggeri in un nucleo più pesante ed è il processo con cui, da sempre, si sprigiona energia nel sole e nelle altre stelle, grazie alla formazione di elio (^{2}He) da due atomi di idrogeno (^{1}H).

La fissione nucleare prevede la rottura del nucleo atomico in due o più frammenti mediante il bombardamento del nucleo più pesante con neutroni. A seguito di tale fenomeno si ha la liberazione di una grande quantità di energia e l'emissione contemporanea di altri neutroni che, provocando nuove fissioni, innescano una reazione a catena.

Nelle centrali nucleari si sfrutta la reazione di fissione di nuclei pesanti, detti fissionabili, come l'uranio 235, il torio 232 e il plutonio 239. Questi isotopi sono instabili e radioattivi, cioè si trasformano facilmente in nuclei di altri elementi o in altri isotopi dei nuclei di partenza, emettendo radiazioni.

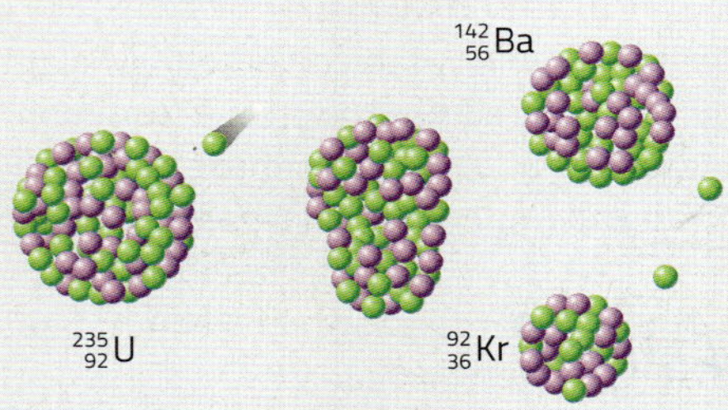

In una centrale nucleare l'energia liberata dalla fissione viene sfruttata per vaporizzare l'acqua; il vapore così generato può essere utilizzato per azionare una turbina connessa ad un generatore di elettricità. Il «cuore» di un reattore nucleare a fissione si dice «nocciolo» e solitamente ha una forma cilindrica. Il nocciolo è costituito da barre cilindriche di elementi fissionabili immerse in un fluido, per esempio acqua, ed intervallate da barre di controllo.

Quest'ultime sono in grado di assorbire i neutroni prodotti dalla reazione a catena e vengono immerse nel fluido per controllare la propagazione della reazione stessa. Nei reattori più comuni, l'acqua contenuta nel nocciolo e riscaldata dalla fissione dell'uranio 235, giunge fino a uno scambiatore di calore, dove si raffredda producendo del vapore, che a sua volta, aziona la turbina della centrale elettrica.

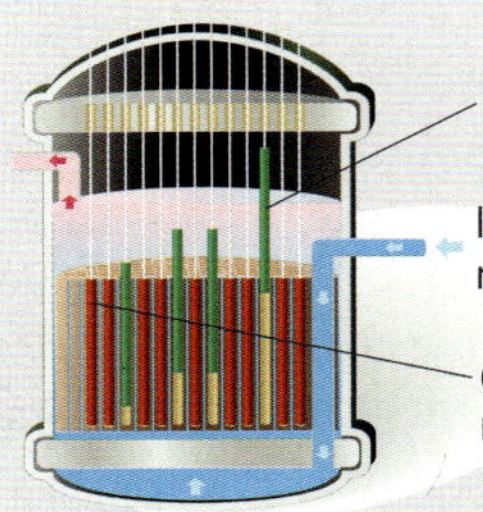

L'energia nucleare viene considerata, da un lato, una delle risorse a minor impatto ambientale poiché non è fonte di emissioni inquinanti, come polveri o gas serra. Tuttavia vi è il problema ambientale delle centrali nucleari, costituito dal rischio di incidente e rilascio di materiale radioattivo, con conseguenze anche molto gravi, come è accaduto dopo l'incidente di Chernobyl in Ucraina o di Fukushima in Giappone.

Facciamo il punto

1. In un atomo, come sono disposti gli elettroni intorno al nucleo?
2. Come varia l'energia di un elettrone in base alla distanza dal nucleo?
3. Per quale motivo gli elettroni si dispongono prima nei livelli a più bassa energia e poi in quelli a energia più elevata?
4. Che cosa sono gli elettroni di valenza? Dove si dispongono?
5. Che cos'è un legame chimico?
6. Che cosa significa *ottetto*?

3 I legami chimici

I principali legami chimici (covalente e ionico) sono una conseguenza della regola dell'ottetto: quando formano un legame chimico, infatti, gli atomi cercano di raggiungere la *configurazione elettronica esterna più stabile*, mettendo in comune, cedendo oppure acquistando elettroni fino a completare l'ottetto o, il più possibile, il livello energetico più esterno.

Guarda l'animazione nell'ebook *Il legame covalente*

Nel legame covalente gli elettroni sono condivisi

Il **legame covalente** è responsabile della formazione delle molecole ed è reso possibile da una condivisione degli elettroni più esterni di ciascun atomo impegnato in un legame. Il legame covalente si forma quando due atomi mettono in comune una coppia di elettroni.

La coppia di elettroni condivisa è detta *coppia di legame o elettroni di legame*: ciascun elettrone proviene da uno dei due atomi, in modo che entrambi appartengono a quell'insieme costituito dai due atomi chiamato **molecola** (figura 5).

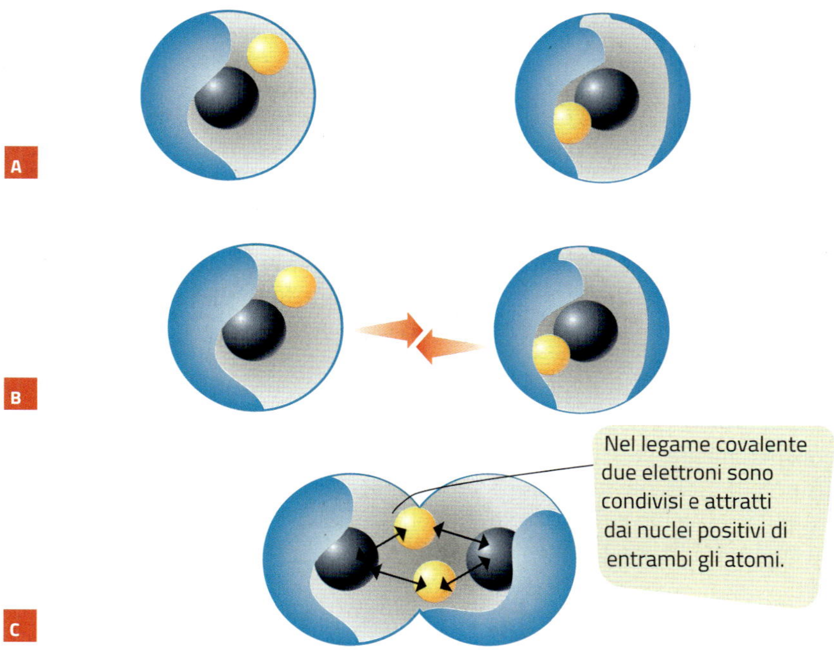

◂ Figura 5
(A) Finché gli atomi sono separati l'elettrone risente solo della forza attrattiva del proprio nucleo. (B) Gli atomi si avvicinano e gli elettroni iniziano a sentire la forza attrattiva del nucleo dell'altro atomo. (C) Gli elettroni ruotano indifferentemente intorno ai due nuclei: il legame covalente si è formato.

Se consideriamo la molecola del cloro (Cl_2), possiamo vedere come il legame covalente consenta di raggiungere l'ottetto a ciascun atomo di cloro coinvolto:

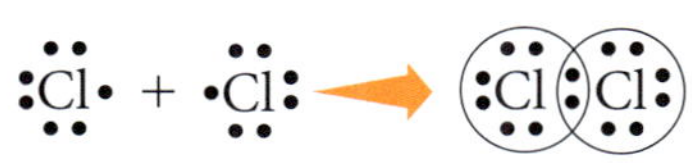

atomi di cloro — molecola di cloro

L'atomo di cloro ha sette elettroni nello strato più esterno (indicati come puntini neri, secondo la rappresentazione di Lewis). Nella molecola i due elettroni centrali appartengono sia all'atomo di destra sia a quello di sinistra, che hanno così otto elettroni esterni ciascuno.

Il legame covalente può essere puro o polare

Il legame covalente tra due atomi deriva dalla condivisione di una coppia di elettroni. Una volta condivisi, gli elettroni appartengono indifferentemente a entrambi gli atomi impegnati nel legame.

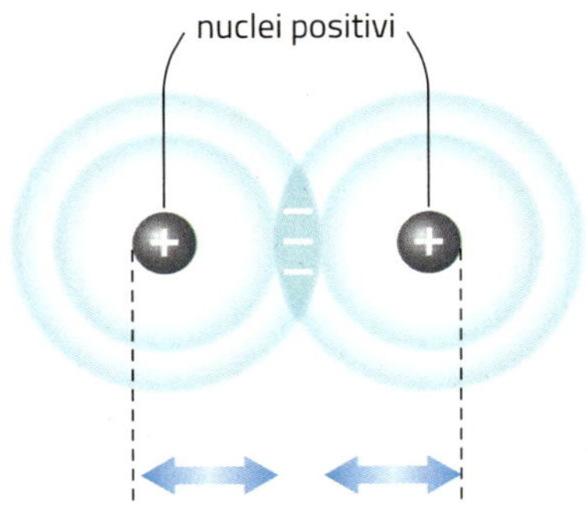

▲ **Figura 6**
Rappresentazione del legame covalente puro.

Tuttavia, in base alla forza con cui i due atomi attirano a sé i due elettroni, si possono avere due casi differenti.

Se i due atomi sono identici, cioè appartengono allo stesso elemento, la coppia di elettroni è attirata con uguale forza da entrambi. I due elettroni sono quindi condivisi in modo perfettamente equilibrato. Il legame viene detto allora *legame covalente puro* (**figura 6**).

Il **legame covalente puro** permette la condivisione equilibrata degli elettroni di legame tra due atomi identici, che presentano la stessa forza di attrazione nei loro confronti.

Tutte le molecole delle sostanze elementari come H_2, F_2, Cl_2 presentano il legame covalente puro.

Se i due atomi impegnati nel legame presentano caratteristiche chimiche diverse, attirano i due elettroni con forza diversa e uno dei due atomi li attrae più intensamente dell'altro. In questo caso, la coppia di elettroni condivisi risulta spostata di più verso l'atomo più «elettron-attrattore» e il legame è detto **legame covalente polare** (**figura 7**).

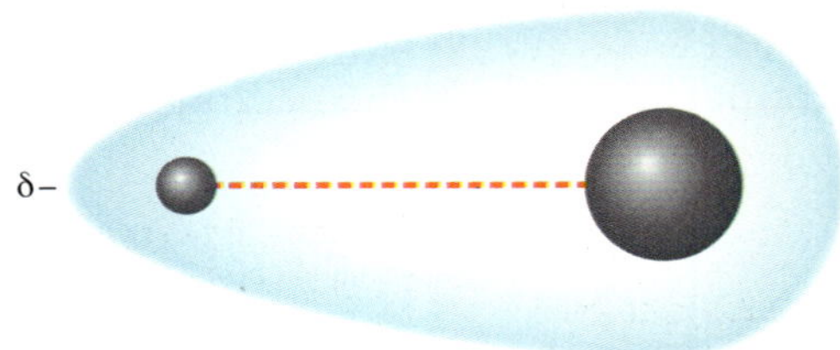

► **Figura 7**
Rappresentazione del legame covalente polare.

A colpo d'occhio

LEGAME COVALENTE
- **PURO** — ELETTRONI EQUAMENTE CONDIVISI
- **POLARE** — ELETTRONI SPOSTATI VERSO L'ATOMO PIÙ ELETTRON-ATTRATTORE

L'aggettivo *polare* dipende dal fatto che l'atomo più attrattore presenta una polarità elettrica negativa (carica parziale negativa, indicata con la lettera greca delta e segno –, cioè δ–), dovuta al fatto che gli elettroni di legame si concentrano di più dalla sua parte. Di conseguenza l'atomo meno attrattore diventa parzialmente positivo, perché la coppia di elettroni negativi è più lontana e di conseguenza su di esso si concentra una piccola carica parziale positiva.

Il legame covalente polare permette la condivisione degli elettroni di legame tra due atomi diversi, uno dei quali li attira con maggiore forza.

In una molecola possono coesistere più legami covalenti, anche dei due tipi diversi, perché uno stesso atomo può legarsi a più atomi diversi.

Esempi di molecole in cui sono presenti legami polari sono quella dell'acqua H_2O, quella dell'acido cloridrico HCl, quella del diossido di carbonio CO_2 e quella dell'ammoniaca, NH_3.

Nel legame covalente gli atomi possono condividere una o più coppie di elettroni

Il caso più semplice di legame covalente è quello in cui gli atomi condividono una coppia di elettroni. Consideriamo la molecola di idrogeno e disegniamo prima i singoli atomi e poi la molecola, usando la rappresentazione di Lewis:

atomi di idrogeno — molecola di idrogeno

Per rappresentare il legame covalente formato dalla coppia di elettroni, si usa un trattino che collega i simboli degli atomi coinvolti:

H — H
molecola di idrogeno
legame covalente semplice

Curiosità

La forza con cui un atomo attira a sé gli elettroni di legame è chiamata **elettronegatività**.

In alcuni casi gli atomi degli elementi coinvolti nei legami covalenti hanno necessità di condividere più di una coppia di elettroni, formando **legami multipli.**

Lo scopo della formazione di più di un legame è comunque il raggiungimento dell'ottetto per entrambi gli atomi coinvolti nei legami.

Si può avere un **doppio legame** se le coppie condivise sono due, oppure un **triplo legame** se le coppie sono tre. In questi casi occorre inserire due trattini oppure tre. Per esempio nella molecola O_2 abbiamo un doppio legame:

atomi di ossigeno — molecola di ossigeno

O═O
molecola di ossigeno legame covalente doppio

Nel caso della molecola N_2 si ha un triplo legame:

atomi di azoto — molecola di azoto

N≡N
molecola di azoto legame covalente triplo

Ti ricordi?
Ogni trattino indica due elettroni, cioè un'unica coppia di legame.

Esercizio Svolto

Proviamo insieme
L'ossido di calcio è un composto ionico in cui il calcio ha due elettroni di valenza e diventa ione positivo e l'ossigeno ha sei elettroni di valenza e diventa ione negativo. Rappresenta il simbolo di Lewis di ciascun atomo, evidenzia il trasferimento di elettroni e scrivi il simbolo dei due ioni finali.

Risoluzione
Disegniamo il calcio e l'ossigeno usando i simboli di Lewis:

Evidenziamo il trasferimento di elettroni:

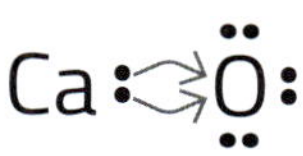

Quindi alla fine si avrà:

e gli ioni saranno: Ca^{2+} e O^{2-}.

Prova tu
Scrivi la struttura di Lewis per la molecola $CaCl_2$.

Nel legame ionico gli elettroni si trasferiscono

Che cosa accade se la forza di attrazione nei confronti degli elettroni di legame è addirittura opposta?

In questo caso le caratteristiche degli atomi che si legano sono talmente diverse, che uno dei due attrae fortemente gli elettroni mentre l'altro li respinge. Si avrà addirittura il trasferimento di elettroni tra i due atomi:

- l'atomo che li perde diventa **ione positivo**, o **catione**;
- l'atomo che li acquista diventa **ione negativo**, o **anione**.

In seguito al trasferimento di elettroni, gli ioni di carica opposta che si sono formati resteranno uniti mediante un'intensa forza di attrazione elettrostatica, detta *legame ionico*.

Il **legame ionico** si forma attraverso il trasferimento di uno o più elettroni da un atomo a un altro; gli atomi diventati ioni restano uniti tramite una forza di tipo elettrostatico.

Se prendiamo in considerazione il cloruro di sodio (NaCl), possiamo verificare come viene rispettata la regola dell'ottetto. Un elettrone viene trasferito dal sodio al cloro e in questo modo il cloro acquista un elettrone e raggiunge la configurazione elettronica del gas nobile che lo segue nella tavola periodica (argon), mentre il sodio ne perde uno e raggiunge la configurazione elettronica del gas nobile che lo precede (neon).

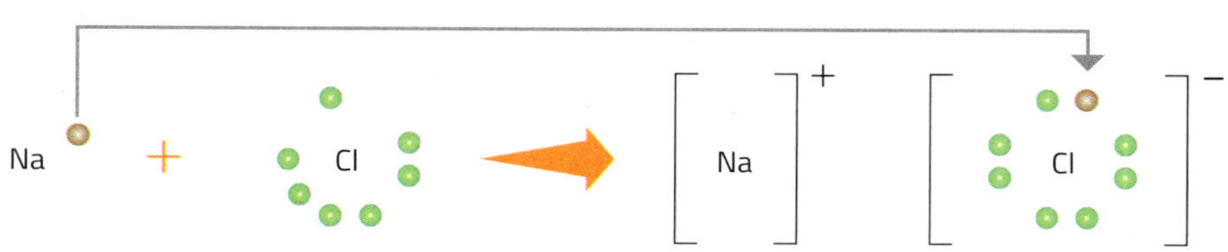

A colpo d'occhio

IONI
- POSITIVI — CATIONI
- NEGATIVI — ANIONI

Nel legame metallico gli elettroni hanno una grande mobilità

Le sostanze semplici metalliche hanno proprietà fisiche molto particolari, come la duttilità, la malleabilità, la conducibilità elettrica e termica. Queste proprietà sono spiegabili ammettendo l'esistenza di un altro tipo di legame tra gli atomi dei metalli, che per questo motivo è detto **legame metallico**. Per spiegare il legame metallico prendiamo per esempio un semplice pezzetto di ferro.

Gli atomi di ferro, come tutti gli atomi degli elementi metallici, hanno una bassissima tendenza ad attrarre a sé gli elettroni. Perciò, com'è possibile la condivisione degli elettroni se nessuno degli atomi presenti nel pezzetto di ferro tende ad attirarli a sé?

Guarda l'animazione nell'ebook: *Il legame ionico e il legame metallico*

Il legame metallico si basa sulla possibilità che gli elettroni di valenza di tutti gli atomi presenti siano ceduti e poi condivisi in ugual misura da tutti gli atomi che costituiscono il corpo metallico. In pratica è come se ogni atomo perdesse i propri elettroni di valenza e li mettesse in condivisione con tutti gli altri atomi ad esso identici. In questo senso il legame metallico è un legame di tipo *cooperativo*.

La struttura microscopica di un metallo sarà allora costituita da ioni positivi, cementati insieme dagli elettroni di valenza messi in condivisione, che fluttuano attraverso tutto il pezzetto metallico. A questo flusso elettronico è dato il nome di **marea o colla elettronica**. Senza la sua presenza gli ioni positivi si respingerebbero e non potrebbe esistere il solido metallico.

La grande mobilità degli elettroni nel legame metallico permette la conducibilità elettrica e termica delle sostanze metalliche, che infatti sono ottimi conduttori termici ed elettrici.

Anche la duttilità e la malleabilità sono ben spiegabili con questo tipo di legame, deformando il metallo infatti gli ioni positivi slittano l'uno accanto all'altro, restando sempre uniti dalla marea elettronica (**figura 8**).

▸ **Figura 8**
La lavorabilità dei metalli dipende dalle caratteristiche del legame.

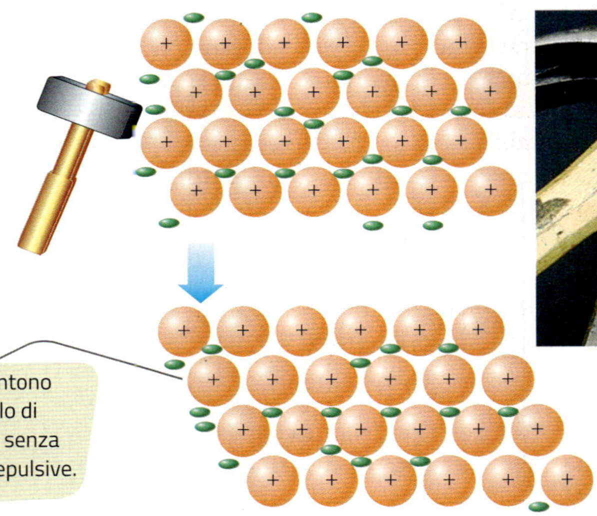

Facciamo il punto

1. Per quale motivo gli atomi tendono a legarsi tra loro?
2. Che cosa si intende per legame covalente? Come si classifica?
3. Qual è la differenza tra legame covalente singolo e multiplo?
4. Come si forma un legame ionico?
5. Da che cosa dipende la carica elettrica che viene assunta da uno ione?
6. Quale legame è tipico delle sostanze semplici metalliche? Descrivilo.

4 Rappresentare le reazioni chimiche

Abbiamo appena visto come si formano i principali tipi di legami. In una reazione chimica i legami che costituiscono i reagenti si rompono per formare legami nuovi e diversi nei prodotti. Durante una trasformazione chimica la disposizione spaziale degli atomi cambia: atomi che nei reagenti erano vicini si allontanano e si ricombinano, legandosi tra loro in modo diverso.

Le equazioni chimiche descrivono simbolicamente le reazioni

Se bruciamo idrogeno gassoso in presenza di ossigeno, anch'esso gassoso, si forma una nuova sostanza, l'acqua; i reagenti *idrogeno* e *ossigeno* si sono trasformati nel prodotto di reazione *acqua*. Utilizzando i simboli già noti possiamo scrivere:

$$\text{idrogeno} + \text{ossigeno} \rightarrow \text{acqua}$$

Sostituendo ai nomi le formule di ciascuna sostanza si ottiene lo schema mostrato di seguito:

$$H_{2(g)} + O_{2(g)} \rightarrow H_2O_{(l)}$$

I simboli (*g*) e (*l*) affiancati alle formule stanno a indicare lo stato di aggregazione delle sostanze, rispettivamente gassoso e liquido. Se le sostanze sono solide o in soluzione acquosa si utilizzano invece i simboli (*s*) e (*aq*).

Se ora rappresentiamo le molecole di idrogeno, ossigeno e acqua (**figura 9**) si nota come, durante la reazione chimica, gli atomi dei reagenti si allontanino dalle rispettive molecole per combinarsi in modo diverso e originare così nuove molecole. Come si può intuire dalle immagini, i legami che tengono uniti gli atomi nelle molecole dei reagenti si spezzano e se ne formano dei nuovi nei prodotti. Questo fenomeno avverrà con scambi di energia con l'ambiente.

A colpo d'occhio

SIMBOLI DEGLI STATI DI AGGREGAZIONE

- g — GASSOSO
- l — LIQUIDO
- s — SOLIDO
- aq — IN SOLUZIONE ACQUOSA

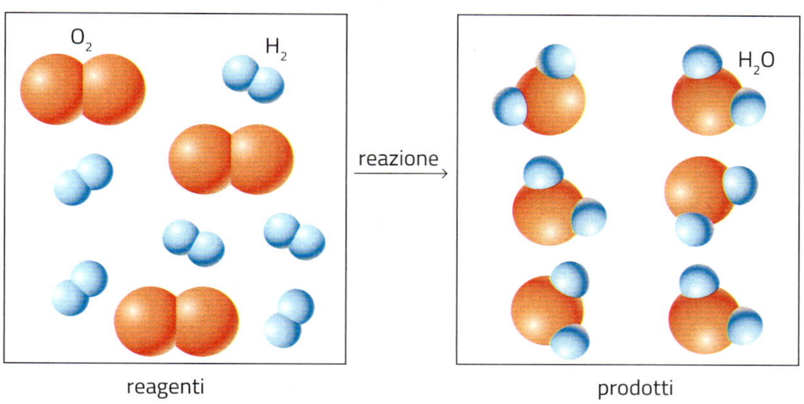

◂ **Figura 9** Durante una trasformazione chimica il numero di atomi non varia, ma essi si aggregano in modo diverso rispetto ai reagenti.

Durante una reazione il numero di atomi si deve conservare

Se consideriamo di nuovo il precedente schema di reazione, notiamo che il numero di atomi di ossigeno (1) nei prodotti è inferiore a quello dei reagenti (2). Affinché la legge di Lavoisier sia rispettata, è necessario eseguire un'operazione chiamata **bilanciamento**. Con il bilanciamento si introducono dei numeri, o **coefficienti stechiometrici**, davanti alle formule dei reagenti e dei prodotti. I coefficienti sono moltiplicatori di tutta la molecola che segue. Gli indici numerici delle formule devono invece restare inalterati.

Per bilanciare gli atomi di ossigeno dobbiamo anteporre un 2 alla formula dell'acqua:

$$H_{2(g)} + O_{2(g)} \rightarrow 2H_2O_{(l)}$$

Ti ricordi?

I coefficienti stechiometrici moltiplicano tutti gli atomi della formula che segue.

L'aggiunta di questo coefficiente sbilancia però l'idrogeno; per avere 4 atomi di idrogeno anche tra i reagenti è necessario inserire un nuovo coefficiente 2 davanti alla formula dell'idrogeno:

indici numerici

$$2H_{2(g)} + O_{2(g)} : 2H_2O_{(l)}$$

coefficienti stechiometrici

Non si scrive invece nulla davanti alla formula dell'ossigeno, perché il coefficiente 1 è sottinteso. Ora la reazione è bilanciata (**figura 10**).

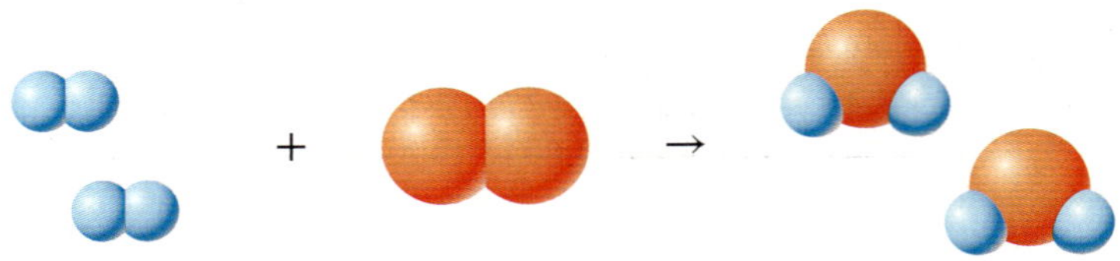

$2H_2$ 2 molecole di idrogeno (4H) + O_2 1 molecola di ossigeno (2O) → $2H_2O$ 2 molecole di acqua (4H; 2O)

▸ **Figura 10**
Nelle reazioni bilanciate la somma degli atomi nei reagenti e nei prodotti deve essere la medesima.

Ti ricordi?
Il coefficiente 1 viene sempre omesso.

L'equazione bilanciata della reazione di combustione dell'idrogeno in presenza di ossigeno mette in evidenza che, durante una reazione chimica, gli atomi, e quindi la materia, si conservano.

Allo schema di reazione così completato si dà il nome di *equazione di reazione*, o semplicemente **equazione chimica**. Il termine *equazione* sottolinea il fatto che le specie atomiche (H e O) e il loro numero (4 atomi di H e 2 atomi di O) si sono conservati identici, durante la trasformazione dei reagenti dei prodotti.

Per semplicità, quando si bilancia un'equazione chimica è necessario individuare i coefficienti *minimi*: nel caso precedente, per esempio, i coefficienti 4 per l'idrogeno, 2 per l'ossigeno e 4 per l'acqua garantiscono ancora la conservazione degli atomi di ciascuna specie, ma non sono i più piccoli possibile.

I **coefficienti stechiometrici** sono numeri opportuni, da anteporre alle formule di un'equazione chimica, con i quali è possibile mantenere, per ciascuna specie, l'uguaglianza tra il numero di atomi dei reagenti e quello dei prodotti.

In generale, le tappe fondamentali per scrivere correttamente un'equazione di reazione sono le seguenti:

1. stabilire quali sono i reagenti e i prodotti;
2. scrivere le formule corrette dei reagenti e dei prodotti: gli indici numerici di tali formule non possono essere modificate durante il bilanciamento, perché ciascuna formula descrive l'esatta composizione di una sostanza;
3. bilanciare lo schema di reazione introducendo i coefficienti stechiometrici che consentono di conservare inalterato il numero di atomi di ciascuna specie chimica.

Ti ricordi?
Durante il bilanciamento gli indici numerici all'interno della formula devono restare inalterati.

Esercizio Svolto

Proviamo insieme
Scrivi l'equazione di reazione relativa ai seguenti dati sperimentali: il mercurio, a 300° reagisce con l'ossigeno gassoso per formare l'ossido di mercurio(II), HgO, un solido di colore rosso.

Risoluzione
tappa 1 I reagenti sono il mercurio liquido e l'ossigeno gassoso; scaldando si ottiene come prodotto l'ossido di mercurio.

tappa 2 Il mercurio è un elemento il cui simbolo è Hg; l'ossigeno gassoso è costituito da molecole biatomiche, O_2; la formula dell'ossido di mercurio(II) è HgO. Lo schema di reazione, considerando gli stati fisici, risulta:

$$Hg_{(l)} + O_{2(g)} \rightarrow HgO_{(s)}$$

tappa 3 L'ossigeno non è bilanciato perché vi sono due atomi a sinistra e uno solo a destra; per averne due bisogna introdurre il coefficiente stechiometrico 2 davanti alla formula HgO (che non può essere modificata in HgO_2), cioè:

$$Hg_{(l)} + O_{2(g)} \rightarrow 2HgO_{(s)}$$

Per mantenere inalterato il numero di atomi di mercurio, è necessario anteporre il coefficiente 2 al simbolo Hg nei reagenti:

$$2Hg_{(l)} + O_{2(g)} \rightarrow 2HgO_{(s)}$$

La reazione risulta ora bilanciata.

Prova tu
Rappresenta l'equazione di reazione in modo analogo alla **figura 10**.

Le «regole» del bilanciamento

Non è possibile formulare istruzioni precise per bilanciare una reazione. I coefficienti stechiometrici vanno scelti di volta in volta e introdotti in successione fino a che il numero di atomi di ciascuna specie non coincide da una parte e dall'altra della freccia. Possiamo, tuttavia, seguire tre semplici regole:

1. bilanciare per primi gli atomi dei metalli e dei non metalli;
2. se nello schema di reazione compaiono nei reagenti e nei prodotti degli ioni poliatomici (per esempio PO_4^{3-}), bilanciarli come un unico gruppo di atomi;
3. bilanciare per ultimi gli atomi di idrogeno e di ossigeno, se presenti.

Bilanciamo, per esempio, la seguente trasformazione chimica, in cui omettiamo, per semplicità, lo stato di aggregazione delle varie sostanze:

$$H_3PO_4 + Ca(OH)_2 \rightarrow Ca_3(PO_4)_2 + H_2O$$

1. per primo bilanciamo il calcio ponendo il coefficiente 3 davanti alla formula dell'idrossido di calcio:

$$H_3PO_4 + \mathbf{3}Ca(OH)_2 \rightarrow Ca_3(PO_4)_2 + H_2O$$

2. poiché compare, sia nei reagenti sia nei prodotti, il gruppo PO_4^{3-} lo bilanciamo ponendo il coefficiente 2 davanti alla formula dell'acido:

$$\mathbf{2}H_3PO_4 + \mathbf{3}Ca(OH)_2 \rightarrow Ca_3(PO_4)_2 + H_2O$$

3. sistemiamo gli atomi di idrogeno, che a sinistra sono 12 in totale, introducendo il coefficiente 6 davanti alla formula dell'acqua:

$$\mathbf{2}H_3PO_4 + \mathbf{3}Ca(OH)_2 \rightarrow Ca_3(PO_4)_2 + \mathbf{6}H_2O$$

Così facendo, risultano bilanciati anche gli atomi di ossigeno non contenuti nei gruppi PO_4^{3-}: sono infatti 6 sia a sinistra sia a destra della freccia.

Ti ricordi?
I coefficienti stechiometrici vanno introdotti in successione finché il numero di atomi di una specie coincide a destra e a sinistra della freccia.

Esercizio Svolto

Proviamo insieme
Bilancia la reazione dell'idrossido di alluminio con l'acido solforico, in cui si forma solfato di alluminio e acqua.

Risoluzione
La reazione è la seguente:

idrossido di alluminio + acido solforico →
solfato di alluminio + acqua

L'equazione da bilanciare quindi è:

$Al(OH)_3 + H_2SO_4 \rightarrow Al_2(SO_4)_3 + H_2O$

1. Si bilanciano per primi gli atomi del metallo, che in questo caso è l'alluminio, per cui si scrive un 2 davanti a $Al(OH)_3$.

   $2Al(OH)_3 + H_2SO_4 \rightarrow Al_2(SO_4)_3 + H_2O$

2. Lo ione poliatomico SO_4^{2-} compare sia nei reagenti sia nei prodotti e deve essere trattato come un unico gruppo di atomi. Si bilancia dunque aggiungendo un 3 davanti a H_2SO_4.

   $2Al(OH)_3 + 3H_2SO_4 \rightarrow Al_2(SO_4)_3 + H_2O$

3. A questo punto si bilanciano gli atomi di idorgeno e di ossigeno, scrivendo un 6 davanti a H_2O.

   $2Al(OH)_3 + 3H_2SO_4 \rightarrow Al_2(SO_4)_3 + 6H_2O$

Facendo un controllo finale è possibile vedere come sono bilanciati anche tutti gli altri atomi; infatti sia a destra sia a sinistra ci sono 2 atomi di alluminio, 12 atomi di idrogeno, 3 atomi di zolfo e 18 atomi di ossigeno.

Prova tu
Bilancia le seguenti reazioni.

1. $Mg + HCl \rightarrow H_2 + MgCl_2$
2. $CaCl_2 + Na_3PO_4 \rightarrow Ca_3(PO_4)_2 + NaCl$
3. $N_2 + H_2 \rightarrow NH_3$

Facciamo il punto

1. Che cosa si intende per equazione chimica?
2. Come si chiamano le sostanze poste a sinistra e quelle poste a destra in un'equazione chimica?
3. Quando un'equazione chimica è bilanciata?
4. Che cosa sono i coefficienti stechiometrici?
5. Per quale motivo occorre sempre bilanciare un'equazione chimica?

Green Chemistry: la chimica sostenibile

Nell'immaginario collettivo la chimica è percepita come qualcosa di negativo, dannoso e pericoloso. In pochi riconoscono i vantaggi che ha portato alla nostra vita e al progresso per l'umanità, dai farmaci alle materie plastiche, ai fertilizzanti e ai detergenti. Questa visione distorta è dovuta all'eredità del passato, in cui la gestione politica della chimica, e non la chimica stessa, ha portato a un cattivo uso delle risorse e alla dispersione incontrollata di rifiuti. A distanza di anni stiamo pagando le conseguenze di questo atteggiamento irresponsabile dettato dagli interessi economici, a discapito dell'ambiente e della comunità.

I principi della Green Chemistry

La *Green Chemistry* non è una branca della chimica, ma è una nuova visione di questa disciplina basata su principi che hanno come scopo lo sviluppo responsabile e sostenibile. Si tratta di un approccio trasversale che coinvolge tutti i settori e che ha permesso di rimettere a fuoco gli obiettivi primari della ricerca e dell'industria chimica.

La *Green Chemistry* è stata teorizzata ufficialmente nel 1998 dai chimici Paul Anastas e John Warner, che hanno avuto il merito di stilarne i dodici principi fondanti.

1. **Prevenzione:** è meglio prevenire a monte la produzione di rifiuti e scarti, piuttosto che trattarli e bonificarli una volta creati, poiché questo rappresenta un costo ambientale ed economico.
2. **Economia atomica:** le reazioni chimiche di sintesi devono essere progettate cercando di massimizzare l'incorporazione di tutti gli atomi dei reagenti iniziali nei prodotti finali di interesse. Ad esempio, se si deve sintetizzare una molecola a sei atomi di carbonio, l'economia atomica al 100% si ottiene partendo da un reagente a sei atomi di carbonio; nel caso il reagente ne avesse otto, due atomi sarebbero «persi» in un sottoprodotto di scarto, riducendo l'efficienza atomica.
3. **Sintesi chimiche meno pericolose:** dove possibile, i metodi di sintesi devono essere progettati utilizzando e generando sostanze poco o per nulla tossiche per l'uomo e l'ambiente.
4. **Progettazione di prodotti chimici più sicuri**: si deve cercare di progettare prodotti chimici che siano funzionali al loro utilizzo, minimizzandone la tossicità.
5. **Solventi e additivi più sicuri:** quando possibile, l'uso di sostanze ausiliarie (solventi e agenti di separazione) deve essere evitato; se usati, devono essere innocui.
6. **Efficienza energetica:** la richiesta energetica per i processi chimici deve essere valutata tenendo conto del suo impatto ambientale ed economico e minimizzata. Per questo, dove possibile, le sintesi devono essere realizzate a temperatura e pressione ambiente.
7. **Utilizzo di materie prime rinnovabili:** le materie prime e i precursori (molecole di partenza per una sintesi) devono essere rinnovabili per quanto fattibile dal punto di vista tecnico ed economico.
8. **Ridurre i derivati**: si devono minimizzare o eliminare, se possibile, la produzione di derivati non necessari poiché richiedono ulteriori reagenti, aumentano i costi (solventi, energia) e possono produrre scarti. Si tratta di ridurre i passaggi sintetici che devono essere fatti per arrivare al prodotto desiderato: molto spesso, infatti, per produrre molecole complesse, si devono eseguire non una ma una serie di reazioni, poiché è difficile riuscire a ottenerle in un solo passaggio.
9. **Catalisi**: le reazioni che utilizzano catalizzatori (il più possibile selettivi – cioè specializzati – nel prodotto da generare) sono più efficienti rispetto alle reazioni stechiometriche. I catalizzatori possono facilitare una reazione in diversi modi, per esempio rendendola più veloce, incrementandone la resa, riducendo la temperatura o la pressione di esercizio.
10. **Degradazione:** i prodotti chimici che si progettano devono potersi decomporre facilmente alla fine del loro ciclo di vita, in modo da rimanere innocui e non persistenti nell'ambiente.
11. **Analisi in tempo reale per prevenire l'inquinamento**: si devono sviluppare metodologie analitiche che consentano il monitoraggio e controllo in tempo reale all'interno di un processo chimico (come un impianto) per prevenire la formazione di sostanze pericolose.
12. **Sicurezza:** la chimica deve essere più sicura per prevenire gli incidenti, ovvero si devono scegliere sostanze e formulazioni tali da minimizzare il rischio (ad esempio composti non infiammabili e non esplosivi). L'attenzione alla sicurezza non riguarda solo le sostanze chimiche in quanti tali, ma anche le loro gestione nella filiera di produzione, per aumentare anche la sicurezza dei lavoratori e delle comunità.

Fare chimica sostenibile non significa quindi chiudere industrie o limitarne l'attività! Lo scopo è quello di garantire la crescita produttiva riducendo però ogni tipo di costo, primo fra tutti quello ambientale. Per realizzare questo obiettivo è la chimica che deve andare in soccorso a sé stessa, cercando reagenti alternativi, tecnologie più efficienti e trasformazioni più sicure, facendo di questa sfida un'occasione di rilancio per la ricerca e l'industria.

Per questo la *Green Chemistry* è al centro della ricerca chimica mondiale.

SINTESI DI FINE CAPITOLO

LO SAI? RIPASSA CON LO SMARTPHONE

Le particelle dell'atomo

L'**atomo** non è indivisibile, ma è formato da **particelle subatomiche**.

L'**elettrone** ha una massa di $9{,}31 \cdot 10^{-31}$ kg e una carica negativa di $^{-}1{,}66 \cdot 10^{-19}$ C. Questa carica è considerata unitaria e le viene attribuito il valore $^{-}1$. Il **protone** ha carica positiva +1 e una massa 1836 volte quella dell'elettrone. Il **neutrone** ha massa 1839 volte quella dell'elettrone ma è **neutro**.

Protoni e neutroni sono contenuti nel **nucleo** e sono detti **nucleoni**. Il nucleo occupa uno spazio molto piccolo rispetto al volume dell'atomo.

Il **numero di protoni** nel nucleo è il **numero atomico (Z)**; si indica a fianco del simbolo dell'elemento in basso a sinistra.

Gli **isotopi** sono atomi di un elemento con **uguale numero atomico** ma **massa diversa**, perché contengono un diverso numero di neutroni.

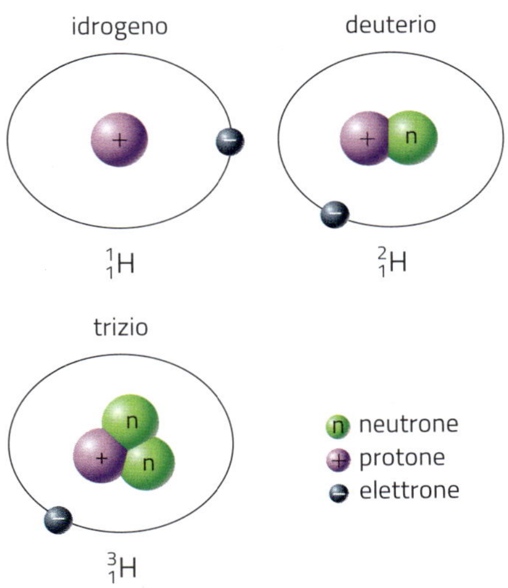

Il **numero di massa (A)** viene posto in alto a sinistra per indicare il numero di protoni più il numero di neutroni presenti nel nucleo di un isotopo:

$$A = Z + N$$

La distribuzione degli elettroni nell'atomo

Più gli elettroni sono distanti dal nucleo, più elevata è la loro energia. Gli elettroni si distribuiscono nell'atomo in base a definiti **livelli di energia** o livelli elettronici.

La **disposizione** degli elettroni è detta **configurazione elettronica**. Il primo livello energetico contiene al massimo 2 elettroni, il secondo e il terzo contengono al massimo 8 elettroni.

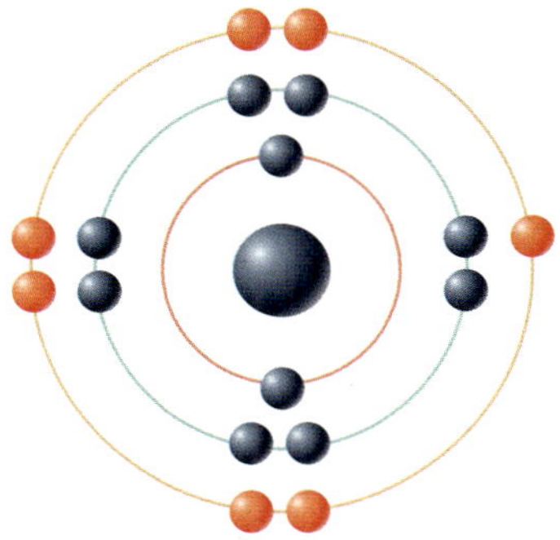

Gli elettroni nel livello energetico più esterno sono gli **elettroni di valenza**. Questo livello esterno è detto pertanto **strato di valenza**.

Il **legame chimico** permette agli atomi di legarsi tra loro per formare molecole o ioni di carica opposta.

Nella formazione di un legame chimico sono impegnati elettroni dello strato di valenza.

Questi elettroni coinvolti nel legame sono appunto detti **elettroni di legame**.

Solo gli atomi dei **gas nobili** hanno lo strato di valenza pieno e sono pertanto **stabili**, non tendono cioè a legarsi con altri atomi. Tranne l'elio tutti hanno otto elettroni, cioè **l'ottetto**, nello strato di valenza.

I legami chimici

I legami chimici si formano perché gli atomi cercano di raggiungere la configurazione elettronica esterna più stabile, cioè

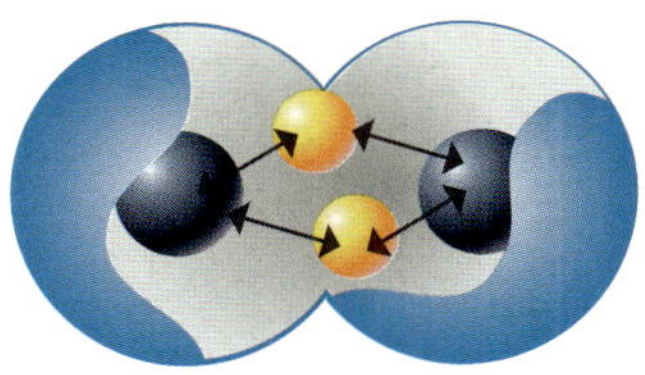

l'**ottetto** o per completare il più possibile il livello energetico più esterno.

Il **legame covalente** si forma quando due atomi mettono in comune una **coppia di elettroni**.

Si forma una molecola, in cui ognuno degli atomi coinvolti ha otto elettroni nello strato più esterno.

Il legame covalente è **puro** se i due atomi sono identici e gli elettroni di legame sono attratti con la stessa forza. Il legame covalente è **polare** quando permette la condi-

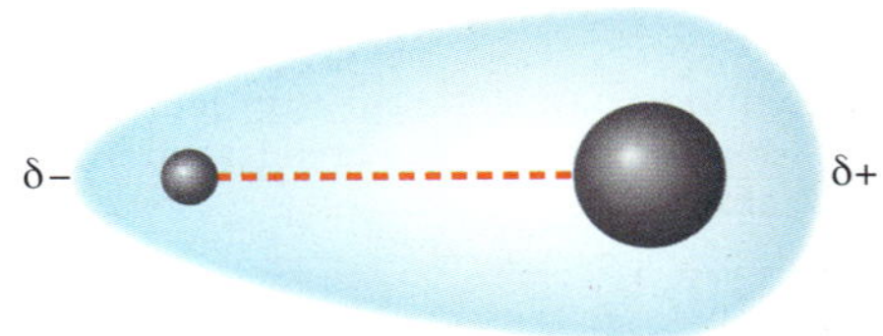

visione degli elettroni di legame tra due atomi diversi di cui uno li attira a sé con maggiore forza. La coppia di legame è quindi spostata verso l'atomo più «elettron-attrattore».

Due atomi possono condividere più di una coppia di elettroni. Se le coppie di elettroni sono due si ha un **legame doppio**, se sono tre si ha un **legame triplo**.

Il **legame ionico** si forma attraverso il **trasferimento** di uno o più elettroni da un atomo all'altro.

Si ottengono due **ioni di carica opposta** che restano uniti per **attrazione elettrostatica**.

Il **legame metallico** caratterizza gli atomi delle **sostanze semplici metalliche** ed è un **legame cooperativo**. Gli elettroni di valenza di tutti gli atomi del corpo metallico sono messi in condivisione con tutti gli atomi presenti e costituiscono la **marea** o **colla elettronica** che cementa insieme gli atomi del metallo.

idrogeno + ossigeno → acqua
$H_2 + O_2 \rightarrow H_2O$

Rappresentare le reazioni chimiche

Ogni reazione chimica si può rappresentare con uno **schema di reazione** o **equazione chimica**.

Per rispettare la legge di conservazione della massa di Lavoisier, occorre effettuare il **bilanciamento**. Si aggiungono davanti alle formule dei reagenti e prodotti i **coefficienti stechiometrici**, numeri opportuni, da anteporre alle formule, con i quali è possibile mantenere, per ciascuna specie, l'uguaglianza tra il numero di atomi dei reagenti e quello dei prodotti.

Prima si bilanciano i metalli, poi i non metalli e per ultimi idrogeno e ossigeno.

VERIFICA LE TUE CONOSCENZE

Rispondi alle domande.

1. **Quali sono le particelle subatomiche dell'atomo?**

2. **A quali particelle subatomiche, soprattutto, si deve la massa di un atomo?**

3. **Quali particelle subatomiche sono definite *nucleoni*? Perché?**

Barra il completamento esatto.

4. **Qual è la massa dell'elettrone?**

- A $1{,}46 \cdot 10^{-47}$ kg
- B $2{,}67 \cdot 10^{-39}$ kg
- C $9{,}1 \cdot 10^{-31}$ kg
- D $1{,}04 \cdot 10^{-15}$ kg

5. **Qual è la carica di un protone?**

- A $+1{,}67 \cdot 10^{-24}$ C
- B $+9{,}1 \cdot 10^{-31}$ C
- C $-1{,}6 \cdot 10^{-19}$ C
- D $+1{,}6 \cdot 10^{-19}$ C

6. **Come si definisce il numero di massa A?**

- A È il numero di protoni dell'atomo.
- B È il numero di elettroni e di protoni nell'atomo.
- C È il numero di protoni e di neutroni nell'atomo.
- D È il numero di neutroni e di elettroni nell'atomo.

7. **Come si definisce il numero atomico Z?**

8. **È corretto dire che le particelle fondamentali dell'atomo sono indivisibili?**

9. **Che cosa sono gli isotopi di un elemento?**

ZTE ONLINE

10. **Vero o falso?**

a) Tra gli isotopi dell'idrogeno l'idrogeno-1 è il più leggero perché non possiede neutroni. V F

b) L'atomo di litio-7 ha 4 neutroni. V F

c) L'atomo di elio possiede 2 elettroni e 4 protoni. V F

d) L'atomo di berillio contiene meno neutroni dell'atomo di litio. V F

Barra la risposta esatta.

11. **Quali tra le seguenti scritture non viene usata?**

- A $^{40}_{20}Ca$
- B $^{153}_{\ 13}I$
- C 1940K
- D $_{79}Au$
- E ^{35}U

12. **Come sono distribuiti gli elettroni di un atomo intorno al nucleo?**

- A Prima si riempie il livello energetico più vicino al nucleo poi gli altri più lontani.
- B Prima si riempie il livello energetico più lontano dal nucleo poi gli altri più vicini.
- C Si riempiono i livelli in modo che tutti gli elettroni abbiano la stessa energia.
- D Tutti gli elettroni hanno la stessa energia e sono distribuiti casualmente intorno al nucleo.

Rispondi alle domande.

13. **Che cos'è lo strato di valenza in un atomo?**

14. **Come vengono impiegati gli elettroni di valenza?**

15. **Enuncia la regola dell'ottetto.**

16. **Quanti elettroni deve acquistare l'atomo di fosforo per completare l'ottetto?**

17. **Che differenza c'è tra il legame covalente polare e il legame ionico?**

18. **Barra la risposta esatta.**
Che cosa si intende per carica parziale?

- A Una carica positiva sull'atomo dovuta alla perdita di un elettrone.
- B Una carica negativa sull'atomo dovuta all'acquisto di un elettrone.
- C Una debole carica, positiva o negativa, dovuta alla diversa forza di attrazione dei due atomi sugli elettroni di legame.
- D Una carica in parte positiva e in parte negativa nel legame covalente polare.

Rispondi alle domande.

19. **Da cos'è costituita e a che cosa serve la «marea elettronica» nel legame metallico?**

20. **Poiché il numero di atomi di ciascuna specie rimane inalterato, che cosa cambia quando i reagenti si trasformano in prodotti?**

Barra il completamento esatto.

21. **In una reazione bilanciata**

- A il numero di atomi di ogni elemento è uguale nei reagenti e nei prodotti.
- B è rispettata la legge della conservazione della massa.
- C il numero totale di atomi dei reagenti è uguale al numero totale di atomi dei prodotti.
- D i coefficienti stechiometrici dei reagenti e dei prodotti sono uguali.

22. **Barra la risposta esatta.**
In cosa differiscono tra loro i termini «reazione chimica» ed «equazione chimica»?

- A La reazione è la trasformazione della materia, l'equazione è la sua rappresentazione simbolica.
- B L'equazione è la trasformazione della materia, la reazione è la sua rappresentazione simbolica.
- C L'equazione è la trasformazione bilanciata, la reazione no.
- D La reazione è la trasformazione bilanciata, l'equazione no.

VERIFICA LE TUE ABILITÀ

Rispondi alle domande

23. Indica quanti elettroni occorrono per avere la stessa massa di un protone.

24. Qual è l'elemento che possiede più elettroni? Rispondi aiutandoti con la tavola periodica.

25. Il nucleo di un atomo è formato da 9 protoni e 10 neutroni. Qual è il numero di elettroni?

26. Qual è il numero di protoni e di neutroni nel nucleo di ^{32}S?

27. Qual è il numero di protoni, neutroni ed elettroni di ^{40}Ar?

28. Identifica i seguenti elementi: $^{9}_{4}X$; $^{28}_{14}X$; $^{27}_{13}X$.

Barra il completamento corretto.

29. Lo ione $^{40}_{20}Ca^{2+}$ possiede un corredo di particelle costituito da:

A 20 protoni, 20 neutroni e 20 elettroni
B 18 protoni, 20 neutroni e 20 elettroni
C 20 protoni, 18 neutroni e 20 elettroni
D 20 protoni, 20 neutroni e 18 elettroni

30. Lo ione I^- è diverso da I perché ha

A più protoni
B meno elettroni
C meno protoni
D più elettroni

Rispondi alle domande.

31. Scrivi la configurazione elettronica del neon individuando il livello più esterno e il numero di elettroni di valenza.

32. Quanti elettroni vengono persi o acquistati dai seguenti atomi per completare l'ottetto?

a) Ca
b) S
c) He
d) F

- Scrivi la configurazione elettronica del gas nobile che ne risulta.

Rappresenta gli atomi e le molecole usando il modello a strati e le strutture di Lewis.

33. Rappresenta il modello a strati dell'atomo di zolfo-32 inserendo nel nucleo i neutroni e i protoni e nei livelli energetici gli elettroni necessari per la sua configurazione elettronica.

34. Nel seguente modello a strati dell'atomo di magnesio, individua quali sono gli elettroni di valenza, cerchiandoli di rosso.

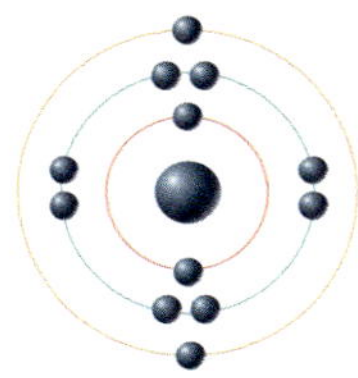

35. In base alle indicazioni di pagina 81, e utilizzando un modello di molecola come quella del cloro di pagina 83 (struttura di Lewis), prova a rappresentare le molecole delle seguenti sostanze.

a) HCl
b) F_2
c) CCl_4

36. In base alle figure di pagina 85 rappresenta le molecole delle seguenti sostanze:

a) HCN
b) SiO_2

37. Rappresenta con le strutture di Lewis il trasferimento di elettroni che si verifica nella formazione dei legami ionici nei seguenti composti.

a) LiF
b) K_2O
c) CaO
d) Mg_3N_2

38. Rappresenta il trasferimento di elettroni che si verifica nella formazione dei legami ionici nei seguenti composti.

a) MgF_2
b) KCl
c) MgO
d) NaBr

39. Identifica gli atomi sottostanti e descrivi come avviene la reazione tra loro. Quale composto si forma?

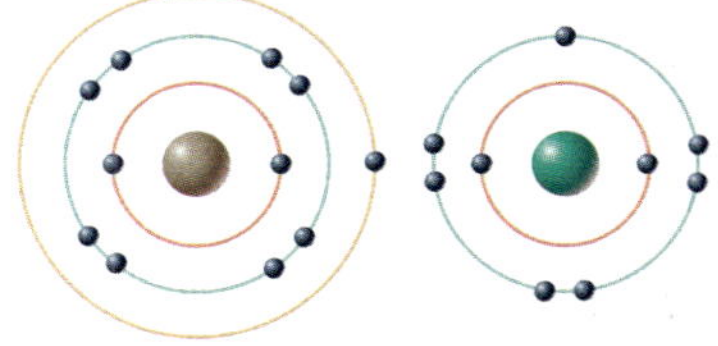

40. Vero o falso?
Considera la seguente equazione chimica:
$2H_2S_{(g)} + 3O_{2(g)} \rightarrow 2SO_{2(g)} + 2H_2O_{(l)}$

a) Il coefficiente stechiometrico dell'ossigeno elementare è 7. V F
b) Il numero totale delle molecole si conserva. V F
c) L'indice numerico dell'ossigeno è 2 in tutte le formule. V F
d) La sigla (g) indica che la sostanza è allo stato gassoso. V F

Barra il completamento esatto.

41. Considera la seguente rappresentazione.

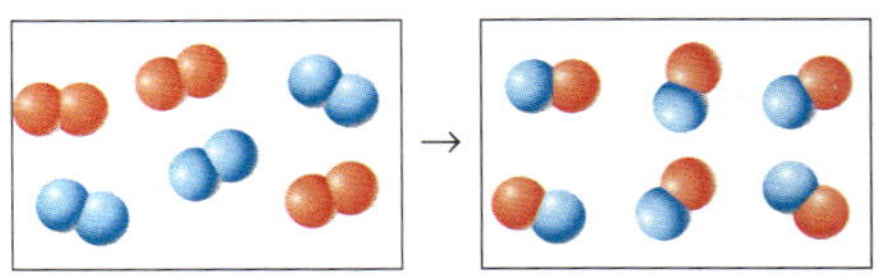

a) Reagenti e prodotti sono costituiti da molecole diatomiche. V F
b) Reagenti e prodotti sono composti. V F
c) Il rapporto di combinazione tra gli atomi del prodotto è 1:1. V F
d) L'equazione del processo potrebbe essere $H_{(g)} + Cl_{(g)} \rightarrow HCl_{(g)}$. V F
e) Se (sfera blu) = A e (sfera rossa) = B, l'equazione bilanciata è $3A_2 + 3B_2 = 6AB$. V F
f) Il numero degli atomi A e B non varia ma cambia la loro disposizione. V F
g) La trasformazione rispetta la legge di Lavoisier. V F

42. **Per bilanciare la reazione**
...... Mg + ...O_2 → ......MgO
quali delle seguenti operazioni si possono effettuare?

- [A] Togliere il pedice 2 alla formula O_2.
- [B] Scrivere MgO_2 al posto di MgO.
- [C] Inserire 2 davanti a Mg.
- [D] Anteporre 4 a Mg, 2 a O_2 e 4 a MgO.
- [E] Inserire 2 davanti a MgO.

43. **Riduci le seguenti reazioni ai coefficienti interi minimi.**

a) $6Na + 6H_2O \rightarrow 3H_2 + 6NaOH$

b) $\frac{1}{2} CH_3OH + \frac{1}{2} O_2 \rightarrow$
$\rightarrow \frac{1}{2} CH_2O_2 + \frac{1}{2} H_2O$

c) $12ZnO + 8BrF_3 \rightarrow 12ZnF_2 + 4Br_2 + 6O_2$

d) $3K_2Cr_2O_7 + 9SnSO_4 + 21H_2SO_4 \rightarrow$
$\rightarrow 3K_2SO_4 + 3Cr_2(SO_4)_3 + 9Sn(SO_4)_2 + 21H_2O$

44. **Bilancia le seguenti reazioni.**

a) $C + O_2 \rightarrow CO_2$

b) $Cu_2O + O_2 \rightarrow CuO$

c) $Fe + O_2 \rightarrow Fe_2O_3$

d) $NH_3 + O_2 \rightarrow NO_2 + H_2O$

45. **Bilancia le seguenti reazioni.**

a) $Al(OH)_3 + H_2CO_3 \rightarrow Al_2(CO_3)_3 + H_2O$

b) $Li + H_2O \rightarrow LiOH + H_2$

c) $NH_3 + HCl \rightarrow NH_4Cl$

46. **Rispondi alla domanda.**

Un tuo compagno ha avuto il compito di bilanciare la seguente equazione chimica.

$$Zn + HCl \rightarrow ZnCl_2 + H_2$$

La sua proposta di bilanciamento è questa.

$$Zn + H_2Cl_2 \rightarrow ZnCl_2 + H_2$$

Spiega perché la proposta del tuo compagno non è corretta. Prova poi a bilanciare correttamente.

UNITUTOR
VERSO L'UNIVERSITÀ

Preparati ai test di ammissione sul sito Unitutor

47. **L'elemento idrogeno ha tre diversi isotopi: ^1H, ^2H e ^3H. Il numero atomico dell'idrogeno è 1. Considerando un singolo atomo per ciascun isotopo, quale delle seguenti affermazioni è corretta?**

- [A] ^3H ha il triplo dei protoni di ^1H
- [B] ^2H ha il doppio dei neutroni di ^1H
- [C] ^1H ha la metà degli elettroni di ^2H
- [D] ^3H ha il doppio dei neutroni di ^2H
- [E] ^3H ha un protone, un neutrone e un elettrone

[dal test di ingresso a Medicina, anno 2014-15]

TEST YOURSELF

Answer the questions.

48. **How many protons and electrons are in an atom of sodium whose atomic number is 11?**

49. **An atom has 13 protons and 14 neutrons. What is its mass number?**

50. **Calculate the number of neutrons of the atom whose atomic number is 42 and whose mass number is 96.**

51. **Complete the following table concerning the isotopes of silicon, whose atomic number is 14.**

Isotope	Number of protons	Number of electrons	Number of neutrons
Si-28	14	14	14
Si-29	14	14	15
Si-30	14	14	16

VERSO L'ESAME: LE TUE COMPETENZE

SCHEMATIZZA

52. Completa la seguente tabella con i dati mancanti.

Simbolo isotopo	Nome elemento	A	Z	n° di p	n° di e	n° di n
$^{45}_{21}Sc$						
	vanadio					28
$^{27}_{13}Al$	alluminio	27	13	13	13	14
$^{201}_{80}Hg$	mercurio		80		80	121

RAPPRESENTA

53. Se getti una moneta di rame in una soluzione diluita di acido nitrico, HNO_3, vedrai formarsi un gas rosso di diossido di azoto, NO_2; gli altri prodotti della reazione sono acqua e nitrato di rame(II), $Cu(NO_3)_2$, che resta disciolto in soluzione.

Scrivi lo schema di questa reazione.

COLLEGA

54. Completa la parte evidenziata del sistema periodico, inserendo nelle varie caselle il numero di elettroni che ciascun elemento deve cedere (in rosso) o acquistare (in nero) per raggiungere l'ottetto.

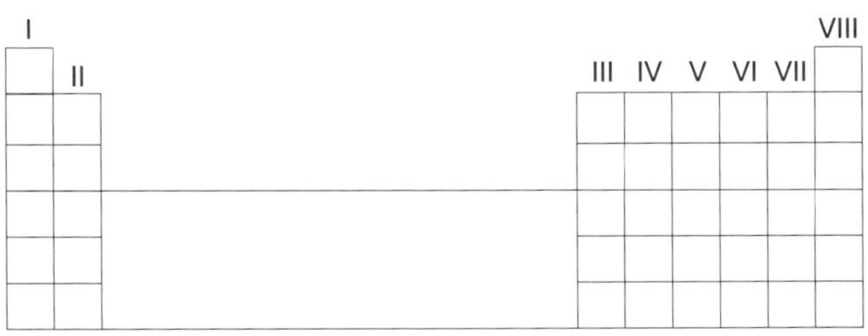

a) Dopo aver completato la tabella, confrontati con i compagni e con l'insegnante.

b) Quali problemi hai incontrato?Hai osservato delle regolarità?

SPIEGA

55. Classifica il legame tra le seguenti coppie di atomi indicando la molecola o l'unità formula risultante. Valuta le proprietà chimiche in base alla posizione degli elementi nella tavola periodica.

a) carbonio e idrogeno

b) idrogeno e zolfo

c) bario e ossigeno

d) bromo e bromo

RICERCA

56. A quale elemento appartengono gli isotopi che possiedono i seguenti numeri atomici e di massa?

a) $Z = 30$ e $A = 70$

b) $Z = 9$ e $A = 19$

c) $Z = 51$ e $A = 122$

d) $Z = 35$ e $A = 80$

e) $Z = 19$ e $A = 40$

RICERCA

57. Oggi le indagini della polizia scientifica riguardano anche l'analisi degli isotopi dell'idrogeno e dell'ossigeno presenti nei capelli, che possono rivelare gli spostamenti geografici del proprietario.

a) Come interpreti questa notizia?

b) In particolare, che cosa può variare da luogo a luogo?

[A] Il comportamento chimico degli isotopi.

[B] Il loro numero per ogni elemento.

[C] Le loro percentuali.

c) Cerca con i tuoi compagni notizie al riguardo. (*Suggerimento*: cerca «Analisi degli isotopi stabili»in Internet)

INTERPRETA

58. Perché la densità dell'acqua contenente deuterio, D, è maggiore di quella dell'acqua composta da idrogeno, H?

RAGIONA

59. Individua il gas nobile a cui corrisponde la configurazione elettronica dei seguenti elementi quando hanno raggiunto l'ottetto: Mg, Al, O, Br, K, N, I.

CONFRONTA

60. Compara protone e neutrone dal punto di vista della carica e della massa.

CONFRONTA

61. Due atomi che hanno lo stesso numero di massa, ma diverso numero atomico

[A] sono isotopi.

[B] appartengono a elementi diversi.

[C] contengono un diverso numero di nucleoni.

[D] hanno proprietà chimiche simili.

IPOTIZZA

62. Individua l'elemento del terzo periodo che appartiene al gruppo II.

a) Di quale elemento si tratta?

b) È un metallo o un non metallo?

c) Perderà o acquisterà elettroni per raggiungere l'ottetto?

CALCOLA

63. Calcola quale carica complessiva viene trasportata da una mole di elettroni (un numero di Avogadro di elettroni). Il valore che hai trovato è un'unità di misura importante in elettrochimica, che prende il nome di faraday (F).

SEI PRONTO PER LA VERIFICA?

IN 1 ORA

Dopo aver studiato i contenuti del **capitolo 5**, svolgi la prova nel **tempo massimo di un'ora**.

Alla fine della prova **controlla le tue risposte** con le soluzioni che troverai sul sito online.zanichelli.it/chimicanatura2ed e **calcola il punteggio** totale che hai conseguito.

CONOSCENZE

1. Vero o falso? Correggi i completamenti errati.
Lo ione $^{30}_{13}Al^{3+}$ contiene

a) 13 nucleoni V F
b) 13 protoni e 17 neutroni V F
c) 30 neutroni V F
d) 13 protoni e 13 elettroni V F
e) lo stesso numero di elettroni di $^{20}_{10}Ne$ V F

(10 punti se hai risposto correttamente) ...../10

Rispondi alle domande.

2. Di quante particelle elementari si compone l'isotopo $^{26}_{13}Al$? Quali e quante sono?

....

....

....

(10 punti se hai risposto correttamente) ...../10

3. Che cosa hanno in comune i seguenti atomi/ioni?

$_{20}Ca^{2+}$ $_{18}Ar$ $_{16}S^{2-}$ $_{19}K^{+}$

....

....

....

(10 punti se hai risposto correttamente) ...../10

4. Barra il completamento esatto.
Gli isotopi di uno stesso elemento

A devono avere lo stesso numero atomico
B devono avere lo stesso numero di massa
C possono avere lo stesso numero di nucleoni
D hanno un numero di elettroni che dipende dal valore di A

(10 punti se hai risposto correttamente) ...../10

Rispondi alle domande.

5. Uno ione di un elemento X, che contiene 20 protoni e 18 elettroni, ha numero di massa 40.

- Di quale elemento si tratta?
- Quanti neutroni contiene?
- Qual è la carica dello ione?

(10 punti se hai risposto correttamente) ...../10

6. Come si distribuiscono gli elettroni del silicio nei livelli di energia?

....

....

....

....

(10 punti se hai risposto correttamente) ...../10

ABILITÀ

Rispondi alle domande.

7. Disegna il litio e il cloro usando la simbologia di Lewis. Mostra come si formano gli ioni nel composto ionico LiCl.

(10 punti se hai risposto correttamente) ...../10

8. Considera le molecole F_2 e HF.

- Rappresenta le molecole secondo la simbologia di Lewis.
- Classifica il tipo di legame che unisce gli atomi.

(10 punti se hai risposto correttamente) ...../10

9. È corretto dire che tutti gli atomi di carbonio, facendo parte dello stesso elemento chimico, hanno lo stesso numero di massa?

....

....

....

(10 punti se hai risposto correttamente) ...../10

10. Bilancia le seguenti reazioni.

a) $Al_{(s)} + HCl_{(aq)} \rightarrow AlCl_{3(aq)} + H_{2(g)}$
b) $Na_{(s)} + H_2O_{(l)} \rightarrow NaOH + H_{2(g)}$
c) $Ba_{(s)} + CuCl_{2(aq)} \rightarrow BaCl_{2(aq)} + Cu_{(s)}$
d) $Zn_{(s)} + AgNO_{3(aq)} \rightarrow Zn(NO_3)_{2(aq)} + Ag_{(s)}$

(10 punti se hai risposto correttamente) ...../10

PUNTEGGIO TOTALE

...../100

Se hai ottenuto:

- meno di 60 punti devi riprendere lo studio dei capitoli;
- tra 60 e 70 punti hai una preparazione sufficiente;
- tra 70 e 80 punti hai una preparazione buona;
- tra 80 e 100 punti significa che hai studiato a fondo.

Dall'amianto all'edilizia *green*

Con amianto o asbesto si intende l'insieme dei minerali a struttura fibrosa di particolari silicati, cioè minerali composti prevalentemente da silicio e ossigeno.

Questi silicati sono stati protagonisti nel secolo scorso di un'enorme diffusione, dovuta al fatto che godono di diverse proprietà: la resistenza termica e meccanica (in particolare all'usura e all'abrasione), la filabilità, la capacità di essere buoni isolanti, la facilità di legarsi con materiali da costruzione (come la calce, il gesso, il cemento e alcune plastiche) e, infine, la resistenza al fuoco e agli agenti chimici e fisici. Tutto ciò, unito al basso costo, è la ragione per cui questo materiale è stato ampiamente sfruttato in tantissimi settori. Il cemento-amianto, commercialmente chiamato *Eternit*, era venduto sottoforma di lastre, impiegate nella copertura dei tetti, nelle coibentazioni e insonorizzazioni degli edifici, come isolante termico negli impianti industriali e per la protezione antincendio.

Nel secolo scorso la produzione complessiva di amianto superò i 150 milioni di tonnellate, con un picco di circa 5 milioni alla fine degli anni Settanta. Nonostante la sua cancerogenicità venne scoperta negli anni Cinquanta, fu soltanto dopo il suo utilizzo massiccio nel settore dell'edilizia che si sollevò il problema delle malattie professionali riscontrate nei lavoratori esposti a queste fibre. L'amianto, infatti, può provocare diverse patologie dell'apparato respiratorio, come l'asbestosi, il carcinoma polmonare e il mesotelioma. In Italia la messa al bando dell'amianto e dei suoi derivati è avvenuta con la legge 257 del marzo 1992.

L'edilizia *green*

Anche nell'edilizia sono stati fatti molti passi avanti per la sostenibilità. L'esigenza del risparmio energetico e la priorità delle politiche ecocompatibili hanno portato alla nascita dell'edilizia *green*. Negli ultimi trent'anni il fabbisogno energetico delle abitazioni ha visto una crescita inarrestabile, principalmente per effetto dell'aumento dei consumi elettrici. Nel 2015 in Italia l'energia elettrica consumata per uso domestico è stata pari a circa 70000 GWh, corrispondenti al 25% del fabbisogno totale di energia elettrica del nostro Paese: basti pensare che la sola diffusione dei sistemi di climatizzazione si stima che sia responsabile di un incremento di diversi punti percentuale delle emissioni di anidride carbonica. Tuttavia, l'isolamento termico, le energie rinnovabili (in particolare il fotovoltaico) e l'utilizzo di impianti a risparmio energetico sono soltanto alcuni degli aspetti su cui si fonda la nuova concezione sostenibile dell'edilizia. Infatti, oltre all'installazione di cappotti termici, si stanno cercando soluzioni di più ampio respiro come l'utilizzo di materiali da costruzione riciclati, l'impiego di sistemi per il risparmio idrico e per la razionalizzazione dell'energia, la valutazione della qualità dell'aria domestica e l'adozione di criteri progettuali in grado di valorizzare e armonizzare l'edilizia nel contesto ecologico (**Figura**).

Materiali edili innovativi

Per diminuire la dipendenza da fonti fossili, accanto agli isolanti tradizionali di derivazione petrolchimica come il polistirene e il poliuretano si stanno introducendo sul mercato anche materiali compositi. Alcuni di questi sono fatti di una parte rinnovabile costituita da fibre vegetali (per esempio canapa, lino, carta riciclata, legno, e sughero) e da una parte non rinnovabile a base di materie plastiche, che ne costituisce il sostegno.

Questi pannelli offrono isolamento acustico e traspirabilità, favorendo così la ventilazione negli ambienti isolati che altrimenti rischierebbero di essere eccessivamente «sigillati». Se da un lato, infatti, il contenimento energetico presuppone la necessità di costruire involucri isolanti, è altrettanto vero che gli ambienti non devono diventare poco vivibili in termini di qualità dell'aria, soprattutto per effetto delle sostanze volatili che possono essere rilasciate dalle strutture stesse e dall'arredamento.

Il vantaggio dei materiali innovativi risiede nella multifunzionalità: essi presentano insieme alle funzioni tradizionali, come quella strutturale o di rivestimento, anche funzioni aggiuntive che ne valorizzano la sostenibilità. Riportiamo di seguito alcuni esempi:

- materiali a cambiamento di fase (PCM – *Phase Changing Materials*): sono accumulatori di calore latente in grado di assorbire energia termica e di rilasciarla in tempi successivi, senza alterare la propria temperatura;
- materiali isolanti trasparenti (TIM - *Transparent Insulation Materials*): uniscono un eccellente isolamento termico alla trasparenza, fattore che costituisce un vantaggio perché promuove l'utilizzo dell'illuminazione naturale;
- vernici fotocatalitiche: sfruttano la capacità dell'ossido di titanio di ossidare le sostanze organiche nell'aria in presenza di luce, garantendo così muri e facciate più pulite e una riduzione del consumo idrico destinato per la pulizia;
- cemento termico: ottenuto da materiale vetrosi di riciclo, mantiene le caratteristiche del calcestruzzo tradizionale ma ha in più una bassa conducibilità, un'elevata permeabilità al vapore ed una buona inerzia chimica;
- intonaci speciali: costituiti da argille, sabbie naturali e da grafite, sono contemporaneamente conduttori termici ed elettrici; per questo sono in grado di schermare le radiazioni elettromagnetiche emesse dai dispositivi elettronici.

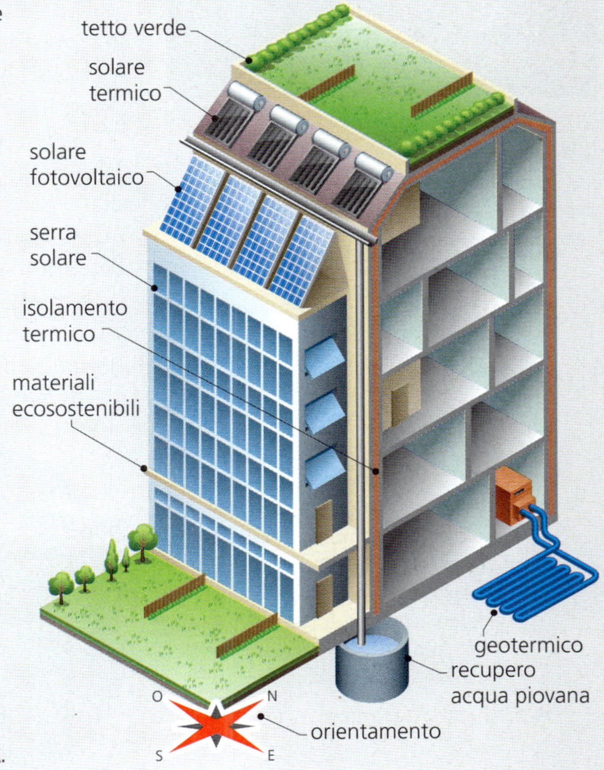

▸ Figura
Un edificio «sostenibile» prevede impianti e materiali da costruzione che consentano risparmio di risorse e di energia.

Capitolo
6
L'acqua e la vita

1 Le proprietà chimiche dell'acqua

▲ **Figura 1**
Dallo spazio la Terra appare come un punto blu grazie alla grande quantità di acqua presente su gran parte della sua superficie.

È sufficiente guardare qualche immagine satellitare del nostro pianeta (**figura 1**) per accorgerci del suo intenso colore azzurro, che è dovuto alla grande massa d'acqua che ricopre quasi tutto il globo, tanto che la Terra è chiamata anche il *Pianeta azzurro*.

La presenza di acqua non è una prerogativa della Terra: alcuni satelliti di Giove e di Saturno, per esempio, sono ricoperti di ghiaccio, al di sotto del quale potrebbe trovarsi acqua liquida. La Terra, però, è il solo corpo celeste del Sistema solare che presenta acqua in tutti e tre gli stati fisici: solido, liquido e aeriforme.

L'acqua si trova in serbatoi nell'idrosfera terrestre

Le acque terrestri, in tutti gli stati fisici, costituiscono l'**idrosfera**. Sul nostro pianeta, ovunque ci sia acqua allo stato liquido è presente qualche forma di vita e, in genere, maggiore è la quantità di acqua e maggiore è il numero di specie diverse.

L'acqua liquida è presente sia «dolce», cioè a ridotto contenuto di sali minerali, sia «salata», ovvero a elevato contenuto di sali. Quasi il 98% dell'acqua totale è salata, per cui non può essere utilizzata dall'uomo per uso domestico, agricoltura o allevamento; il restante 2% è dolce ed è indispensabile per la sopravvivenza e il sostentamento di tutti i viventi (**figura 2**).

Di questa acqua liquida dolce, però, i due terzi sono immagazzinati come ghiacci polari e sono quasi inaccessibili per gli esseri viventi; ne rimane una piccola percentuale, che risulta dunque preziosissima, tanto da essere definita «oro blu». Per questo motivo è importantissimo non sprecare questa importante risorsa.

► **Figura 2**
L'acqua liquida sulla Terra è quasi totalmente salata e solo una piccola percentuale è dolce; di questa, circa il 70% è custodita nei ghiacciai, il 30% si trova nelle falde acquifere sotterranee e una minima parte scorre in superficie nei laghi e nei fiumi.

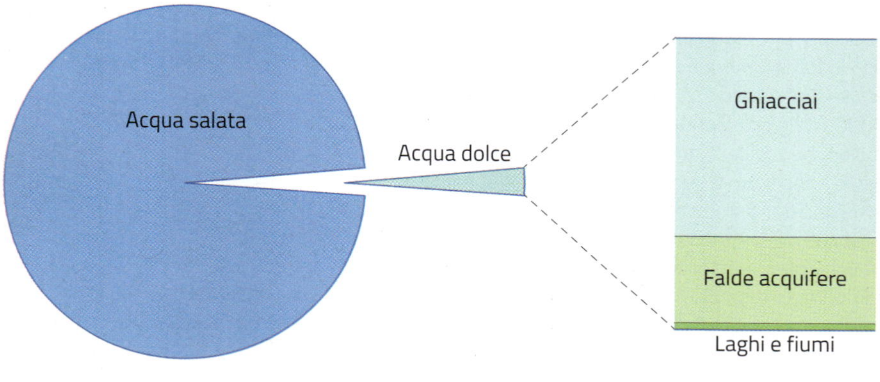

Nell'acqua un atomo di ossigeno e due di idrogeno sono uniti da legami covalenti polari

Oltre a essere una sostanza chimica di grande importanza, l'acqua è fondamentale per la vita. Esiste infatti una stretta relazione tra acqua e vita: questa sostanza è presente in tutti gli esseri viventi in una proporzione che varia dal 6% della massa dei semi delle piante fino al 95% delle meduse.
Per comprendere le ragioni che rendono l'acqua così speciale occorre analizzare la sua struttura chimica.

L'acqua è costituita da due elementi chimici: idrogeno (H) e ossigeno (O). Dalla tavola periodica sappiamo che il numero atomico dell'idrogeno è 1, quello dell'ossigeno è 8. Come ricorderai, il numero atomico corrisponde al numero di protoni presenti nel nucleo dell'atomo e anche ai suoi elettroni (**figura 3**). Il loro strato di valenza non è completo.

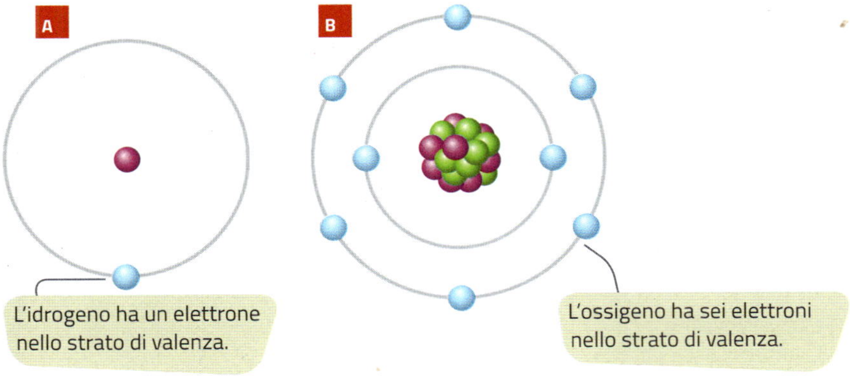

◂ **Figura 3**
Configurazione dell'idrogeno (A) e dell'ossigeno (B).

Quando due atomi di idrogeno e un atomo di ossigeno si incontrano, reagiscono per completare i propri gusci di valenza e formano una molecola d'acqua (H_2O).

Nella molecola d'acqua, ogni atomo di idrogeno condivide il proprio elettrone con un atomo di ossigeno; a sua volta, l'ossigeno ne condivide due, uno con ciascun atomo di idrogeno (**figura 4**). Gli elettroni sono condivisi attraverso due *legami covalenti polari*. Infatti l'ossigeno attira la coppia di elettroni di ogni legame più fortemente dell'idrogeno, di conseguenza gli elettroni sono più spostati verso il nucleo dell'ossigeno.

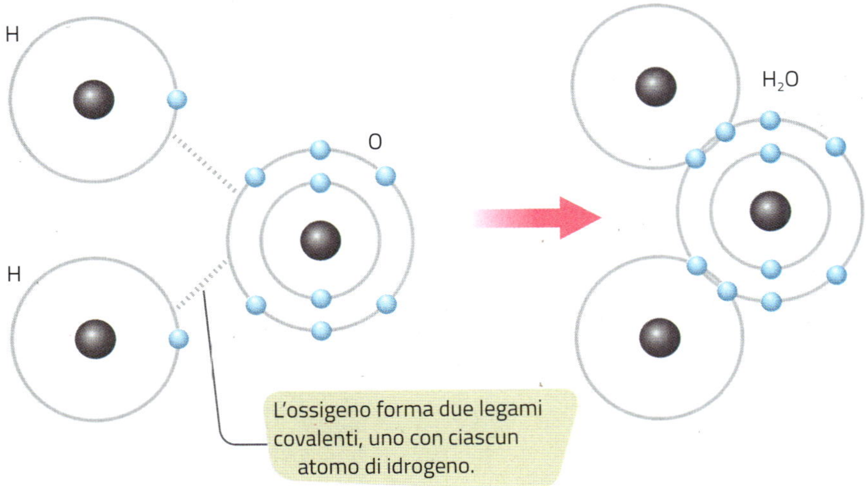

◂ **Figura 4**
La formazione dei due legami covalenti tra idrogeno e ossigeno nella molecola d'acqua.

Sull'ossigeno si determina la presenza di una **carica parziale δ⁻** (leggi «delta –») mentre sui due atomi di idrogeno si ha una **carica parziale δ⁺** («leggi delta +»). Come vedremo in seguito, queste piccole cariche determinano le proprietà chimiche dell'acqua.

Non solo le molecole d'acqua presentano cariche parziali: tutte le molecole in cui è presente ossigeno legato a idrogeno hanno la stessa caratteristica (per esempio le molecole di glucosio).

La molecola dell'acqua è polare

La presenza di legami polari può, in alcuni casi, determinare una polarità complessiva della molecola di cui fanno parte; ciò dipende soprattutto dalla forma della molecola stessa.

La molecola dell'acqua non è disposta linearmente: i due legami formano un angolo in cui l'ossigeno è posto al vertice e gli atomi di idrogeno si trovano alle due estremità. Questa disposizione ad angolo dei legami covalenti fa sì che le cariche parziali non si possano controbilanciare a vicenda. Da un lato della molecola si concentra la polarità positiva (indicata come carica parziale δ^+) e dall'altro la polarità negativa (indicata con la carica parziale δ^-). La molecola nel suo insieme si comporta come un **dipolo elettrico**, cioè risulta polare (**figura 5**) con un polo positivo e un polo negativo. Molte delle proprietà fisiche e chimiche dell'acqua, dalle quali dipende la vita, derivano dalla natura polare della sua molecola.

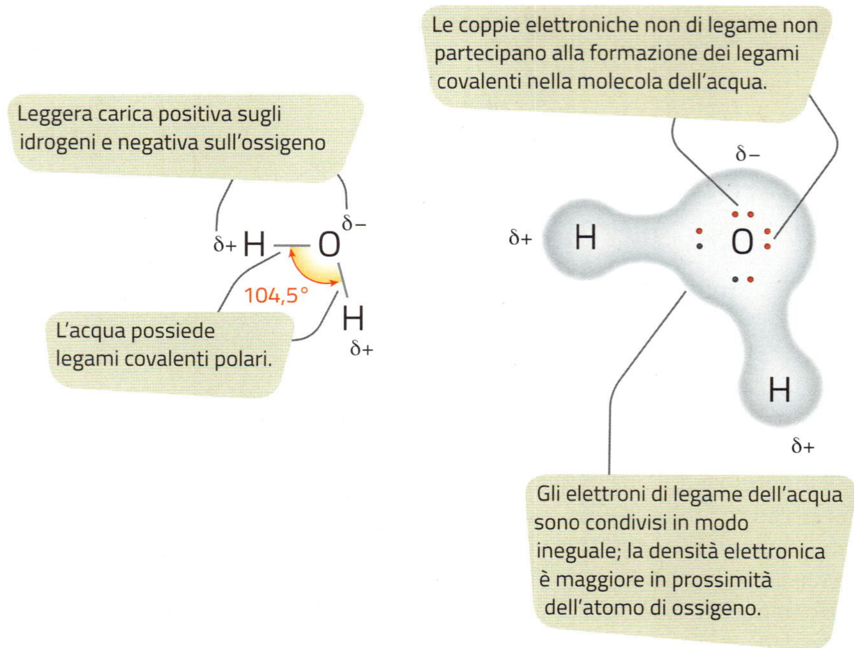

▸ Figura 5
Il legame covalente polare genera leggere cariche, cioè cariche parziali, sulla molecola che si comporta come un dipolo elettrico.

Non tutte le molecole in cui sono presenti legami polari sono a loro volta polari. È questo il caso della molecola di diossido di carbonio (CO_2) che ha una struttura lineare e simmetrica (**figura 6**). Nonostante i legami covalenti tra il carbonio e l'ossigeno siano polari, i due atomi di ossigeno, che si trovano in punti opposti rispetto a quello di carbonio, bilanciano a vicenda la loro attrazione annullandola, per cui la molecola risulta nel suo insieme *non polare* o *apolare*.

▾ Figura 6
La disposizione degli atomi di ossigeno rispetto all'atomo di carbonio fa sì che il diossido di carbonio sia una molecola non polare, a differenza dell'acqua.

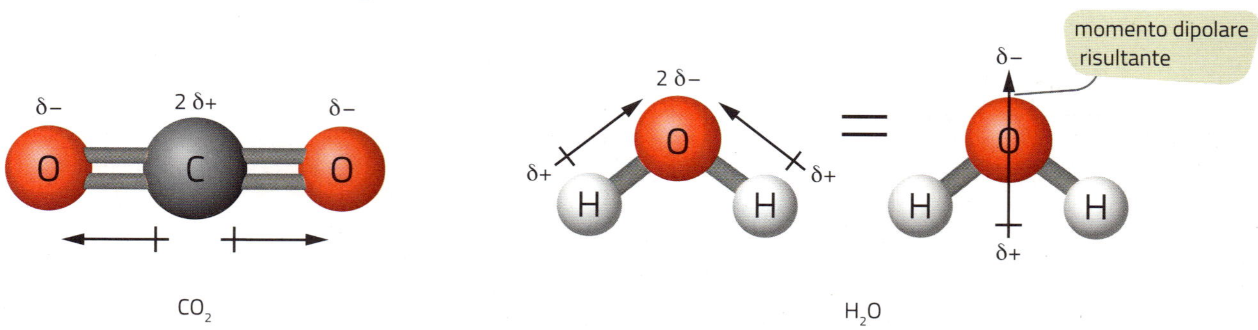

Facciamo il punto

1. Quale caratteristica rende unica la Terra nel Sistema solare?
2. Quali elementi formano l'acqua?
3. Quale tipo di legame unisce un atomo di ossigeno e un atomo di idrogeno?
4. Che cosa indica il termine *molecola polare*?
5. Perché l'acqua è una molecola polare e il diossido di carbonio non lo è?

2 Le proprietà fisiche dell'acqua

L'acqua liquida e l'acqua solida (ghiaccio) presentano una serie di proprietà che per molti aspetti sono eccezionali rispetto a tanti altri materiali presenti in natura. Queste proprietà dipendono dalla natura polare della molecola d'acqua e dalle interazioni che si stabiliscono tra molecole d'acqua diverse nello stato liquido e nello stato solido.

Il legame a idrogeno è un legame debole tra molecole d'acqua diverse

Mentre il legame covalente che lega ossigeno e idrogeno è un legame intramolecolare, cioè all'interno di ogni singola molecola, per giustificare lo stato solido e lo stato liquido di una sostanza, quindi anche quello dell'acqua, bisogna ricorrere all'esistenza di legami che si realizzano tra molecole diverse, detti **legami intermolecolari**. Se non esistessero questi legami, tutta la materia sarebbe soltanto allo stato aeriforme.

Allo stato liquido e allo stato solido le molecole d'acqua interagiscono tra loro formando legami intermolecolari chiamati **legami a idrogeno**. Questi legami si generano tra la carica parziale negativa (δ^-) posta sull'atomo di ossigeno di una molecola e la carica parziale positiva (δ^+) che si trovano sull'atomo d'idrogeno di un'altra molecola d'acqua. Ciascuna molecola d'acqua può formare legami a idrogeno con al massimo altre quattro molecole (**figura 7**).

Il legame a idrogeno è un legame elettrostatico tra cariche parziali di segno opposto, è più debole di un legame covalente e si può formare o spezzare con maggiore facilità. In media, un legame a idrogeno tra molecole d'acqua allo stato liquido ha una durata di 10 picosecondi ($1 \cdot 10^{-12}$ secondi) ma, immediatamente dopo essersi spezzato, tende subito a riformarsi tra due molecole diverse. Poiché in un certo quantitativo di acqua il numero delle molecole è enorme, i legami a idrogeno manifestano nel loro insieme una forza considerevole e riescono a tenere unite tra loro le molecole.

Le parole

Il prefisso ***inter-*** significa «tra due o più»; il prefisso ***intra-*** significa invece «all'interno».

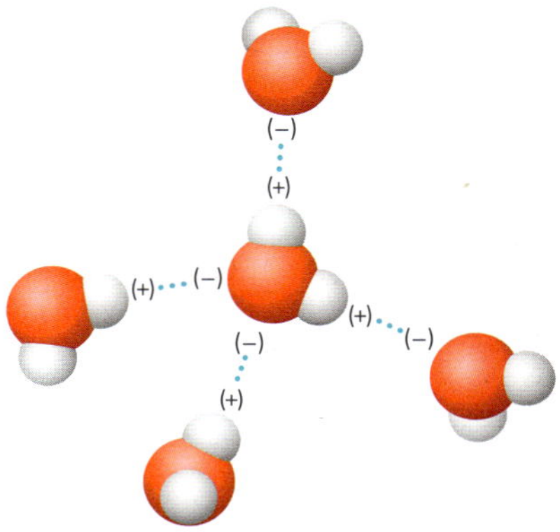

▲ **Figura 7**
Ogni legame a idrogeno collega una molecola a un'altra. Al massimo si possono formare quattro legami a idrogeno.

La tensione superficiale è dovuta alla coesione tra le molecole d'acqua

La presenza dei legami a idrogeno fa sì che le molecole d'acqua siano attratte le une verso le altre e che oppongano resistenza se si cerca di separarle.

La forza di attrazione tra molecole della stessa sostanza è chiamata **coesione**.

La coesione nell'acqua è dovuta ai legami a idrogeno. Una conseguenza visibile della coesione è la **tensione superficiale**, un fenomeno che si osserva al contatto tra l'acqua e l'aria: se si appoggia delicatamente una graffetta metallica sulla superficie dell'acqua, la tensione superficiale dell'acqua impedisce loro di affondare nonostante la densità molto più elevata dell'acqua (**figura 8A**). Allo stesso modo è facile vedere negli stagni gli insetti e i ragni che pattinano sulla superficie dell'acqua, che si comporta come se fosse una pellicola elastica su cui si appoggiano tali animaletti (**figura 8B**).

Ti ricordi?

In 18 g di acqua, che corrispondono a una mole, si trovano $6{,}02 \cdot 10^{23}$ molecole.

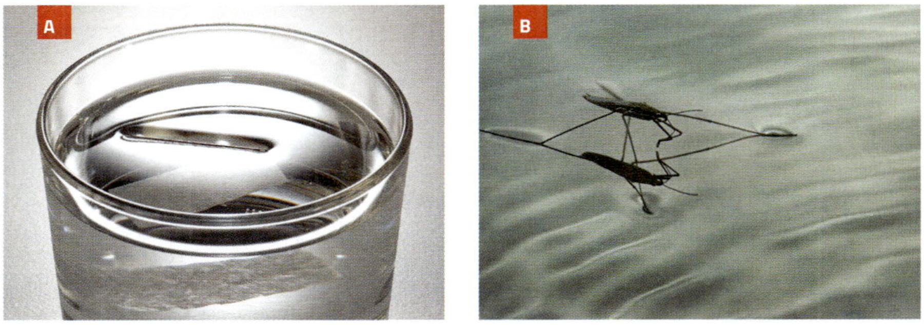

◀ **Figura 8**
Per la tensione superficiale una graffetta rimane appoggiata sul pelo dell'acqua (A) e un insetto sembra camminare sulla sua superficie (B).

La tensione superficiale si manifesta perché mentre le molecole d'acqua interne al liquido sono attratte da tutte le molecole vicine in tutte le direzioni, quelle che formano lo strato superficiale, a contatto con l'aria, sono attratte solo verso l'interno del liquido; le forze di attrazione, infatti, sono assenti nella parte rivolta verso l'aria. Si genera allora una forza che tende a raggruppare insieme le molecole del fluido cercando di tirarle continuamente verso l'interno. In assenza di altre forze, l'estensione della superficie di un corpo è minima quando assume forma sferica: questo è il motivo per cui l'acqua tende ad aggregarsi in gocce, come puoi notare guardando un rubinetto che perde o la rugiada su una ragnatela (**figura 9**).

A causa della sua polarità, l'acqua presenta inoltre una forte **adesione**, ovvero la capacità di attrarre ed essere attratta da molecole di sostanze diverse; questo è il motivo per cui l'acqua è capace di bagnare un piano di vetro, una foglia o di aderire a una ragnatela. L'adesione si manifesta solo con materiali e sostanze che riescono a formare legami intermolecolari con le molecole d'acqua.

▸ Figura 9
La forza di coesione e di adesione possono essere osservate in molte circostanze: per esempio, in un rubinetto che gocciola (A) o quando la rugiada bagna una ragnatela (B).

Capillarità e imbibizione sono dovuti alle forze di coesione e di adesione

La risalita di acqua in sottilissimi tubicini di vetro, o capillari, è un fenomeno che si può osservare facilmente inserendone uno in acqua colorata. La risalita è tanto più evidente quanto più il diametro del tubicino è sottile (**figura 10A**).

Questo movimento dell'acqua attraverso spazi piccolissimi è detto **capillarità**, una proprietà frutto dell'azione combinata della coesione tra le molecole d'acqua e dell'adesione tra queste e la superficie del materiale. Le molecole polari sono infatti attratte dalla superficie libera del vetro o della carta e trascinano con sé, per coesione, altre molecole d'acqua.

Questa proprietà è sfruttata dalle piante per portare l'acqua lungo i sottili canali che collegano le radici con le foglie più alte di un albero.

L'**imbibizione**, invece, consiste nella penetrazione delle molecole d'acqua all'interno di materiali porosi come la lignina del legno, la cellulosa e la gelatina che, di conseguenza, aumentano di volume.

Un esempio di imbibizione può essere osservato quando germinano i semi delle piante: il rivestimento protettivo di un seme, fatto in gran parte di cellulosa e lignina, come quello di una castagna o di una noce, assorbe l'acqua presente nel terreno, si gonfia e si spacca, permettendo la fuoriuscita del germoglio (**figura 10B**). Questo fenomeno si verifica perché la pressione causata dall'imbibizione può raggiungere valori molto elevati, in grado di rompere anche i gusci più resistenti.

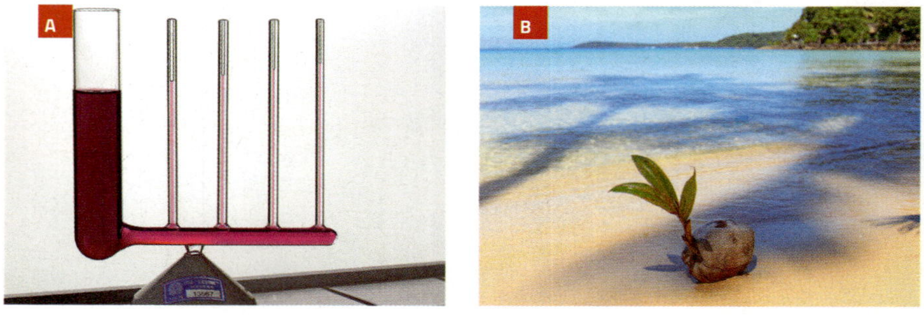

▸ Figura 10
(A) L'acqua risale per capillarità tanto più quanto il diametro del capillare è piccolo. (B) Grazie all'imbibizione, il cocco ha rotto il proprio guscio, permettendo la fuoriuscita del germoglio.

L'acqua ha un elevato calore specifico

Un'altra peculiarità dell'acqua è la sua resistenza ai cambiamenti di temperatura. La quantità di calore richiesto da 1 g di sostanza per innalzare di 1 °C la sua temperatura è detta **calore specifico**.

Poiché, per definizione, la quantità di calore necessaria ad aumentare di 1 °C la temperatura di 1 g di acqua è pari a 1 caloria (nel SI 1 cal corrisponde a 4,184 J), il calore specifico dell'acqua a 15 °C è pari a 1 cal / (g · °C).

Il calore specifico dell'acqua supera quello della maggior parte delle altre sostanze; per esempio, è circa il doppio del calore specifico dell'alcol e del petrolio e dieci volte maggiore del calore specifico del ferro. Questo significa che occorre una grande quantità di calore per riscaldare una massa d'acqua, in confronto a quello necessario alla stessa massa di un altro materiale. L'acqua cioè si riscalda (e si raffredda) molto lentamente, mentre i materiali a basso calore specifico, come i metalli, si scaldano e si raffreddano molto più rapidamente (**tabella 1**).

Sostanza	cal/g · °C	Sostanza	cal/g · °C
alluminio	0,215	ferro	0,107
berillio	0,436	mercurio	0,033
cadmio	0,055	piombo	0,0305
rame	0,0924	silicio	0,168
oro	0,0308	argento	0,056
vetro	0,200	acqua	1,00

◂ **Tabella 1**
Il calore specifico di alcuni elementi e sostanze espresso in cal/g · °C.

Kilocal / kg · K°

Per questa sua proprietà l'acqua è un buon isolante termico, mentre i materiali che presentano basso calore specifico sono conduttori di calore.

L'elevato calore specifico dell'acqua è dovuto alla presenza dei legami a idrogeno tra le molecole, che ne limitano i movimenti. Quando l'acqua viene riscaldata, per esempio su un fornello, gran parte del calore somministrato si traduce in energia utilizzata dall'acqua per spezzare i legami a idrogeno. Soltanto una piccola quantità di energia termica è disponibile per aumentare la velocità media delle molecole, che è proporzionale alla temperatura dell'acqua.

L'elevato calore specifico è molto importante nel mantenimento degli equilibri climatici del globo. Località prossime a bacini lacustri o costieri godono infatti di clima più mite rispetto a luoghi aridi. La vicinanza con l'acqua determina escursioni termiche diurne e annue più limitate rispetto ai climi continentali (**figura 11**).

Anche i viventi che sono costituiti principalmente da acqua beneficiano del suo elevato calore specifico: l'acqua permette infatti di mantenere la temperatura corporea piuttosto costante anche in seguito a forte riscaldamento o raffreddamento intenso.

◂ **Figura 11**
Le zone poste vicine a grandi masse d'acqua, come il lago di Garda, hanno una temperatura ambientale più fresca d'estate e più calda d'inverno, quindi più mite, rispetto a zone poste alla stessa latitudine, ma lontane dalle masse d'acqua.

L'acqua richiede molto calore per passare da uno stato all'altro

Per far passare l'acqua dallo stato liquido allo stato di vapore è necessario fornire una grande quantità di calore, chiamato **calore latente di vaporizzazione**. La stessa quantità di calore viene liberata nell'ambiente, o sottratta, per passare dallo stato di vapore a quello liquido: in questo caso si parla di **calore latente di condensazione**.

Il calore latente di vaporizzazione dell'acqua è pari a 540 cal/g; questo significa che alla temperatura di 100 °C e alla pressione di 1 atmosfera occorrono 540 calorie per fare passare un grammo di acqua dallo stato liquido a quello di vapore. Tale valore è più elevato di quello dell'alcol o dell'ammoniaca ed è molto più alto rispetto alla gran parte dei solventi organici (**tabella 2**).

► **Tabella 2**
Il calore latente di vaporizzazione e di fusione di alcuni elementi e sostanze espresso in cal/g · °C.

Sostanza	Calore latente di vaporizzazione (cal/g)	Calore latente di fusione (cal/g)
acqua	540	80
alcol etilico	210	25
etere etilico	85	23,2
alluminio	2520	53,1
ferro	1600	65
oro	380	16,1
rame	1150	50

Durante i passaggi di stato, anche se il sistema continua ad assorbire calore dall'esterno, la temperatura rimane sempre costante perché il calore fornito serve a indebolire le forze di coesione tra le particelle che passano dallo stato liquido a quello di vapore. Nel caso dell'acqua, il calore latente di vaporizzazione è particolarmente elevato a causa della capacità delle molecole d'acqua di formare tra loro numerosi legami a idrogeno. Quando tutta l'acqua è passata allo stato di vapore, la temperatura del sistema torna ad aumentare (**figura 12**).

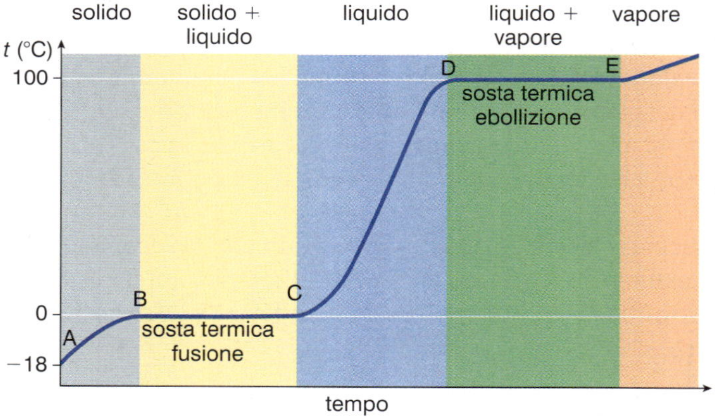

► **Figura 12**
Durante i passaggi di stato dell'acqua si verifica una lunga sosta termica perché il calore fornito serve, in prima battuta, per rompere i legami a idrogeno.

Anche il **calore latente di fusione** dell'acqua, cioè la quantità di calore che serve per fondere un grammo di ghiaccio a 0 °C, è piuttosto alta: 80 cal/g contro le 44 cal/g del diossido di carbonio solido (**tabella 2**). Il calore latente di solidificazione è il medesimo come calorie rispetto a quello di fusione, ma in questo caso è liberato nell'ambiente quando l'acqua passa dallo stato liquido allo stato solido.

Anche il calore latente ha grandi conseguenze in termini climatici e biologici. Per esempio una conseguenza dell'elevato calore latente di vaporizzazione dell'acqua è la notevole quantità di calore che essa assorbe dalla superficie della nostra pelle o di una foglia; questo è il motivo per cui la sudorazione raffredda il nostro corpo (**figura 13**).

Il calore latente che il vapore acqueo accumula alle latitudini prossime all'equatore, per azione dei raggi solari, è trasferito alle medie latitudini grazie ai venti planetari. L'atmosfera quindi riesce a equilibrare le temperature sul nostro pianeta.

▲ **Figura 13**
La sudorazione raffredda il nostro corpo, dal quale viene sottratto calore.

Il ghiaccio è meno denso dell'acqua liquida

Per la maggior parte delle sostanze, la **densità** aumenta quando diminuisce la temperatura e un corpo passa dallo stato liquido allo stato solido. Allo stato solido, raggiunto a più basse temperature rispetto a quello liquido, le singole molecole occupano posizioni fisse ravvicinate e sono disposte ordinatamente le une accanto alle altre a formare i reticoli cristallini; uno stesso volume può quindi contenere un numero maggiore di molecole.

La densità dell'acqua aumenta al diminuire della temperatura fino a circa 4 °C: a questo valore l'acqua è allo stato liquido e ha la sua massima densità (1 g/cm³). Avvicinandosi al punto di congelamento, però, le molecole d'acqua si distanziano un po' l'una dall'altra: in questo modo ogni molecola d'acqua può formare il massimo numero di legami a idrogeno (cioè quattro). Di conseguenza, le molecole nel ghiaccio si trovano più distanti tra loro che nell'acqua allo stato liquido, dove i legami a idrogeno sono meno e si rompono e si riformano in modo continuo.

A differenza della maggior parte delle sostanze, quindi, l'acqua allo stato solido occupa un volume maggiore di quando si trova allo stato liquido e ha perciò una minore densità.

La minore densità del ghiaccio gli permette di galleggiare sull'acqua liquida (**figura 14**). Se così non fosse, i laghi e i mari congelerebbero a partire dal fondale determinando una condizione incompatibile con la vita. I mari polari, ricoperti da ghiaccio, permettono invece il pullulare di forme di vita animale e vegetale al di sotto, dato che anche alle maggiori profondità marine i fondali hanno acqua perennemente liquida.

Leggi l'approfondimento nell'ebook
Educazione ambientale
Come evitare lo spreco d'acqua

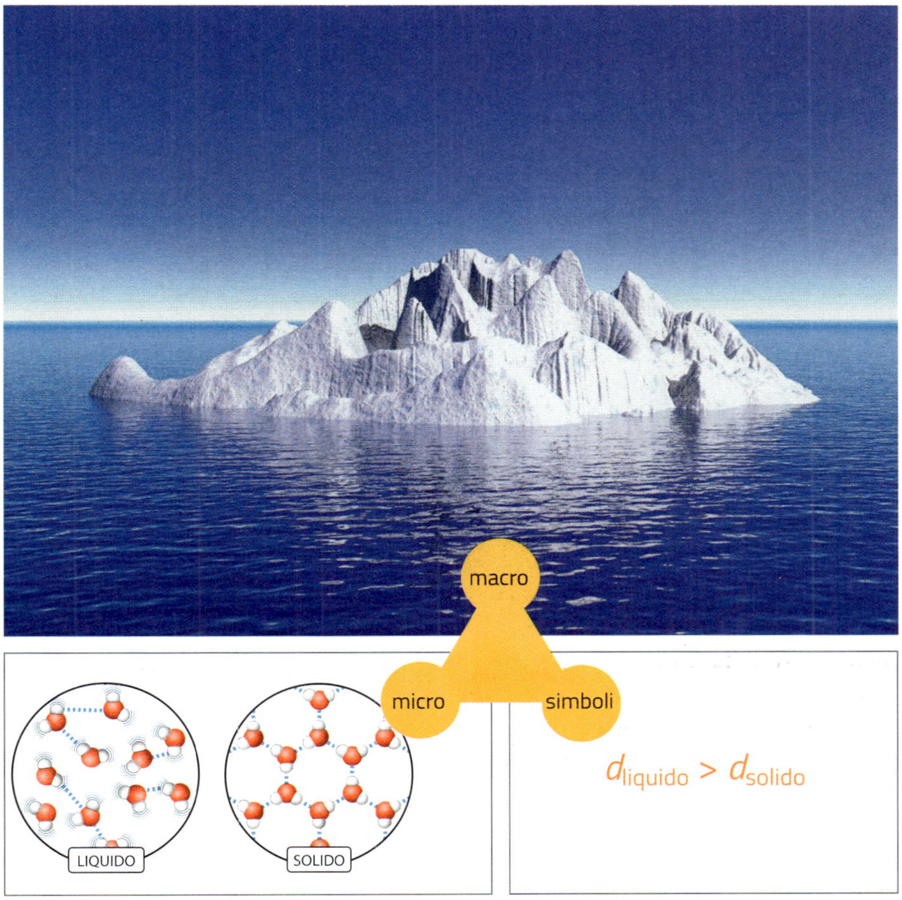

◂ **Figura 14**
Il ghiaccio è meno denso dell'acqua e quindi vi galleggia. La minore densità è dovuta alla struttura del solido che, a causa dei legami a idrogeno, lascia maggiori spazi vuoti attorno alle molecole rispetto a quanto accade nel riquadro.

◂ **Il triangolo delle competenze**
La densità dell'acqua e del ghiaccio.

Facciamo il punto

1. Che cos'è il legame a idrogeno e che cosa lo distingue dal legame covalente?
2. Che cosa sono le forze di coesione e adesione?
3. Quali sono gli effetti della capillarità nei viventi?
4. Quale forma assume una goccia d'acqua che cade e perché?
5. Che cosa comporta l'alto calore specifico dell'acqua?

3 L'acqua come solvente

Le parole

Il termine **idrofilo**, che deriva dal greco *udòr*, «acqua», e *filein*, «amare», indica le sostanze che «amano l'acqua», ovvero interagiscono con questo solvente; il termine opposto è **idrofobico**, che caratterizza le molecole che «hanno paura dell'acqua», cioè non interagiscono con essa.

A causa della polarità delle sue molecole, l'acqua è un ottimo solvente e riesce a sciogliere moltissime sostanze diverse, sia ioniche sia polari. Molte reazioni chimiche in laboratorio e in natura si svolgono quindi in soluzione acquosa.

Le sostanze che riescono a sciogliersi in acqua sono dette **idrofile**. Tra questi ci sono le sostanze costituite da altre molecole polari, come il saccarosio, lo zucchero bianco, e i composti ionici, come il cloruro di sodio (il sale da cucina).

Il legame ionico è un'interazione elettrica tra ioni di carica opposta

I legami ionici sono tipici di sostanze solide chiamate in generale **sali**. Cloruro di sodio (NaCl) e carbonato di calcio ($CaCO_3$) sono solo alcuni esempi di sali molto comuni. Allo stato solido i reticoli cristallini di cui sono formati i sali (**figura 15**) sono determinati dall'alternarsi nello spazio di ioni positivi e negativi, fortemente ravvicinati tra loro. Quando i sali però entrano in contatto con l'acqua, le sue molecole polari esercitano sugli ioni delle forze di natura elettrica, grazie alle cariche parziali presenti su ossigeno e idrogeno, che permettono agli ioni di svincolarsi dal reticolo e passare in soluzione.

Una volta separato dal reticolo, ogni ione viene circondato da molte molecole d'acqua, che si dispongono intorno a esso come in una serie di involucri successivi, chiamati **sfere di idratazione**. In queste condizioni, lo ione è detto *idratato*.

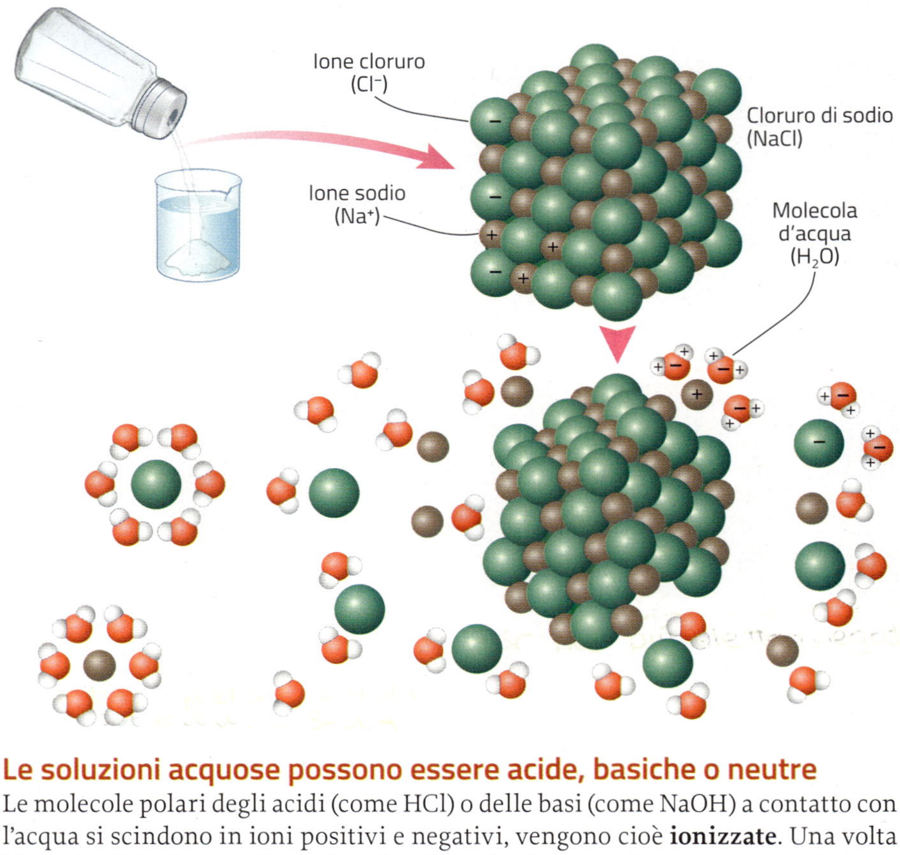

▸ Figura 15
NaCl è un sale che allo stato solido forma un reticolo cristallino compatto, ma quando entra in contatto con l'acqua i suoi ioni si separano perché interagiscono con gli atomi di ossigeno e idrogeno presenti.

Le soluzioni acquose possono essere acide, basiche o neutre

Le molecole polari degli acidi (come HCl) o delle basi (come NaOH) a contatto con l'acqua si scindono in ioni positivi e negativi, vengono cioè **ionizzate**. Una volta liberati, gli ioni sono circondati da molecole d'acqua e in parte reagiscono con essa. HCl e NaOH si ionizzano secondo le seguenti reazioni:

$$HCl \rightarrow H^+ + Cl^- \qquad NaOH \rightarrow Na^+ + OH^-$$

HCl è un acido perché in acqua libera ioni H^+, ioni idrogeno; NaOH è una base perché in acqua libera ioni OH^-, *ioni ossidrile*.

Anche le molecole d'acqua stesse possono subire una ionizzazione. Durante questo processo, un atomo di idrogeno tende a staccarsi dall'ossigeno a cui è legato e a passare in soluzione sotto forma di ione H^+. La molecola a cui è stato sottratto un atomo di idrogeno diventa così uno ione ossidrile (OH^-). In questo modo si formano lo ione H^+ e lo ione ossidrile, OH^-, secondo la reazione:

$$H_2O \rightleftarrows H^+ + OH^-$$

In ogni campione di acqua pura solo una piccola parte d'acqua è presente in forma ionizzata, mentre la maggior parte resta integra.

Nell'acqua pura, la concentrazione degli ioni H^+ è identica a quella degli ioni OH^-, dato che ogni molecola che si scinde produce uno ione di ciascun tipo. L'aggiunta di un acido o una base cambia però il rapporto tra questi ioni.

Una soluzione acquista proprietà acide quando la concentrazione degli ioni H^+ supera quella degli ioni OH^-; al contrario, una soluzione è basica (o alcalina) quando la concentrazione degli ioni OH^- supera quella degli ioni H^+.
Perciò, si possono avere tre casi diversi:

- se gli ioni H^+ superano in numero quelli OH^- si ha una soluzione **acida**;
- se gli ioni OH^- superano in numero quelli H^+ si ha una soluzione **basica**;
- se vi è un'uguale concentrazione di ioni H^+ e OH^- la soluzione è **neutra**, come l'acqua pura.

Gli acidi e le basi che sono definiti *forti* sono sostanze che, come HCl e NaOH, si ionizzano completamente in acqua, facendo aumentare in modo considerevole l'acidità o la basicità della soluzione. Gli acidi e le basi *deboli*, al contrario, sono quelle sostanze che si ionizzano solo in parte, facendo aumentare di poco la concentrazione degli ioni H^+ e OH^-. Acidi forti molto comuni sono l'acido cloridrico HCl, l'acido solforico H_2SO_4, l'acido nitrico HNO_3. Basi forti molto comuni sono NaOH, KOH.

Gli acidi organici come l'acido acetico CH_3COOH presente nell'aceto e l'ammoniaca NH_3 sono rispettivamente un acido e una base debole.

Come si può valutare quanto una soluzione sia acida o basica? Il grado di acidità di una soluzione si esprime mediante la **scala del pH**, che ha valori compresi tra 0 e 14. A pH 7 la concentrazione degli ioni H^+ è pari a quella degli ioni OH^-, come nel caso dell'acqua pura: questa condizione corrisponde alla *neutralità*. A valori di pH inferiori a 7 una soluzione è acida, mentre per valori superiori a 7 è basica.

La differenza di una sola unità di pH corrisponde a 10 volte la differenza della concentrazione di ioni H^+. Questo significa che per esempio una soluzione a pH = 2 ha una concentrazione pari a 100 volte superiore rispetto a quella con pH = 4 (10 · 2).

Soluzioni che mantengono il pH controllato entro certi valori sono chiamate soluzioni tampone, o semplicemente **tamponi** e svolgono un ruolo fondamentale all'interno del corpo perché il pH presente negli organi è importante per il corretto funzionamento dei processi che vi si svolgono.

Ti ricordi?

La quantità di soluto presente in soluzione, rispetto alla quantità di solvente, è espresso dalla concentrazione (vedi capitolo 2).

A colpo d'occhio

pH
- < 7 — SOLUZIONE ACIDA
- = 7 — SOLUZIONE NEUTRA
- > 7 — SOLUZIONE BASICA

1 - Per saperne di più

Gli indicatori di pH

Un indicatore del valore di pH è la **cartina al tornasole**, una striscia di carta imbevuta di sostanze che virano di colore indicando i vari valori del pH: se il colore tende al rosso intenso, la soluzione è acida, mentre se vira verso il blu è basica.

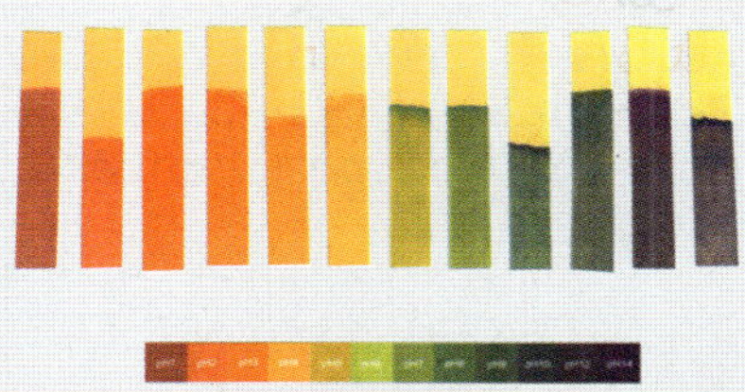

Facciamo il punto

1. Come riesce l'acqua a sciogliere sostanze ioniche?
2. In che modo avviene la ionizzazione dell'acqua?
3. Cosa sono gli acidi e le basi?
4. Che cosa indica la scala del pH?

SINTESI DI FINE CAPITOLO

LO SAI? RIPASSA CON LO SMARTPHONE

Le proprietà chimiche dell'acqua

L'acqua sulla Terra si trova in tutti e **tre gli stati fisici**: solido, liquido e gassoso. Le acque terrestri costituiscono l'**idrosfera**: il 98% è costituito da acqua salata e solo il 2% è dolce e quindi disponibile per gli esseri viventi.

La **molecola** dell'acqua è formata da **due atomi di idrogeno** e **un atomo di ossigeno**, tenuti insieme da **legami covalenti polari**. L'ossigeno attira più fortemente gli elettroni di legame e su di esso si instaura una **carica parziale negativa** (δ^-) mentre sugli atomi di idrogeno vi è la carica parziale positiva (δ^+). Per questo motivo la molecola dell'acqua è polare, cioè è un **dipolo elettrico**.

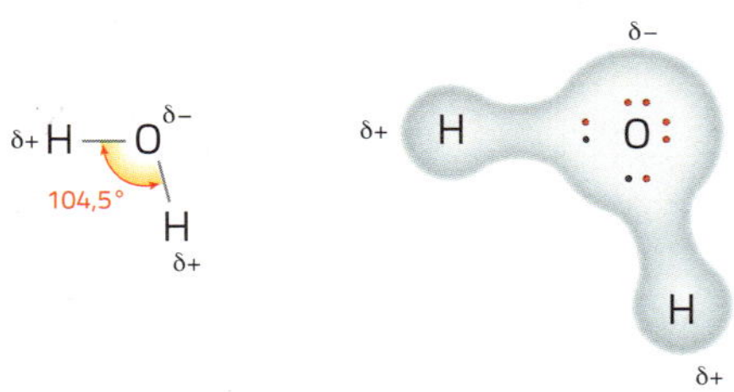

Tra le molecole d'acqua si formano legami intermolecolari particolari, i **legami a idrogeno**. Questi legami si formano **tra molecole d'acqua diverse** in cui la carica parziale negativa dell'ossigeno di una molecola è attirata dalla carica parziale positiva dell'idrogeno di una molecola vicina. Una molecola d'acqua può formare al massimo **quattro legami a idrogeno**.

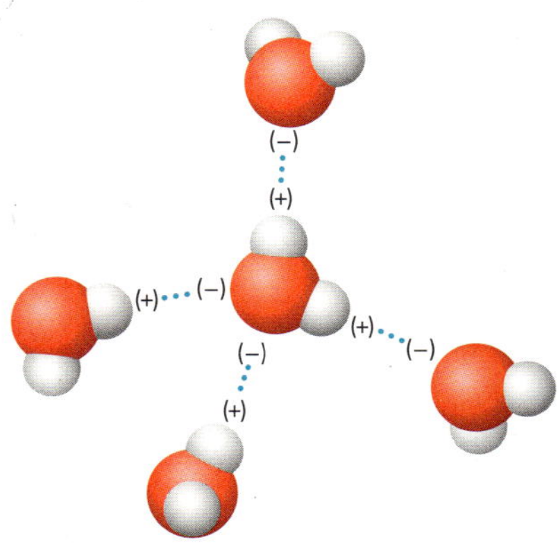

Le proprietà fisiche dell'acqua

Le proprietà fisiche dell'acqua dipendono dalla **polarità** delle molecole d'acqua e dai legami a idrogeno.

La **coesione** è determinata dalla forza di attrazione delle molecole d'acqua tra loro.

La **tensione superficiale** è dovuta alla coesione delle molecole d'acqua in superficie, che generano una forza che si oppone alla distensione.

L'**adesione** è la capacità delle molecole dell'acqua di attirare molecole di tipo diverso, come per esempio il vetro.

La **capillarità** è la capacità delle molecole d'acqua di risalire dentro spazi piccolissimi, come sottilissimi tubicini detti capillari.

L'**imbibizione** è la capacità dell'acqua di penetrare all'interno di materiali porosi come il legno e la cellulosa, aumentandone il volume.

Il calore specifico e il calore latente dell'acqua

L'acqua ha un **elevato calore specifico**: per innalzare di un grado la temperatura di 1 g d'acqua (alla temperatura di 15°C) occorre 1 cal cioè 4,184 J.

Il suo elevato calore specifico rispetto alle altre sostanze è una proprietà dell'acqua molto importante: la rende un **buon isolante termico** ed è importante nella mitigazione del clima e nella termoregolazione dei viventi.

Ai passaggi di stato è associato il calore latente. L'acqua ha un elevato **calore latente di vaporizzazione** e **di fusione**. Questo aspetto è molto importante per l'equilibrio termico del globo.

La **densità** massima dell'acqua si ha a 4°C. Nel ghiaccio le molecole d'acqua sono più distanziate e la densità è inferiore rispetto all'acqua liquida, per questo il ghiaccio galleggia.

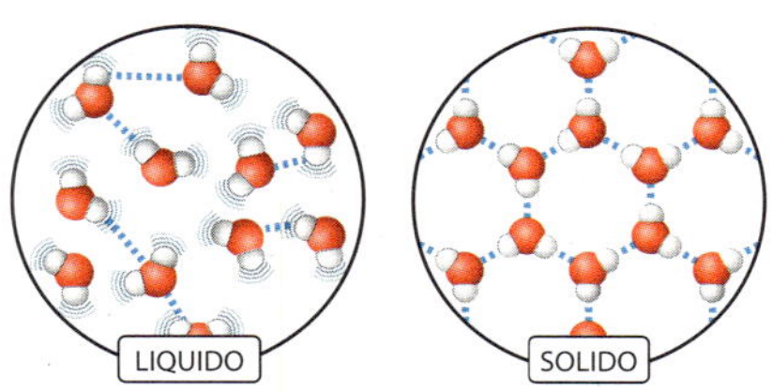

L'acqua come solvente

A causa della polarità delle sue molecole, l'acqua è un ottimo solvente. Le sostanze che si sciolgono bene in acqua sono dette **idrofile**.

I **sali** sono composti ionici, formati da ioni positivi e negativi organizzati nei reticoli cristallini. Le molecole d'acqua polari riescono a separare questi ioni e li portano in soluzione.

Le **sostanze polari** si sciolgono in acqua in due modi diversi.

Le molecole polari che **non si dissociano** restano integre in soluzione e si formano legami a idrogeno con le molecole d'acqua (per esempio, glucosio e saccarosio).

Le molecole polari come quelle di **acidi** (HCl) e **basi** ($NaOH$) vengono **ionizzate**, si scindono in ioni positivi e negativi. Anche le molecole d'acqua si ionizzano in ioni H^+ e ioni OH^-.

Le soluzioni acquose e il pH

Nell'acqua pura la concentrazione di ioni H^+ è uguale alla concentrazione di ioni OH^-.

In una soluzione si possono avere tre casi:

- se gli ioni H^+ superano in numero quelli OH^- si ha una **soluzione acida**;
- se gli ioni OH^- superano in numero quelli H^+ si ha una **soluzione basica**;
- se vi è un'uguale concentrazione di ioni H^+ e OH^- si ha una **soluzione neutra**, come l'acqua pura.
- La **scala del pH** permette di valutare se una soluzione è acida, basica o neutra. Se il **pH** < 7 la soluzione è **acida**, se il **pH** > 7 è **basica**, se il **pH** $= 7$ è **neutra**.

Per rilevare il grado di acidità di una soluzione si usano gli indicatori, tra cui la **cartina al tornasole**.

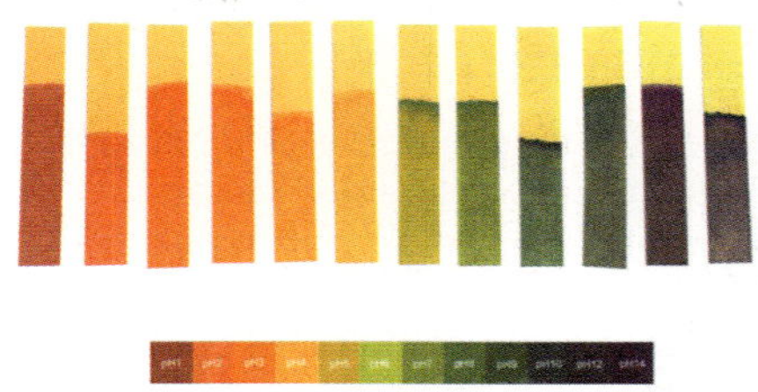

VERIFICA LE TUE CONOSCENZE

ZTE ONLINE

Rispondi alle domande.

1. Che cos'è l'idrosfera e quali sono i suoi serbatoi?

2. Se una molecola contiene solo legami covalenti non polari può essere polare?

3. Descrivi le condizioni che consentono di avere un legame a idrogeno.

4. Vero o falso?

a) La densità di un liquido dipende dalla forza di coesione tra le molecole. V F

b) Il ghiaccio galleggia sull'acqua grazie alla tensione superficiale. V F

c) I liquidi volatili hanno bassa tensione di vapore. V F

5. Indica per ogni affermazione se si riferisce alla tensione superficiale, alla capillarità, all'evaporazione o alla solidificazione.

a) È il passaggio di stato che richiede sottrazione di calore.

b) È il risultato dell'azione combinata di coesione e adesione.

c) Fa assumere alle gocce d'acqua una forma sferica.

d) L'acqua sale attraverso i piccoli spazi di una carta assorbente.

e) Permette agli insetti di camminare sull'acqua.

Barra il completamento esatto.

6. A causa del fenomeno di capillarità l'acqua sale tanto più dentro un tubicino di vetro quanto più il tubo

A è alto.

B ha un diametro piccolo.

C ha un diametro grande.

D ha lo spessore del vetro sottile.

7. Le forze di coesione dell'acqua

A dipendono dalla natura dei legami covalenti.

B dipendono dai legami a idrogeno.

C permettono all'acqua di bagnare le superfici di vetro.

D determinano la polarità dell'acqua.

8. Un elettrolita è una sostanza che

A si discioglie in acqua liberando molecole.

B conduce la corrente elettrica.

C libera ioni quando fonde.

D rende conduttrice di elettricità la soluzione acquosa in cui si è sciolto.

9. Non può essere considerato un elettrolita

A un acido.

B un alcol.

C un sale.

D una base.

10. In seguito al processo di ionizzazione, l'acqua

A dissocia in ioni i soluti in essa presenti.

B ha parte delle sue molecole dissociate in ioni idronio e ossidrili.

C modifica il suo pH a causa di una notevole presenza di ioni H+.

D si dissocia permanentemente in ioni idronio e ossidrili.

11. Una soluzione è neutra

A se la misura del suo grado di acidità presenta un pH inferiore a 7.

B quando la concentrazione dei suoi ioni H+ è uguale a quella degli ioni OH^-.

C nel caso in cui sia le molecole del solvente sia quelle del soluto siano polari.

D quando tutte le sue molecole sono collegate tra loro da legami a idrogeno.

12. Vero o falso?

a) Un reticolo cristallino è una sequenza di molecole d'acqua allo stato solido. V F

b) Grazie alla sua polarità, l'acqua scinde facilmente le molecole polari. V F

c) Un acido fa aumentare in una soluzione la concentrazione degli ioni H^+. V F

13. Completa le frasi.

a) In una soluzione è detta .... la sostanza che tende a dissociarsi nei suoi ioni.

b) La quantità di calore che serve per fondere 1 g di ghiaccio a 0 °C è chiamata ....

c) La .... è una forza che tende a raggruppare le molecole d'acqua nella parte che si trova a contatto con l'aria.

14. Metti in relazione i termini (lettere) con le loro definizioni (numeri).

A tensione superficiale

B evaporazione

C calore latente di vaporizzazione

D capillarità

E densità

1. formazione di una «pellicola» elastica sulla superficie dell'acqua
2. misura il rapporto tra la massa di un corpo e il suo volume
3. le molecole d'acqua possono risalire lungo un foglio di carta assorbente
4. passaggio di stato che prevede un periodo a temperatura costante
5. energia termica necessaria per passare dallo stato liquido a quello di gas

Rispondi alle domande.

15. Spiega la differenza tra reazione di dissociazione ionica e reazione di ionizzazione. Riporta un esempio di ciascun caso.

16. Quali sono i valori che può assumere il pH di una soluzione e in quali condizioni?

17. Quali sono le caratteristiche di una soluzione tampone?

18. Per quale motivo le soluzioni tampone sono importanti per gli organismi viventi?

19. A che cosa serve la cartina al tornasole?

VERIFICA LE TUE ABILITÀ

Rispondi alle domande.

20. **Confronta la struttura del diossido di carbonio con quella dell'acqua.**

....

21. **Scrivi la formula di un composto in cui siano presenti legami a idrogeno.**

....

22. **La temperatura di 2 kg di acqua passa da 15 °C a 45 °C. Quanto calore è stato assorbito dalla massa d'acqua?**

60000

23. **La temperatura di 50 g di acqua, che hanno assorbito 1000 cal, è di 50 °C. Qual era la temperatura iniziale?**

30 °C

24. **Perché le idrometre, gli insetti che «camminano sull'acqua», sono minacciate dall'eccesso di uso di detersivi nelle aree circostanti il bacino su cui vivono?**

A CAUSA DEGLI AGENTI SCHIUMOGENI

25. **Barra il completamento esatto.**
Al crescere della temperatura

- A la tensione di vapore e la tensione superficiale aumentano
- B la tensione superficiale e la viscosità aumentano
- C la tensione di vapore aumenta e la viscosità e la tensione superficiale diminuiscono
- D tensione di vapore, tensione superficiale e viscosità sono proprietà intensive che non variano con la temperatura

26. **Rispondi alla domanda.**
Rappresenta con un disegno uno ione idratato $Na^+_{(aq)}$ e uno ione idratato $Cl^-_{(aq)}$. Specifica l'orientamento delle molecole di acqua.

....

27. **Barra il completamento esatto.**
Quando un soluto si scioglie in un solvente

- A si rompono soltanto i legami tra le particelle di soluto
- B si rompono soltanto i legami tra le particelle di solvente
- C si formano nuovi legami tra le particelle di soluto e quelle di solvente
- D si formano legami soluto-solvente più deboli dei legami soluto-soluto.

Rispondi alle domande.

28. **Quando si immerge in acqua un capillare di vetro, il livello dell'acqua all'interno del capillare diventa superiore al livello esterno. Puoi spiegare questo fenomeno attraverso interazioni microscopiche fra l'acqua e il vetro?**

....

29. **Una soluzione che hai preparato in laboratorio è stata testata con la cartina al tornasole e hai ottenuto il risultato mostrato in figura.**

Che cosa puoi affermare riguardo al contenuto di ioni H^+ e OH^- nella soluzione? Come definisci questa soluzione, acida, basica o neutra?

Nella soluzione gli ioni OH^- sono in maggior numero rispetto a quelli H^+ quindi la soluzione è BASICA

30. **Barra la risposta esatta.**
Considera le seguenti affermazioni.

1) Una soluzione con pH < 7 è acida.
2) Il pH aumenta all'aumentare della basicità.
3) In una soluzione neutra il pH è nullo.
4) Una soluzione basica può avere pH = 6.
5) Una soluzione con pH = 5 è meno acida di una con pH = 2.

Quali sono vere?

- A 1, 2, 5
- B 1, 2, 3
- C 1, 2, 4
- D 1, 4, 5

SOLUZIONE ELETTROLITICA

31. **Barra il completamento esatto.**
Se un composto molecolare, sciogliendosi in acqua, dà origine a una soluzione che conduce la corrente elettrica, si può dire che

- A le molecole in soluzione sono dei dipoli.
- B le molecole polari, a contatto con l'acqua, danno origine a ioni.
- C le molecole, vinte le forze attrattive reciproche, si spostano versi i poli + e –.
- D nessuno dei precedenti completamenti è vero.

UNITUTOR
VERSO L'UNIVERSITÀ

32. **Indicare a quale dei seguenti valori del pH (tutti a 25 °C) si ha la massima concentrazione di ioni H⁺**

- A 6,6
- B 3,5
- C 3,11
- D 6,12
- E 8,13

[test di ingresso a Medicina 2007–08]

TEST YOURSELF

Answer the following questions.

33. **Determine the shape of Br_2 and HBr. Which molecule is more polar and why?**

HBr perché l'atomo Br ha più elettronegatività

34. **Give one reason why water molecules are attracted to each other.**

....

35. **What forces hold together the ions in an ionic compound?**

....

VERSO L'ESAME: LE TUE COMPETENZE

SCHEMATIZZA

36. Considera la seguente tabella che raccoglie i risultati di alcune prove condotte su soluzioni acquose di soluti diversi a uguale concentrazione.

Soluto	Conducibilità elettrica	Colore indicatore universale
A	elevata	rosso
B	modesta	rosso
C	elevata	invariato
D	nulla	invariato
E	elevata	blu

SPIEGA

37. Perché un ago di acciaio galleggia in un bicchiere colmo d'acqua? Spiega poi perché alcune gocce di tensioattivo aggiunte nel bicchiere fanno affondare l'ago.

RICERCA

38. Gli smacchiatori liquidi sono miscele di solventi organici (benzina, percloroetilene ecc.) molto efficaci per sciogliere alcuni tipi di macchie. Su un tessuto ci sono alcune macchie di grasso e altre di zuccheri e amidi. Ricerca in rete il nome e le caratteristiche chimiche degli smacchiatori presenti in commercio e rispondi:

a) Su quali macchie utilizzeresti gli smacchiatori apolari?

b) Con quale solvente potresti eliminare le altre macchie?

c) Spiega brevemente i motivi delle tue scelte.

INTERPRETA

39. Un miscuglio è certamente omogeneo se si uniscono

a) due sostanze qualsiasi

b) l'acqua e un qualunque composto

c) un cristallo ionico e un solvente apolare

d) un cristallo molecolare apolare e un solvente apolare.

INTERPRETA

40. Considera le soluzioni acquose schematizzate nella figura sottostante

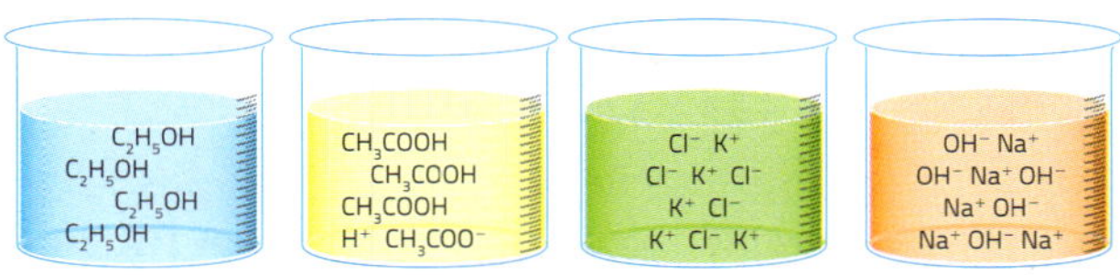

a) Quali conducono la corrente elettrica?

b) Quale soluzione non è né acida né basica?

c) In quale caso il soluto è un non elettrolita?

RAGIONA

41. Perché le gocce d'acqua sono sferiche?

RAGIONA

42. Se la molecola dell'acqua avesse una forma lineare sarebbe ancora polare? Perché?

CONFRONTA

43. In un tubicino di vetro risale di più l'acqua o l'alcol etilico? (Ricorda che l'acqua è più polare dell'alcol).

CONFRONTA

44. In un materiale allo stato solido le forze di coesione prevalgono sull'agitazione termica.

a) In un liquido quali forze di coesione prevalgono?

b) E in un aeriforme?

IPOTIZZA

45. Prova a ipotizzare se l'acido solfidrico, H_2S, forma oppure no legami a idrogeno. Motiva la tua risposta.

IPOTIZZA

46. Avvicinando una bacchetta carica elettricamente a un filo di alcol etilico (CH_3CH_2OH) lasciato scorrere da una beuta si può osservare come il campo elettrico della bacchetta orienta le molecole polari del liquido. La stessa bacchetta non ha invece alcun effetto su un solvente apolare come la benzina. Alcol etilico e benzina miscelati insieme formano però un miscuglio omogeneo.

Sai ipotizzare una spiegazione per il comportamento dell'alcol etilico in base alla sua struttura e al tipo di legami che può formare?

CALCOLA

47. La temperatura di 100 g di acqua passa da 30 °C a 20 °C.

a) Quanti joule e quante kilocalorie si liberano?

b) È diverso il valore dell'energia liberata se l'intervallo di temperature va da 90 °C a 80 °C?

c) Che cosa cambia se il passaggio avviene da 20 °C a 30 °C?

Capitolo

7 La chimica del carbonio

1 I composti organici e le loro caratteristiche

Proteine, *carboidrati*, *grassi*, *DNA*, *enzimi* e *ormoni* sono solamente alcuni dei termini che indicano sostanze prodotte ed elaborate dagli organismi viventi. Pur differenziandosi per il grado di complessità, essi sono tutti esempi di **biomolecole**. Le biomolecole fanno parte dei cosiddetti *composti organici*.

Per **composto organico** si intende un qualsiasi composto del carbonio che contiene anche idrogeno e, talvolta, altri elementi come ossigeno e azoto.

Esistono solo pochissime eccezioni a questa definizione, come nel caso delle seguenti sostanze che, pur essendo composti del carbonio, sono considerate composti inorganici: CO, CO_2, H_2CO_3, CN^-, CO_3^{2-} o HCO_3^-.

La grande varietà di composti organici a cui dà luogo il **carbonio** dipende dalla sua particolare natura; infatti:

1. la presenza di quattro elettroni nello strato di valenza permette agli atomi di carbonio di collegarsi tra loro, tramite la condivisione di una, due o tre coppie di elettroni:

–C–C–C–C–	–C=C–	–C≡C–
legami semplici	legame doppio	legame triplo

2. Gli atomi di carbonio possono formare catene anche molto lunghe, lineari, ramificate e chiuse ad anello.
3. Gli atomi di carbonio possono legarsi covalentemente con tutti i non metalli e con molti metalli.
4. Lungo le catene di atomi di carbonio (catene o scheletri carboniosi) si possono legare gruppi con atomi di elementi diversi, chiamati **gruppi funzionali.**

Gli isomeri: stessa formula ma diverse molecole

A causa dell'enorme facilità con cui gli atomi di carbonio si possono concatenare tra loro in tanti modi diversi, spesso si verifica che, a parità del numero di atomi di carbonio e di idrogeno, due molecole organiche abbiano la stessa formula bruta ma presentino una diversa formula di struttura. Questo fenomeno è detto **isomeria** ed è molto comune nel mondo dei composti organici.

Gli isomeri sono, in generale, composti che hanno la stessa formula bruta ma che differiscono per il modo in cui gli atomi sono legati fra loro o sono disposti nello spazio.

Le parole

L'aggettivo *organico* ha origini storiche: inizialmente, infatti, gli scienziati pensavano che i composti organici fossero caratterizzati da una forza vitale intrinseca. La teoria vitalistica fu abbandonata a partire dal 1828 quando l'urea, un componente dell'urina, fu sintetizzata a partire da sostanze del mondo minerale.

Guardiamo l'esempio della **figura 1**: alla formula grezza C_4H_{10} corrispondono due distinte molecole, una a catena lineare e l'altra a catena ramificata.

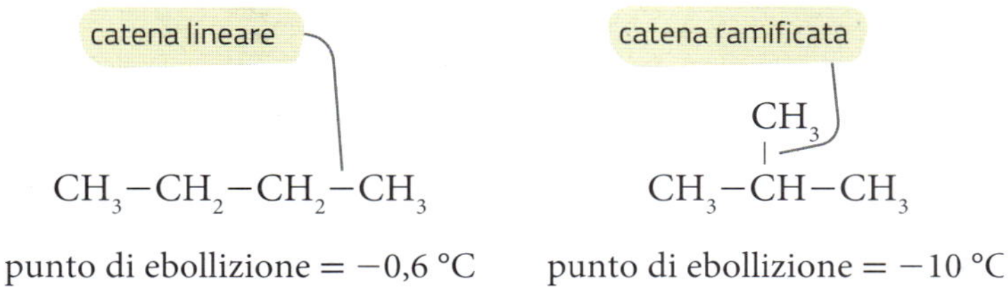

◂ **Figura 1**
Due isomeri: n-butano (C_4H_{10}) e 2-metilpropano (C_4H_{10}).

L'isomeria si distingue in due categorie principali: *isomeria di struttura* e *stereoisomeria*.

Negli isomeri di struttura, gli stessi atomi sono legati in modo diverso. All'aumentare del numero di atomi di carbonio, aumenta il numero di isomeri possibili (**tabella 1**); al composto C_5H_{12}, per esempio, corrispondono tre diversi isomeri.

Gli **isomeri di struttura** presentano strutture molecolari completamente diverse.

Negli *isomeri di catena* varia per esempio il modo di concatenarsi degli atomi di carbonio, come i due composti della **figura 1**.

Negli *isomeri di posizione*, varia per esempio la posizione dei legami multipli e dei gruppi funzionali, come nel caso dell'atomo di ossigeno presente nel composto C_3H_7OH che può legarsi all'uno o all'altro carbonio della catena:

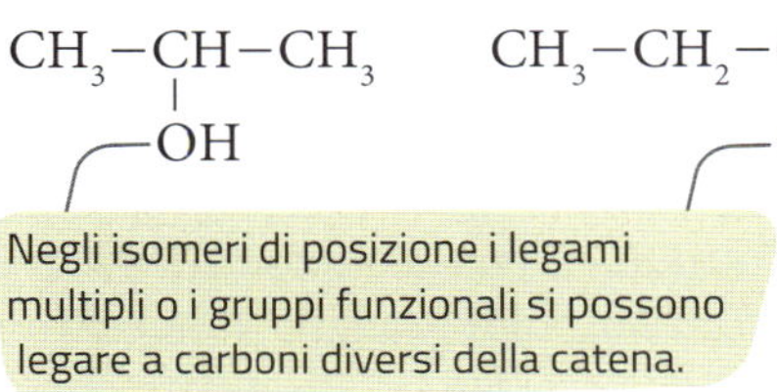

Formula	Numero di isomeri
C_4H_{10}	2
C_5H_{12}	3
C_6H_{14}	5
C_7H_{16}	9
C_8H_{18}	18
C_9H_{20}	35
$C_{10}H_{22}$	75
$C_{15}H_{32}$	4347
$C_{20}H_{42}$	366 319

◂ **Tabella 1**
Numero di isomeri di alcuni idrocarburi saturi.

Negli *isomeri di gruppo funzionale* cambia proprio il gruppo funzionale stesso. Nell'esempio precedente, l'atomo di ossigeno potrebbe inserirsi tra due atomi di carbonio e originare, a parità di formula grezza, una struttura ancora diversa:

$$CH_3{-}CH_2{-}O{-}CH_3$$

Gli **stereoisomeri** invece hanno la stessa struttura generale, ma una diversa disposizione dei vari gruppi atomici nello spazio, come nel caso dell'isomeria geometrica (o cis-trans) e dell'isomeria ottica.

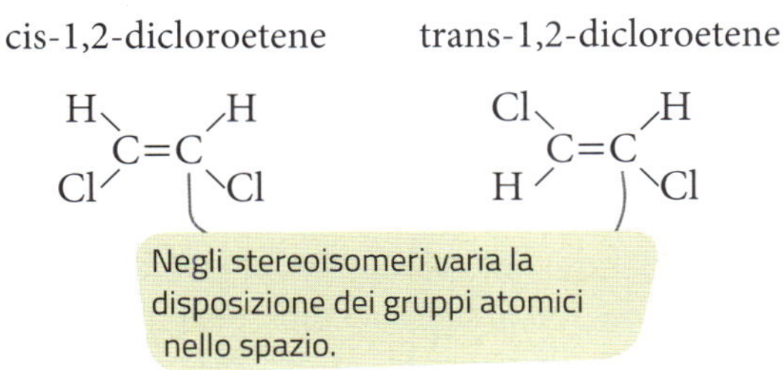

L'*isomeria ottica* è molto comune nelle molecole biologiche. L'acido lattico, per esempio, è una molecola organica con un atomo di carbonio che lega a sé un H, un gruppo CH_3, un gruppo OH e un gruppo COOH (**figura 2**). Ciascuna è l'immagine speculare dell'altra ed è una molecola diversa perché, comunque la si ruoti nello spazio, non è sovrapponibile a quella originale. Le due molecole si dicono **chirali**.

Le parole

Chirale è un aggettivo che deriva dal greco *kheir*, «mano», e si riferisce a tutti gli oggetti privi di simmetria interna, come mani e piedi, viti, conchiglie, guanti, e che per questo motivo non sono sovrapponibili alla loro immagine speculare, cioè riflessa in uno specchio. La denominazione **isomeri ottici** deriva invece dalla proprietà di questi isomeri di deviare la luce polarizzata che li attraversa di uno stesso angolo ma in direzioni opposte.

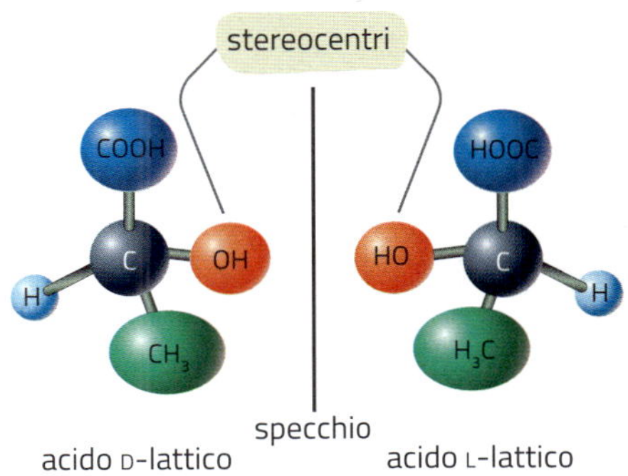

▴ **Figura 2**
I due isomeri ottici dell'acido lattico.

Facciamo il punto

1. Quali sono i criteri generali per distinguere un composto organico da un composto inorganico?
2. Per quale motivo il carbonio può formare legami semplici, doppi e tripli?
3. Quale caratteristica hanno due composti isomeri?
4. Come si possono distinguere tra loro due isomeri ottici?

2 Gli idrocarburi

Le molecole organiche più semplici sono gli idrocarburi. Gli **idrocarburi** sono composti binari formati soltanto da carbonio e idrogeno.

Si tratta di composti presenti in grande quantità nei giacimenti petroliferi: sono quindi una fonte primaria sia di sostanze combustibili sia di materia prima per la produzione di materiali plastici.

Gli idrocarburi si classificano in *alifatici* e *aromatici*. Gli **idrocarburi alifatici** sono molecole costituite da catene di atomi di carbonio lineari (sia aperte sia chiuse) o ramificate, come alcani e cicloalcani. Gli **idrocarburi aromatici** presentano invece una struttura ciclica particolarmente stabile che, come vedremo, ha proprietà del tutto specifiche.

Alcani e **cicloalcani** sono idrocarburi saturi; «saturo» indica che ogni atomo di carbonio lega il numero massimo possibile di atomi diversi, cioè quattro.

Gli idrocarburi saturi sono costituiti da catene di atomi di carbonio uniti soltanto da legami semplici.

A colpo d'occhio

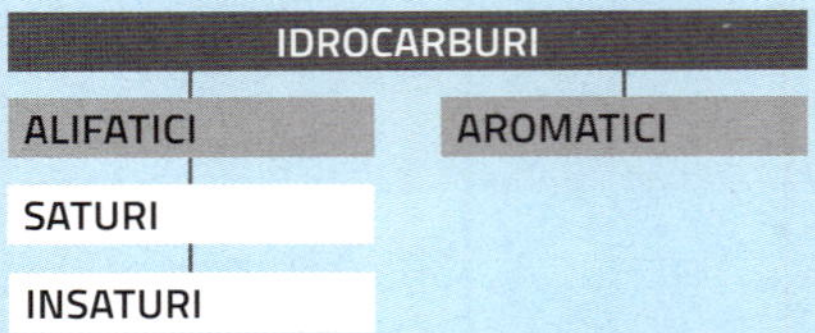

Alcani e cicloalcani sono idrocarburi saturi

Il più semplice degli alcani è il **metano**, CH_4. I quattro atomi di idrogeno circondano l'atomo di carbonio: la struttura è perfettamente tetraedrica con angoli di legame di 109,5° (**figura 3**).

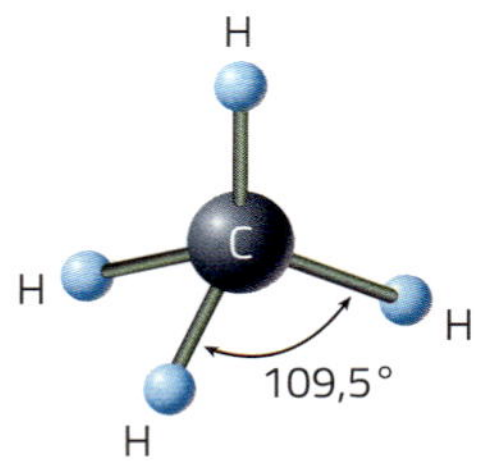

▲ **Figura 3**
La struttura del carbonio è tetraedrica con angoli di legame di 109,5°.

Le parole

Il **tetraedro** è un solido regolare che possiede 4 facce triangolari equilatere. La forma tetraedrica del metano è ottenuta ponendo il carbonio al centro del tetraedro e i quattro atomi di idrogeno ai 4 vertici.

Per ottenere le formule degli alcani successivi al metano, contenenti un numero di atomi di carbonio progressivamente crescente, si può immaginare di togliere un idrogeno legato all'ultimo carbonio e sostituirlo con un gruppo $-CH_2$. In questo modo si ottengono l'etano, poi il propano, il butano e così via. Come puoi osservare dall'immagine di **figura 4**, ogni termine differisce dal precedente e dal successivo per un gruppo $-CH_2$. A causa di questa differenza gli alcani costituiscono una *serie omologa*. Una **serie omologa** è una serie di composti in cui ciascun termine differisce dal successivo di una unità costante.

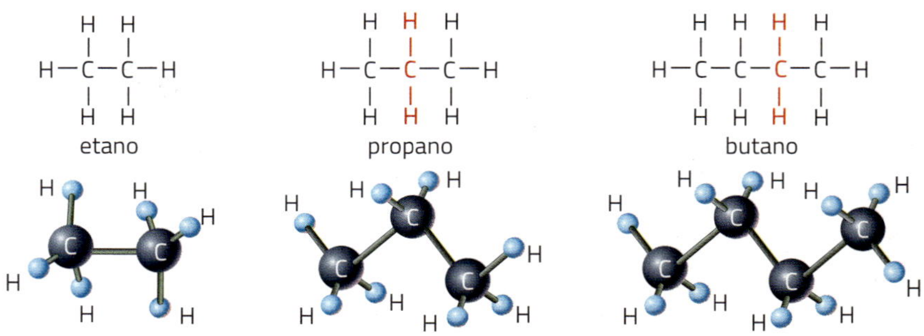

▶ **Figura 4**
Strutture di Lewis e modelli molecolari di etano, propano e butano.

La formula generale degli alcani è C_nH_{2n+2} (n = numero intero). Il nome degli alcani con n superiore a 4 si attribuisce unendo il *prefisso*, secondo la numerazione greca, che indica il numero di atomi di C, al *suffisso* «-ano»: pentano, esano, ettano e così via.

Per rappresentare in modo semplice gli idrocarburi, si ricorre alle strutture di Lewis in due dimensioni. Una rappresentazione ancora più schematica si ha con le cosiddette **formule condensate**:

CH_4 metano	CH_3-CH_3 etano	$CH_3-CH_2-CH_3$ propano
$CH_3-CH_2-CH_2-CH_3$ butano	$CH_3-CH_2-CH_2-CH_2-CH_3$ pentano	

Le formule possono essere ulteriormente semplificate se si rappresenta con una linea spezzata soltanto lo scheletro carbonioso della molecola (**formule topolo-**

giche o **scheletro**): a ogni vertice corriponde un atomo di carbonio e a ogni segmento un legame C–C. In queste rappresentazioni, gli idrogeni sono sottintesi.

propano butano pentano

In questo modo, si nota che la catena lineare di atomi di carbonio è, in realtà, a zig-zag, perché gli angoli di legame sono di 109,5°.

A partire dal propano, è possibile richiudere la catena di atomi di carbonio; si forma così il corrispondente **cicloalcano**. La chiusura della catena comporta la perdita di due atomi di idrogeno (uno per ciascuno dei due atomi di carbonio che devono unirsi tra loro). La formula generale dei cicloalcani è C_nH_{2n}.

I principali termini della serie omologa in formula condensata e scheletro sono:

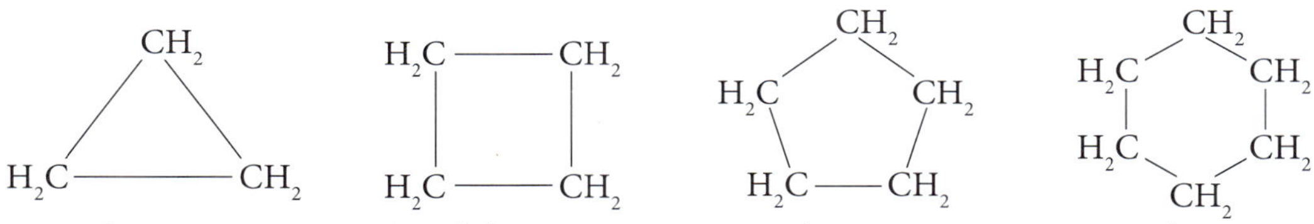

ciclopropano ciclobutano ciclopentano cicloesano

Il cicloesano ha una struttura spaziale interessante che si ritrova in alcuni zuccheri semplici. Essa può flettersi assumendo due diverse conformazioni spaziali: quella **a sedia** e quella **a barca** (**figura 5**).

Gli atomi di idrogeno assumono *disposizione assiale*, ossia parallela all'asse della molecola, oppure *disposizione equatoriale*, cioè a raggiera intorno al perimetro della molecola. La conformazione a sedia è più stabile perché gli atomi di idrogeno della molecola sono più distanti tra loro. In questo modo le forze repulsive tra gli elettroni degli atomi risultano minime.

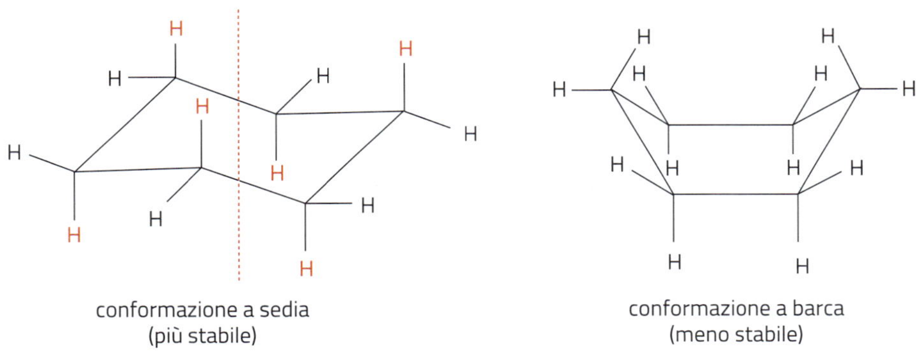

◄ **Figura 5**
Le conformazioni a sedia e a barca del cicloesano. In rosso sono evidenziati gli idrogeni assiali.

Alcheni e alchini sono idrocarburi insaturi

Gli **alcheni** sono idrocarburi alifatici che presentano nella propria molecola un doppio legame carbonio-carbonio. Gli **alchini**, invece, presentano un triplo legame carbonio-carbonio. Il più semplice idrocarburo della serie degli alcheni è l'**etene** (o *etilene*), mentre degli alchini è l'**etino** (o *acetilene*) (**figura 6**):

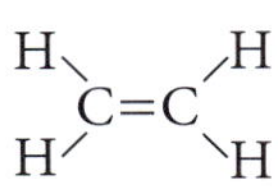

$H-C\equiv C-H$

etene etino

Ciascuno dei due atomi di carbonio coinvolti nel legame multiplo non è legato a quattro atomi (come negli alcani), ma soltanto a tre negli alcheni e a due negli alchini. Alcheni e alchini sono detti *idrocarburi insaturi* proprio perché possiedono atomi di carbonio che non hanno «saturato» la propria capacità di legame a causa dei legami multipli.

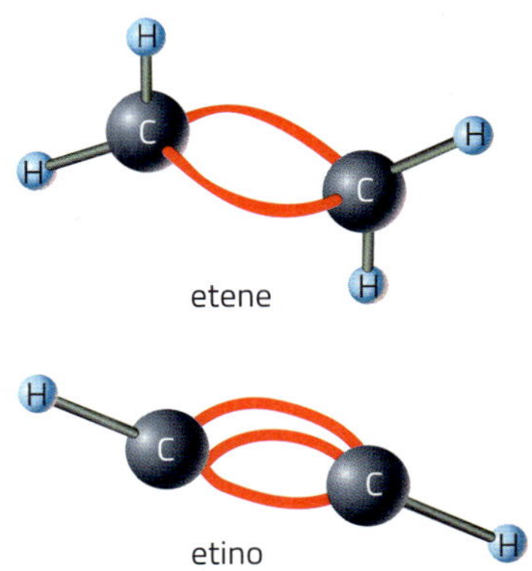

▲ **Figura 6**
Struttura dell'etene e dell'etino.

Gli idrocarburi aromatici hanno una particolare struttura elettronica

Il termine *aromatico* che contraddistingue questa classe di idrocarburi è dovuto al caratteristico odore dei primi composti isolati. Oggi, il termine «aromatico» indica una stabilità chimica piuttosto elevata, che deriva dalla particolare struttura elettronica di questi idrocarburi.

Il principale esponente degli idrocarburi aromatici è il **benzene**, C_6H_6, di forma esagonale piana. La sua molecola ha tre doppi legami che si fondono insieme ad anello e vengono rappresentati da un cerchio all'interno dell'esagono. Avendo più spazio a disposizione, gli elettroni dei tre doppi legami fusi insieme sono in grado di spostarsi facilmente intorno alla molecola esagonale (sono cioè delocalizzati). Questa particolarità conferisce ai composti aromatici una grande stabilità. La sua struttura si può rappresentare in diverso modo, come mostrato nella **figura 7**.

L'accertata tossicità verso gli esseri viventi, uomo compreso, rende gli idrocarburi aromatici e i loro derivati sostanze altamente pericolose: essi rappresentano infatti uno tra i più gravi rischi da inquinamento chimico ambientale.

Ti ricordi?

Si dice **stabile** una sostanza chimica che non presenta reattività chimica, quindi non reagisce facilmente.

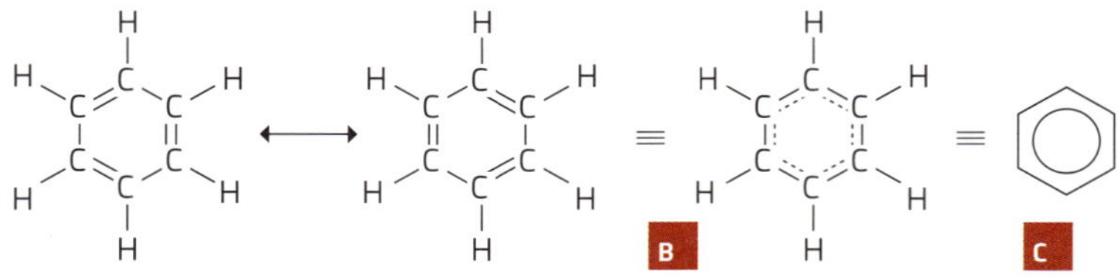

A B C

▸ **Figura 7**
Il benzene si può rappresentare con diversi tipi di formule. (A) Due formule in cui i tre doppi legami sono posizionati su atomi differenti; (B) una formula in cui i legami sono diffusi su tutto l'anello e rappresentati con una linea tratteggiata interna esagonale (C) una formula scheletro con un anello al centro indicante i tre legami doppi fusi tra loro.

1 - Per saperne di più

Il carbonio nello spazio

A partire dagli anni Settanta del secolo scorso è stato possibile scoprire la composizione chimica del **mezzo interstellare**, lo spazio che c'è tra le stelle. L'analisi chimica è stata compiuta con i radiotelescopi e più recentemente anche attraverso gli strumenti a bordo delle sonde interplanetarie, che hanno dimostrato come nel cosmo vi sia presenza di una grande varietà di molecole organiche ricche di carbonio, anche molto complesse: sono state individuate oltre 120 tipi di molecole diverse, molte delle quali appartenenti alla classe degli idrocarburi aromatici policiclici, formati da molti anelli benzenici (**figura A**).

La sonda ROSETTA nel 2014 ha raggiunto la cometa 67P (**figura B**) e vi ha scoperto una grande abbondanza di questi composti. La cometa 67P è un oggetto molto antico del nostro sistema solare ed è per questo molto prezioso, perché contiene informazioni sulle condizioni primordiali del sistema solare risalenti a oltre 4 miliardi di anni fa. Questi ritrovamenti sono la prova che le molecole alla base della vita erano presenti nel sistema solare già dai suoi albori e probabilmente sono giunti sulla Terra con gli impatti meteoritici. Un indizio molto importante per comprendere che la vita sulla Terra si è formata utilizzando mattoni chimici già presenti tra le stelle.

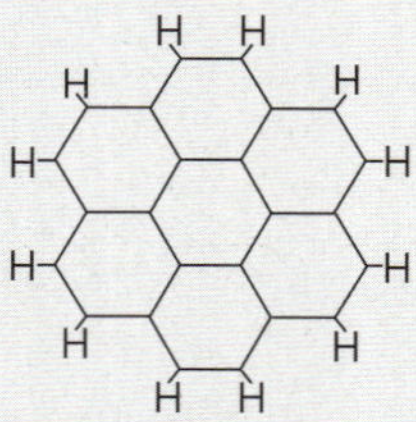

coronene
$C_{24}H_{12}$

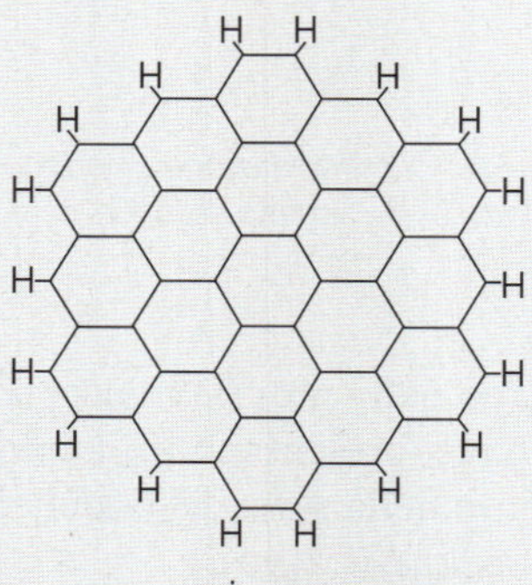

circumcoronene
$C_{54}H_{18}$

▴ **Figura A**
Esempi di idrocarburi aromatici policiclici rinvenuti nel mezzo interstellare. Ogni esagono rappresenta un anello aromatico.

▴ **Figura B**
La cometa 67P, dalla strana forma a scarpone.

Facciamo il punto

1. Che cosa sono gli idrocarburi?
2. Da che cosa dipende il fatto che un idrocarburo sia saturo o insaturo?
3. Come si ottiene una formula scheletro per un cicloalcano?
4. Quali sono i primi 6 termini della serie omologa degli alcani?
5. Perché la conformazione a sedia è più stabile di quella a barca?
6. Da che cosa dipende la stabilità chimica del benzene?

3 I gruppi funzionali e i polimeri

Alcani e cicloalcani presentano solo legami singoli e sono idrocarburi molto stabili. La presenza di legami multipli lungo la catena rende gli idrocarburi più reattivi. Poiché i gruppi –C=C– e –C≡C– costituiscono il centro di reattività delle molecole nelle quali sono presenti, sono detti **gruppi funzionali**. Il resto della catena, che conserva la sua struttura originaria, è detto **scheletro molecolare** e viene indicato genericamente con la lettera R.

Oltre agli idrocarburi esistono composti organici in cui la catena carboniosa è legata ad altri gruppi funzionali formati da atomi singoli, come per esempio gli alogeni (–X), oppure da gruppi di atomi con o senza carbonio, come –COOH e –OH, e gruppi contenenti azoto come NH_2. Le molecole che contengono un medesimo gruppo funzionale appartengono a una stessa classe di composti organici.

Un **gruppo funzionale** è un atomo o un gruppo di atomi che conferisce una particolare reattività alla molecola organica di cui fa parte.

Nella **tabella 2** sono riportate le formule generali dei più importanti gruppi funzionali e il nome delle relative classi di composti.

Nella vita di tutti i giorni, incontriamo moltissimi composti organici contenenti gruppi funzionali. Gli odori di piante e fiori sono conferiti da aldeidi e chetoni, i gruppi amminico e carbossilico sono contenuti in molecole che compongono alcuni tipi di farmaci. In alcuni casi, questi composti hanno purtroppo rilevato anche la loro tossicità, come nel caso degli alogenuri organici contenuti in alcuni pesticidi.

▼ **Tabella 2**
Alcune importanti classi di composti e relativi gruppi funzionali. Con R viene indicata la catena carboniosa. Tra parentesi sono riportati i nomi di uso comune.

	Classe	Formula generale	Gruppo funzionale e classe	Esempio di molecola	Nome (la parte caratteristica del nome è in rosso)	Esempi nella vita quotidiana
Gruppi contenenti alogeni	alogenuri	R–X	(–X) alogenuro	CH_3–Cl	cloro metano	Nei correttori per penne sono contenuti alogenuri organici.
Gruppi contenenti ossigeno	alcoli	R–OH	(–OH) ossidrile	CH_3–CH_2–OH	etan olo	Gli alcoli sono presenti nel vino, nella birra e nei liquori.
	eteri	R–O–R′	(–O–) etere	CH_3–O–CH_3	dimetil etere	Gli eteri venivano utilizzati in medicina come anestetici.
	aldeidi	R–CHO	(–C(=O)–) carbonile	CH_3–C(=O)H	etan ale (acetaldeide)	La formalina, una soluzione di formaldeide, era utilizzata per conservare organi ai fini degli studi anatomici.
	chetoni	R–CO–R′	(–C(=O)–) aldeico	(CH_3)(CH_3)CO=O	propan one (acetone)	L'acetone è un chetone presente nei solventi per le unghie
	acidi carbossilici	R–COOH	–C(=O)OH chetonico	CH_3–C(=O)OH	acido etan oico (acido acetico)	L'aceto che usiamo per condire i cibi è un esempio di un acido carbossilico.
	esteri	R–COOR′	(–COO–) estere	CH_3–C(=O)–O–CH_3	etan oato di metile (acetato di metile)	Esteri molto comuni sono i saponi e le sostanze che profumano frutta e fiori.
Gruppi contenenti azoto	ammidi	R–CO–NH_2	(–C(=O)–N(H)–) ammidico	CH_3–C(=O)NH_2	etan ammide (acetammide)	Molti medicinali sono ammidi (per esempio gli antipiretici per abbassare la febbre).
	ammine	R–NH_2	(–NH_2) amminico	CH_3–NH_2	metil ammina	Il cattivo odore che sprigiona il pesce in putrescenza è causato dalla formazione di ammine.

I polimeri si ottengono per unione di molecole organiche semplici

I composti organici naturali sono stati utilizzati nell'industria chimica come veri e propri «mattoni» per la costruzione di molecole molto più complesse, che hanno trovato largo impiego nei più disparati settori. Si tratta dei cosiddetti *polimeri*, ossia lunghe catene, chiamate anche *macromolecole*.

Il termine **polimero** indica una molecola di massa molecolare elevata, costituita da un insieme di centinaia o migliaia di unità chimiche più semplici legate tra loro da legami covalenti. Le macromolecole si ottengono da molecole a basso peso molecolare, i **monomeri**, che presentano ciascuno uno o più gruppi funzionali in grado di reagire tra loro.

I polimeri si distinguono in *naturali* (come la gomma e la cellulosa) e di *sintesi*; questi ultimi vengono prodotti utilizzando monomeri estratti dal petrolio, dal carbone o dal gas naturale. I polimeri di sintesi sono numerosissimi e vanno a costituire in percentuale rilevante indumenti, veicoli, mobili, parti strutturali nelle abitazioni e molti altri materiali di uso quotidiano.

Le parole

Monomero e **polimero** derivano dal greco *méros*, «parte», preceduto dai prefissi *mònos*, «uno, solo» oppure *polys*, «molto».

A colpo d'occhio

POLIMERI
- DI CONDENSAZIONE
- DI ADDIZIONE
- DI SINTESI
- NATURALI

I polimeri possono formarsi per addizione o condensazione

In base alle reazioni di *polimerizzazione*, cioè l'unione tra i monomeri, i polimeri possono essere raggruppati in due classi principali: *polimeri di addizione* e *polimeri di condensazione*. La formazione di polimeri a partire dai monomeri avviene sempre in presenza di opportuni catalizzatori, cioè sostanze che accelerano e facilitano le reazioni.

Le molecole di molti alcheni sono in grado di congiungersi l'una all'altra tramite una reazione di *addizione* al doppio legame carbonio-carbonio che si ripete tantissime volte sino a formare catene di massa enorme. Per formare i **polimeri di addizione** il doppio legame si rompe e le molecole si congiungono l'una con l'altra attraverso legami singoli. L'esempio più semplice di polimero di addizione è il *polietilene* (**figura 8**) di cui sono fatti i tappi di plastica e la pellicola da cucina.

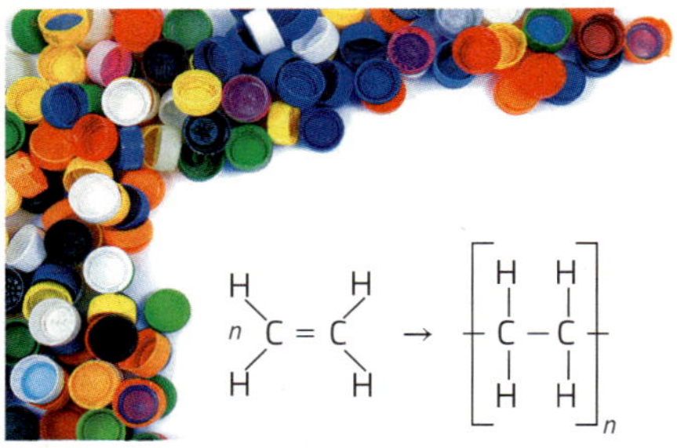

▲ **Figura 8**
I tappi delle bottiglie di plastica sono fatti di polietilene (PE).

Leggi l'approfondimento nell'ebook
Storia della scienza
Giulio Natta

Guarda il video nell'ebook
La chimica in laboratorio
La sintesi del nylon

I **polimeri di condensazione** si ottengono invece dalla reazione tra due diversi gruppi funzionali che, reagendo tra loro, eliminano una molecola di piccole dimensioni, come H_2O, H_2 o HCl. I polimeri di condensazione, pertanto, a differenza di quelli di addizione, contengono meno atomi rispetto ai monomeri di partenza.

Un tipico esempio di polimero di condensazione è il **PET**, o **polietilentereftalato**. Esso è un *poliestere* che si ottiene in laboratorio facendo reagire un acido organico, che contiene due gruppi –COOH, l'acido tereftalico, con il glicole etilenico, che ha due gruppi –OH (**figura 9**).

La reazione è un'esterificazione tra il gruppo –COOH dell'acido e il gruppo –OH del glicole, con eliminazione di una molecola di H_2O. Alle estremità del prodotto così formato restano un gruppo acido e un gruppo alcolico che possono reagire, rispettivamente, con una seconda molecola di glicole e un'altra molecola di acido. La catena si allunga, quindi, da entrambe le estremità e il risultato della reazione è un polimero che viene usato comunemente nella produzione delle bottiglie in plastica.

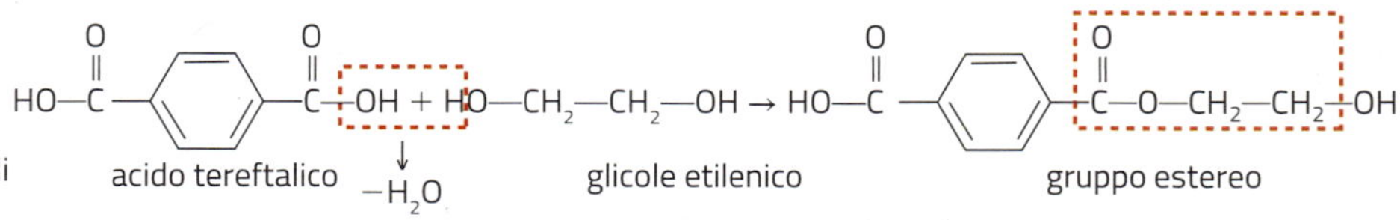

► **Figura 9**
L'acido tereftalico ha due gruppi –COOH opposti, il glicole etilenico ha due gruppi –OH. Reagendo a due a due, con eliminazione di una molecola H_2O, restano liberi ai due lati del polimero che si forma sempre un –COOH e un –OH, permettendogli di allungarsi sempre di più.

Facciamo il punto

1. Che cos'è un gruppo funzionale?
2. Elenca i gruppi funzionali più importanti e abbina a ognuno un esempio di molecola che conosci.
3. Perché i polimeri hanno elevatissima massa molecolare?
4. Qual è la differenza tra i polimeri di addizione e quelli di condensazione?

CHIMICA VERDE

I composti organoclorurati: dal DDT ai pesticidi naturali

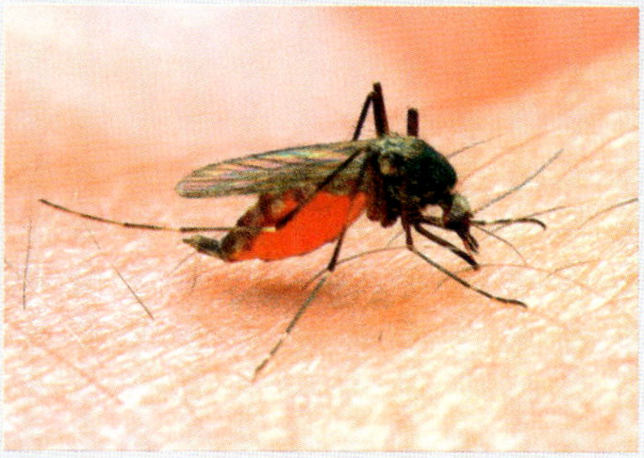

I **composti organici clorurati** sono idrocarburi nei quali è presente almeno un atomo di cloro come sostituente. Possono essere saturi (alchilici), insaturi (alchenilici) o aromatici (arilici).

Questi composti derivano principalmente dalle attività industriali e sono utilizzati come solventi e come fitofarmaci. Con *fitofarmaco* o *agrochemical* si intende ogni sostanza o miscela di sostanze intese a prevenire, distruggere o indebolire insetti, animali o vegetali indesiderabili.

Il primo pesticida moderno utilizzato su larga scala è stato un composto organoclorurato, il *para*-diclorodifeniltricloroetano, chiamato comunemente DDT (**figura A**). Fu sintetizzato per la prima volta nel 1874 da Othmar Zeidler, ma le sue proprietà insetticide furono scoperte soltanto nel 1939 dal chimico svizzero Paul Hermann Müller, che vinse il premio Nobel per la medicina nel 1948 per aver dimostrato l'azione antimalarica del DDT, contribuendo a salvare moltissime vite.

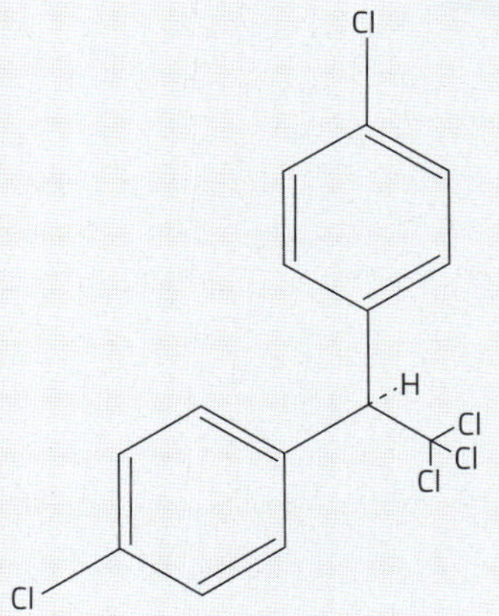

▲ **Figura A**
La struttura del DDT, dicloro-difenil-tricloroetano.

Luci e ombre del DDT

La storia del DDT è alquanto controversa. Prima della sua scoperta i soli insetticidi disponibili erano composti a base di arsenico e composti naturali estratti dalle piante: i primi erano molto tossici per l'organismo umano, mentre i secondi avevano un effetto blando.

Per questo motivo, il DDT apparve subito un insetticida «ideale»: era estremamente tossico per gli insetti e poco (apparentemente) per l'uomo, e aveva un'elevata persistenza, cioè resisteva per lungo tempo alla decomposizione e alla degradazione ambientale.

La persistenza del DDT è dovuta alle sue caratteristiche chimico-fisiche:
- ha una bassa tensione di vapore, di conseguenza evapora molto lentamente;
- presenta una limitata reattività nei confronti della luce e delle sostanze chimiche presenti nell'ambiente;
- ha una bassissima solubilità in acqua;
- risulta solubile nei solventi organici e, in particolare, nei grassi animali.

Se da un lato queste caratteristiche rappresentarono inizialmente un punto di forza, nel corso degli anni ci si rese conto che queste rendevano il DDT un inquinante organico persistente.

Soltanto all'inizio degli anni Sessanta venne sollevato il problema delle conseguenze legate al suo uso massiccio nell'ambiente. A partire dalla Seconda guerra mondiale, il DDT era stato utilizzato in grandi quantità poiché era estremamente efficace contro le zanzare che veicolavano la malaria e contro i pidocchi, che trasmettevano il tifo.

L'Organizzazione Mondiale della Sanità ha stimato che l'uso del DDT contro la malaria ha salvato la vita di oltre cinque milioni di persone.

La pericolosità dei composti organoclorurati è legata ai seguenti fattori:
- **persistenza:** si accumulano progressivamente nell'ambiente perché sono decomposti difficilmente da organismi e/o processi naturali. Il DDT viene decomposto a DDE (dicloro-difenil-dicloroetano) che è un composto ancora più persistente.
- **bioaccumulo:** si accumulano nei tessuti degli organismi viventi e quindi giungono all'uomo attraverso la catena alimentare.
- **tossicità:** si disperdono facilmente in tutti gli ambienti provocando un forte impatto ambientale.

Il DDT è stato messo al bando negli anni Settanta del secolo scorso (**figura B**); il suo utilizzo è proibito come insetticida, mentre è consentito come antimalarico, in quantità limitate.

▲ **Figura B**
L'utilizzo del DDT in Italia è vietato dal 1978, dopo che era stato ampiamente usato come insetticida, in particolare in Sardegna, nella lotta contro la malaria Attualmente viene impiegato nei Paesi tropicali, dove la malaria e il tifo rappresentano delle gravi emergenze.

L'importanza degli insetticidi

L'esempio del DDT ha dato il via alla ricerca di nuovi fitofarmaci che fossero efficaci e allo stesso tempo compatibili con l'ambiente e con gli esseri viventi. In particolare, la ricerca di nuovi insetticidi ha cercato di porre in primo piano fattori come la tossicità, la selettività, la modalità d'azione, la metabolizzazione del prodotto e i suoi effetti indiretti su organismi non coinvolti nella disinfestazione, con lo scopo di mettere in commercio prodotti efficienti e allo stesso tempo controllati nell'utilizzo. La sensibilizzazione sull'uso sostenibile dei prodotti fitosanitari ha portato all'attuazione in Italia di un Piano d'Azione Nazionale (Decreto Legislativo del 14 agosto 2012 n. 150) che stabilisce norme, misure e indicatori per ridurre i rischi e l'impatto ambientale legato all'uso dei pesticidi.

Un insetticida naturale: il piretro

Il piretro è un insetticida naturale composto da una miscela di esteri estratti dai fiori del *Chrysanthemum cinerariaefolium*. Questi esteri derivati dell'acido cristantemico sono detti piretrine. Essi agiscono come insetticidi seguendo il medesimo meccanismo d'azione del DDT, cioè alterano il funzionamento del sistema nervoso dell'insetto bersaglio. L'insetticida mantiene aperti i canali responsabili della trasmissione nervosa, con la conseguente produzione incontrollata di impulsi nervosi che generano nell'insetto tremori e convulsioni che lo portano alla morte. Questo insetticida naturale è efficace, selettivo e ha una bassa tossicità; per questo il suo utilizzo è ammesso nell'agricoltura biologica.

SINTESI DI FINE CAPITOLO

LO SAI? RIPASSA CON LO SMARTPHONE

I composti organici e le loro caratteristiche

I **composti organici** sono composti del **carbonio** e **idrogeno** e talvolta di altri elementi come ossigeno e azoto. Gli atomi di carbonio possono formare **quattro legami**, creare catene lineari, ramificate e chiuse ad anello.

Gli **isomeri** sono composti che hanno la stessa formula bruta ma differiscono per il modo con cui gli atomi sono legati fra loro o disposti nello spazio. Si classificano in **isomeri strutturali** e **stereoisomeri**.

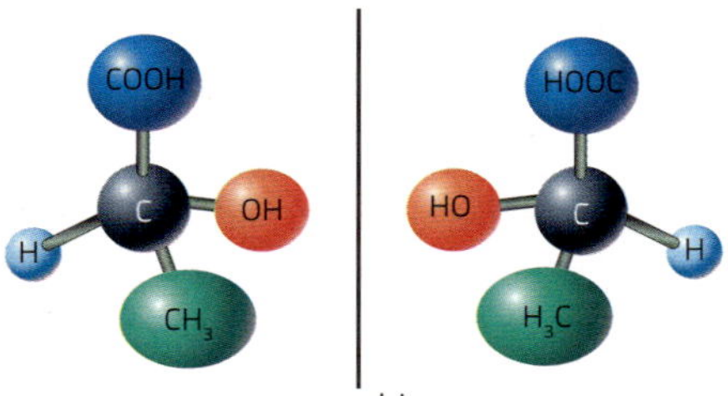

specchio

acido D-lattico — acido L-lattico

Gli idrocarburi

Gli **idrocarburi** sono composti binari formati solo da carbonio e idrogeno. Si classificano in idrocarburi **alifatici** (catene aperte o chiuse e ramificate) e idrocarburi **aromatici** con struttura ciclica molto stabile.

Gli **alcani** e **cicloalcani** sono **serie omologhe** di idrocarburi **saturi**, con atomi di carbonio che formano solo legami semplici. I primi termini degli alcani sono metano, etano, propano, butano. Oltre quattro atomi di carbonio si usano i prefissi numerici greci col suffisso *-ano*.

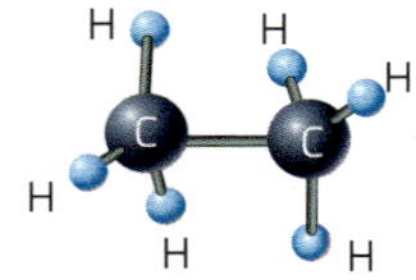

etano

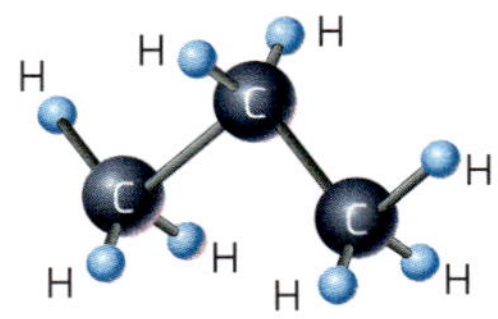

propano

Le **formule condensate** e le **formule topologiche** o **scheletro** permettono di rappresentare schematicamente le formule di struttura degli idrocarburi. Il **cicloesano** può assumere le conformazioni **a sedia** e **a barca**.

Gli **alcheni** e **alchini** sono idrocarburi **insaturi**. Gli alcheni presentano un doppio legame C=C mentre gli alchini presentano un legame triplo C≡C.

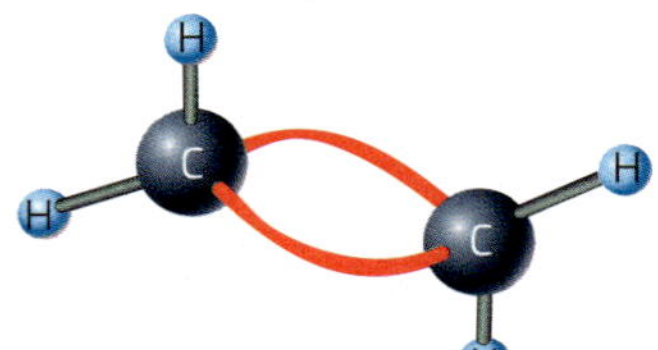

etene

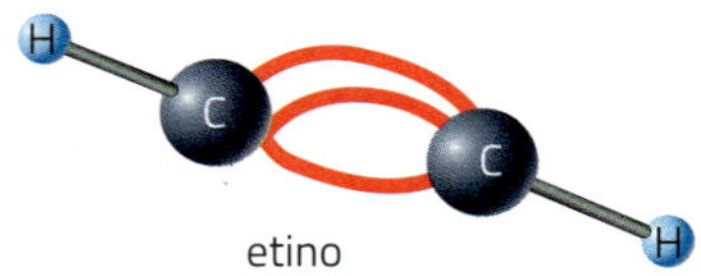

etino

Gli **idrocarburi aromatici** sono composti stabili per la presenza nella loro molecola di una particolare struttura elettronica. Il **benzene** ha tre doppi legami fusi ad anello. Gli elettroni di questi legami hanno più mobilità, sono cioè **delocalizzati**. Sono inquinanti chimici ambientali.

I gruppi funzionali e i polimeri

Un **gruppo funzionale** è un atomo o un gruppo di atomi che conferisce una particolare **reattività** alla molecola organica di cui fa parte. Si dividono in gruppi **alogeni**, gruppi contenenti **ossigeno**, gruppi contenenti **azoto**.

I **polimeri** sono molecole con massa molecolare elevata costituite da centinaia o migliaia di unità chimiche più semplici o **monomeri**. I polimeri possono essere **naturali** o **di sintesi** e si formano attraverso reazioni di addizione o condensazione. L'**addizione** conserva il numero di atomi iniziali, mentre con la **condensazione** si ha l'eliminazione di piccole molecole, come l'acqua.

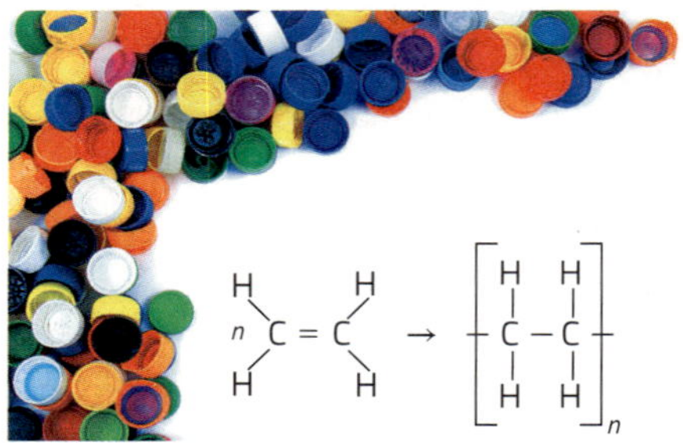

VERIFICA LE TUE CONOSCENZE

ZTE ONLINE

Barra la risposta esatta.

1. Quale tra le seguenti formule non rappresenta un composto organico?

A $CH_3CH_2CH_3$
B C_6H_6
C CO_2
D CH_3COOH

2. Quale concatenazione di atomi di carbonio è sbagliata?

A –C–C–C–C–
B –C=C=C–C–
C –C≡C–C–
D –C≡C=C–C–C–C

3. Quale proprietà del carbonio lo rende capace di formare un grandissimo numero di composti?

A La tendenza a formare quattro legami covalenti.
B La capacità di formare doppi e tripli legami.
C La tendenza a concatenarsi.
D Tutte le risposte precedenti.

4. **Barra i due completamenti esatti.**
Nelle molecole organiche uno stesso atomo di carbonio può formare

A un legame covalente e un legame triplo.
B due doppi legami.
C quattro doppi legami.
D due tripli legami.
E soltanto quattro legami semplici.

5. **Quali tra le seguenti molecole in formula scheletro corrisponde al composto C_3H_8?**

a) 

b) 

c) 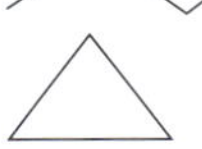

Abbina la formula al nome.

6. Abbina la formula al relativo nome. Quale composto non corrisponde ad alcuna formula?

a) CH_4
b) C_2H_4
c) C_6H_{12}
d) C_6H_6
e) C_2H_6

1. metano
2. etene
3. cicloesano
4. benzene
5. etano
6. etino

7. Abbina ogni formula al nome della relativa famiglia di composti organici. Quale composto non corrisponde ad alcuna famiglia?

a) CH_3OH ....
b) CH_3–CH_2NH_2 ....
c) CH_3COOH ....
d) CH_3OCH_3 ....
e) CH_3COCH_3 ....
f) $CH_3COOCH_2CH_3$ ....

1) alcol
2) ammina
3) acido carbossilico
4) etere
5) chetone

Rispondi alle domande.

8. Che cosa sono gli isomeri di un composto organico?

9. Qual è il significato di idrocarburo alifatico e di idrocarburo aromatico?

10. Che cosa si intende per scheletro molecolare? Come si indica?

11. Che cosa si intende per gruppo funzionale? Fai tre esempi.

12. Quando due composti organici appartengono alla stessa serie omologa?

13. Come viene denominato un insieme di molecole che contengono lo stesso gruppo funzionale?

14. Può esistere il cicloetano? Perché?

15. **Individua tra le seguenti formule gli idrocarburi saturi e quelli insaturi.**

a) 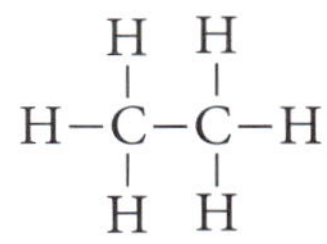

b) 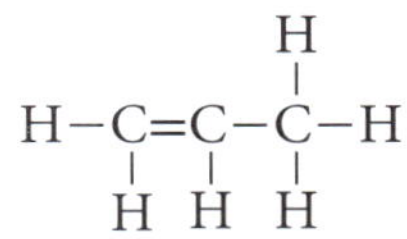

c) H–C≡C–H

Rispondi alle domande.

16. Per quale motivo la presenza del gruppo funzionale -OH lungo la catena carboniosa conferisce al composto organico una maggiore polarità rispetto all'idrocarburo corrispondente?

17. Per quale motivo non è sufficiente conoscere la formula bruta di un composto organico ma occorre conoscere anche la sua formula di struttura?

18. Definisci i monomeri e i polimeri e descrivi in che rapporto stanno tra di loro.

19. In base a che cosa un polimero viene definito di condensazione o di addizione?

20. Per quale motivo è impossibile avere una conformazione a sedia e a barca per un cicloalcano formato da soli quattro atomi di carbonio (ciclobutano)?

21. **Alle seguenti molecole viene addizionato idrogeno. Quanti atomi di idrogeno acquista ognuna? Riporta il numero.**

a) H–C=C–H ....
b) H–C=C–C=C–H ....
c) H–C=C–C–C≡C–H ....

VERIFICA LE TUE ABILITÀ

Rispondi alla domanda.

22. Qual è il numero di legami covalenti in una molecola di etano, CH_3CH_3?

....
....
....

Disegna o completa le seguenti strutture.

23. Completa la seguente struttura inserendo gli atomi di idrogeno necessari.

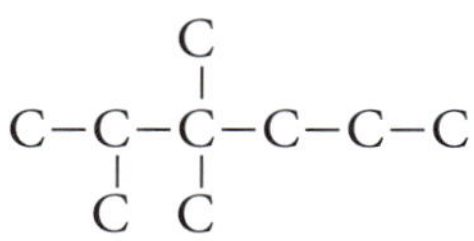

24. Trasforma in scheletro carbonioso le seguenti molecole.

a) $CH_3CH_2CH_3$
b) $CH_3CH_2CH_2CH_2CH_2CH_3$
c) $CH_3CH_2CH{=}CHCH_2CH_3$

25. Trasforma i seguenti scheletri carboniosi nell'idrocarburo corrispondente.

a) 

b) 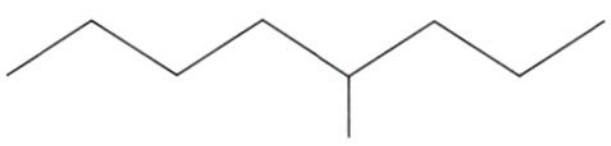

c) 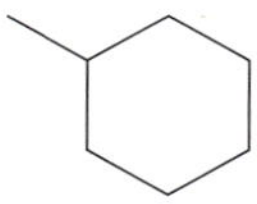

26. Completa la struttura dei seguenti alcheni.

a) 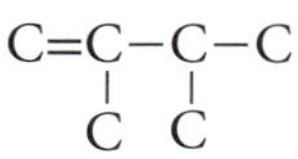

b) 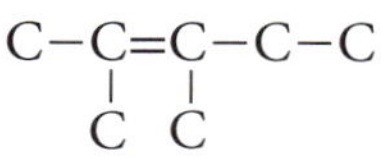

27. Completa la struttura dei seguenti alchini.

a) C–C≡C–C–C

b) 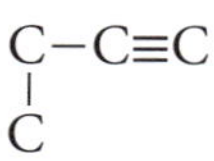

28. Disegna lo scheletro carbonioso dei seguenti composti. Quale tra i due è aromatico?

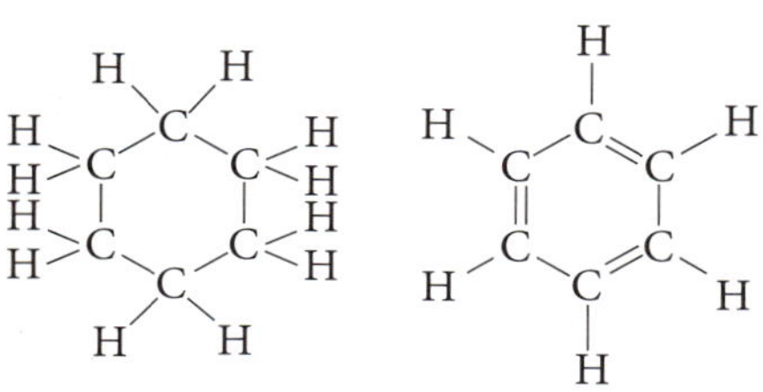

29. Abbina le molecole con le relative classi di composti.

a) clorometano
b) etanoato di metile
c) metanolo
d) propanone
1. chetoni
2. alcoli
3. alogenuri
4. esteri

30. Attribuisci il tipo di isomeria che contraddistingue ognuna delle seguenti coppie di isomeri.

a) $CH_3CH_2CH_2CH(OH)CH_2CH_3$ — $CH_3CH(OH)CH_2CH_2CH_2CH_3$

b) $CH_3-CH(CH_3)-CH_3$ — $CH_3-CH_2-CH_2-CH_3$

c) 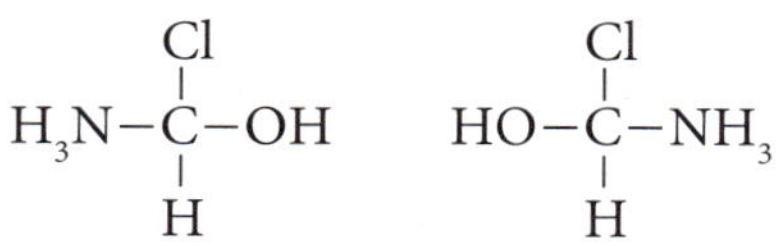

31. Scrivi le formule di struttura di tutti gli isomeri del pentano.

....
....
....

32. Completa la figura con i nomi delle molecole.

a) 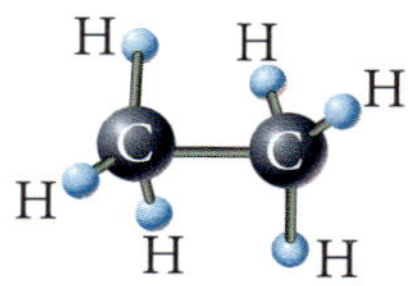

b) 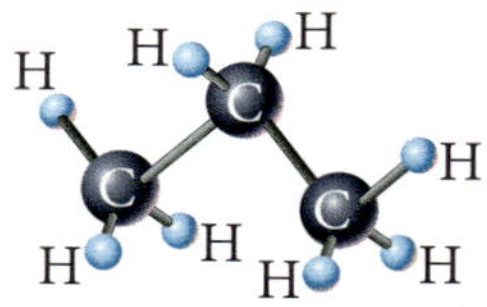

c) 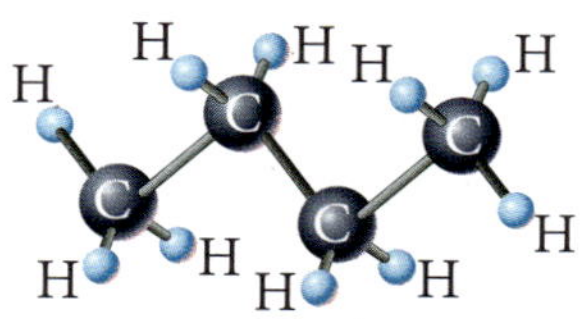

UNITUTOR VERSO L'UNIVERSITÀ

33. Quanti isomeri strutturali della molecola C_4H_9Br esistono?

A 4
B 2
C 3
D 5
E 6

[test di ingresso a Medina 2013-14]

TEST YOURSELF

Answer the following questions.

34. The benzene ring is the simplest member of what class of compounds?

....
....
....

35. What class of organic compounds includes all saturated hydrocarbons?

....
....
....

36. Draw structures containing two carbon atoms for the following classes of compounds:

a) ether
b) aldehyde
c) carboxylic acid
d) ester

VERSO L'ESAME: LE TUE COMPETENZE

SCHEMATIZZA

37. Completa la figura, disegnando l'acido L-lattico, enantiomero dell'acido D-lattico.

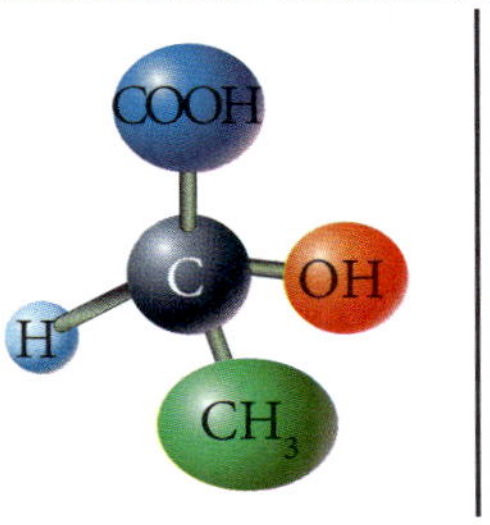

acido D-lattico specchio

SPIEGA

38. La serie omologa degli alcani può essere rappresentata con la formula generale C_nH_{2n+2} mentre i cicloalcani con la formula C_nH_{2n}.

Come spieghi la differenza tra le due serie omologhe?

CLASSIFICA

39. Individua tra i seguenti composti quelli aromatici.

a) 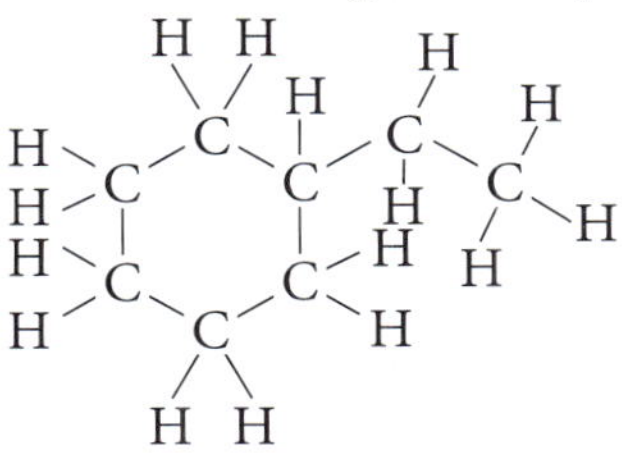

b) 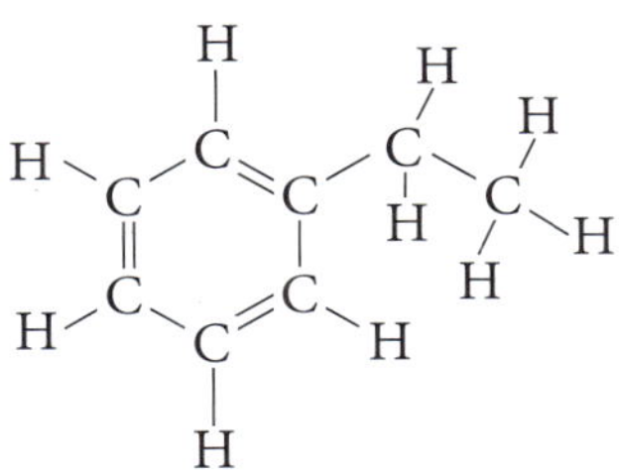

c) 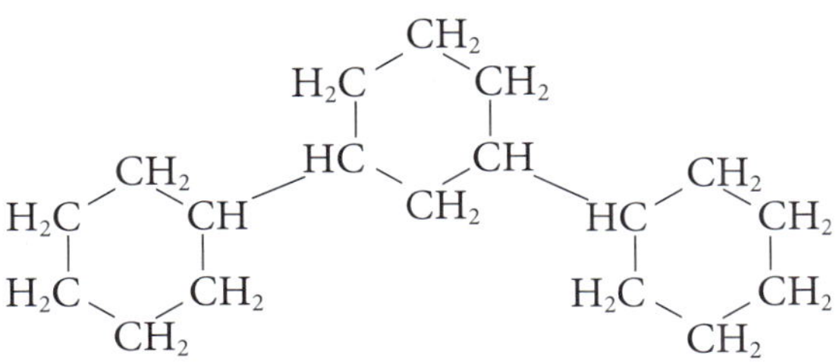

d) 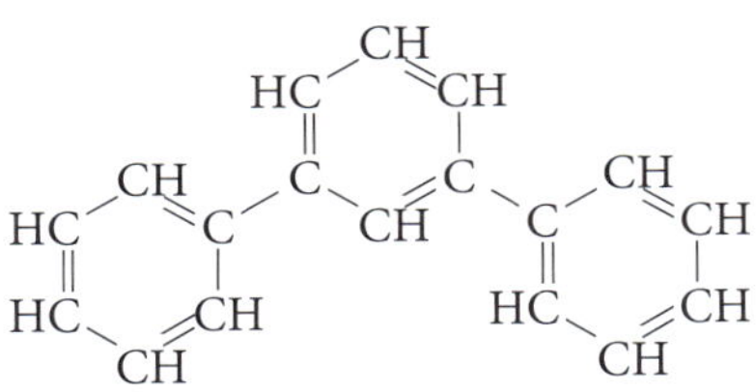

RICERCA

40. Ricerca in rete informazioni sulla pericolosità degli idrocarburi aromatici sulla salute umana. Realizza una presentazione in cinque slides in cui chiarisci come queste sostanze agiscono a livello cellulare.

RAGIONA

41. Considera i polimeri di addizione.

a) Questi polimeri contengono tutti gli atomi dei monomeri che li costituiscono?

b) E i polimeri di condensazione?

c) Motiva la tua risposta.

CONFRONTA

42. Quale struttura non è un isomero dell'esano?

a) 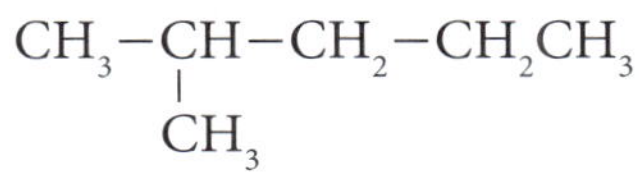

b) 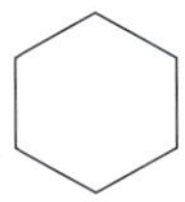

c) 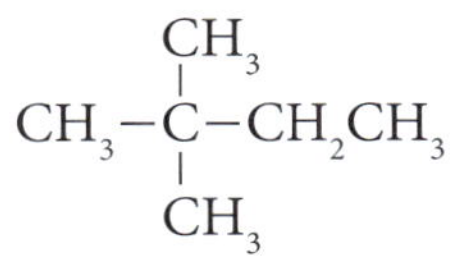

d) 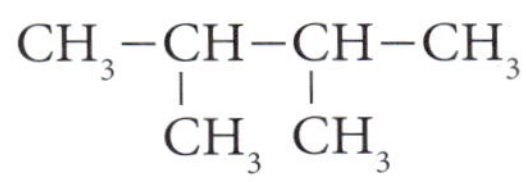

IPOTIZZA

43. Se a un alcano sono rimossi due atomi di idrogeno quale idrocarburo si può formare?

Ipotizza il tipo e prova a disegnare la sua formula partendo da un esempio a tua scelta.

CALCOLA

44. Scrivi la formula grezza di un alcano che presenta 10 atomi di carbonio utilizzando la formula generalizzata. Attribuisci poi il nome all'alcano.

Capitolo 8

Le molecole della vita

1 Le biomolecole

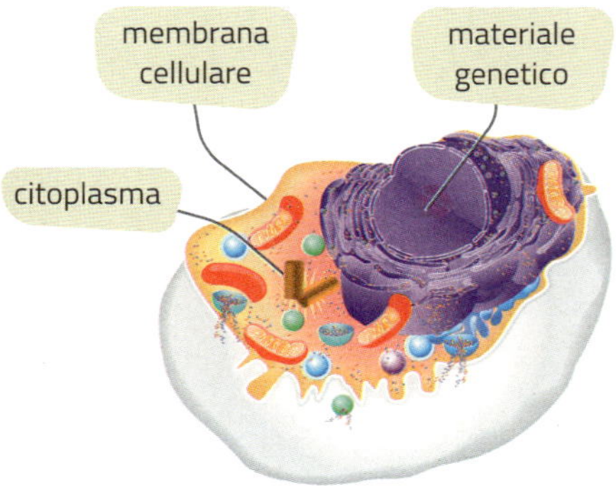

▲ **Figura 1**
Tutti i viventi sono formati da cellule.

I viventi sono sistemi aperti, che scambiano materia ed energia con l'ambiente circostante per rendere possibili gli innumerevoli processi chimici che avvengono al loro interno. Tutti gli organismi sono accomunati dal fatto di essere costituiti da unità di base chiamate *cellule*. L'essere umano è formato da centinaia di miliardi di cellule, un batterio da una soltanto.

Le cellule di tutti i viventi, nonostante le differenze esistenti che studierai con la biologia, presentano uno schema costitutivo comune (**figura 1**): una *membrana cellulare* che le delimita dall'ambiente esterno, un ambiente interno detto *citoplasma* e il *materiale genetico* che guida i loro processi vitali e la loro riproduzione.

Ciò che accomuna i viventi, è la composizione chimica di base (**figura 2**). Che si tratti di un elefante o di una sequoia, del meningococco responsabile della meningite o di una balenottera azzurra, tutti gli organismi sono «fabbricati» utilizzando il medesimo tipo di materiali, che essi stessi producono e rielaborano in continuazione per tutta la vita.

Le macromolecole sono formate da centinaia o migliaia di atomi

Le molecole organiche che sono sintetizzate ed elaborate dagli organismi viventi sono le molecole biologiche o **biomolecole**. Nonostante la loro differenza chimica, tutte le biomolecole si possono classificare in quattro grandi classi di composti, tutti indispensabili alla vita: *carboidrati*, *proteine*, *lipidi* e *acidi nucleici* (**figura 2**).

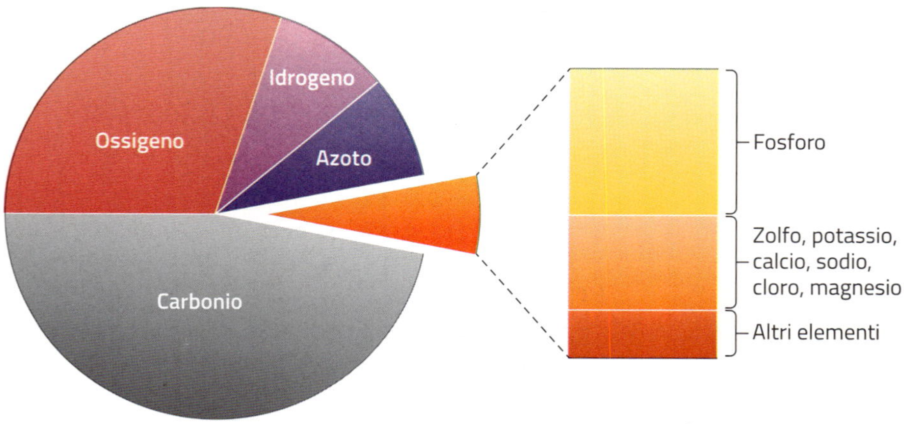

► **Figura 2**
Il 94% della massa secca di una cellula è costituita da solo quattro elementi: C, O, H e N.

In ognuna di queste quattro famiglie si distinguono biomolecole più semplici, a bassa massa molecolare, che hanno funzioni proprie, ma sono anche utilizzate come **monomeri** per la costruzione di altre biomolecole a grande massa molecolare, polimeri biologici detti **macromolecole**.

Esempi di polimeri biologici sono i polisaccaridi, cioè zuccheri formati da decine a migliaia di monosaccaridi; le proteine, costituite da catene lunghissime di amminoacidi; gli acidi nucleici, che sono catene di nucleotidi. Non sono invece polimeri i lipidi, che sono macromolecole con composizione e struttura molto varie.

Oltre ad avere una ben precisa natura chimica, legata al loro ruolo biologico, tutte le biomolecole possiedono una forma tridimensionale ben definita che è di fondamentale importanza per la funzione svolta.

A colpo d'occhio

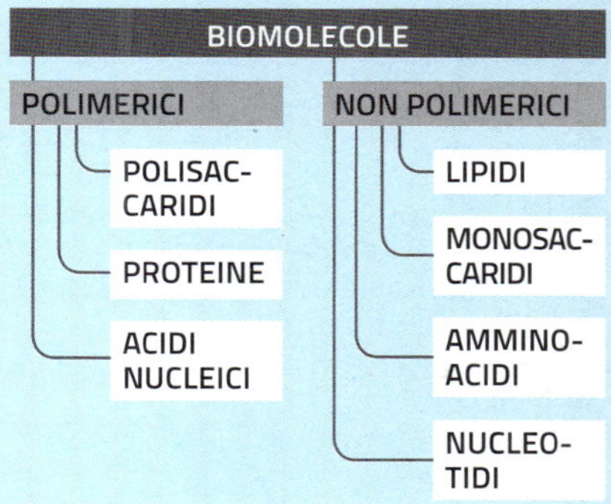

La condensazione unisce i monomeri, l'idrolisi spezza i polimeri

Le cellule hanno spesso la necessità di sintetizzare nuovi polimeri oppure di demolirli per ricavare i monomeri da usare per un'altra attività. La reazione di sintesi di un polimero biologico avviene per **condensazione**, una reazione che avviene con eliminazione di una molecola d'acqua ogni volta che viene aggiunto un monomero (**figura 3A**). Il processo inverso si chiama **idrolisi**: in questo caso i legami covalenti che legano i monomeri, vengono rotti con aggiunta di molecole d'acqua (scisse a loro volta in OH e H). In questo modo il polimero viene demolito liberando le sue unità costituenti cioè i monomeri (**figura 3B**).

Il processo di digestione del cibo è un esempio di idrolisi, perché le molecole molto complesse presenti nel cibo vengono trasformate in molecole più piccole per poter attraversare le pareti dell'intestino ed entrare nel sangue, che le trasporterà ai vari tessuti. La crescita in altezza del corpo, specie nei primi mesi di vita e durante l'adolescenza, invece, è il frutto di molte reazioni di condensazione, che portano all'allungamento delle ossa e dei muscoli.

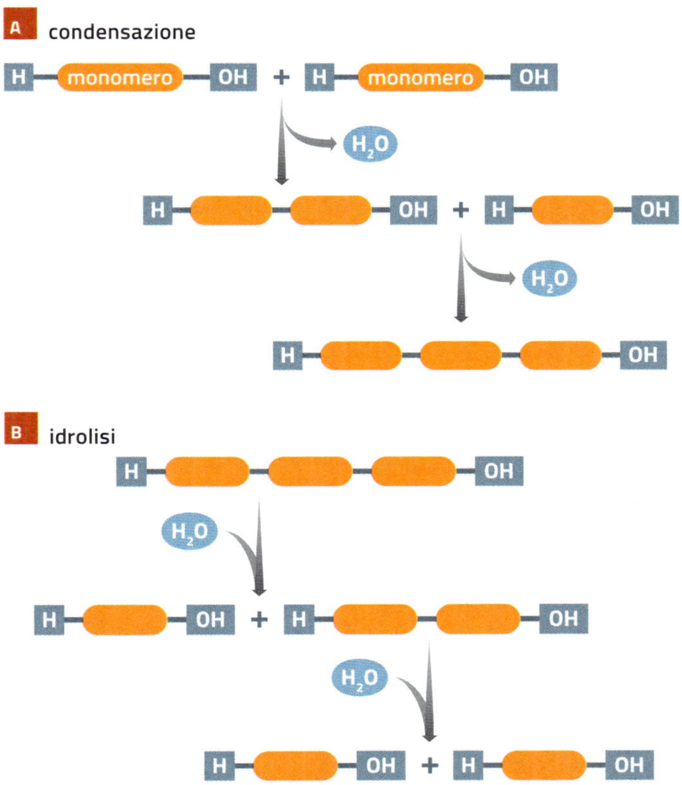

◂ Figura 3
(A) Con una reazione di condensazione un monomero può allungare un polimero grazie all'eliminazione di una molecola di acqua. (B) Con una reazione di idrolisi un monomero viene staccato dal suo polimero per intervento di una molecola di acqua che si spezza in H e OH.

Facciamo il punto

1. Che cosa sono le biomolecole?
2. Che cos'è un polimero biologico?
3. Spiega i processi di idrolisi e di condensazione.

2 I carboidrati

Le parole

Il termine **carboidrato** o *idrato di carbonio* indica una sostanza organica composta da carbonio, idrogeno e ossigeno, questi ultimi in rapporto di 2:1 come nell'acqua.
Il termine **oligo** deriva dal greco *olígoi*: «poco», «pochi».

I **carboidrati**, detti anche **glucidi**, **saccaridi** o **zuccheri**, sono biomolecole formate da carbonio, idrogeno e ossigeno; sono tra i composti organici più abbondanti sulla Terra e costituiscono la principale fonte di energia per tutti gli esseri viventi. Alcuni di essi hanno anche una funzione strutturale nelle cellule, come la cellulosa che fornisce sostegno alle cellule vegetali.

I tre principali gruppi di carboidrati sono classificati in base al numero di monomeri che li costituiscono:

1. i **monosaccaridi** sono i carboidrati più semplici e sono usati come monomeri per gli altri gruppi di zuccheri (per esempio, glucosio e fruttosio) (**figura 4A**);
2. gli **oligosaccaridi** derivano dalla condensazione di poche molecole di monosaccaridi (**figura 4B**); tra questi i **disaccaridi** sono formati da due (il saccarosio, lo zucchero che usiamo in cucina, è un esempio);
3. i **polisaccaridi** sono polimeri di grandi dimensioni, formati da centinaia o migliaia di monosaccaridi; ne sono esempi l'amido e la cellulosa (**figura 4C**).

► **Figura 4**
(A) Il miele contiene una miscela di due monosaccaridi, glucosio e fruttosio; (B) il saccarosio è il comune zucchero da tavola, che può essere integrale (più scuro) raffinato (bianco); (C) il cotone è cellulosa quasi allo stato puro.

A colpo d'occhio

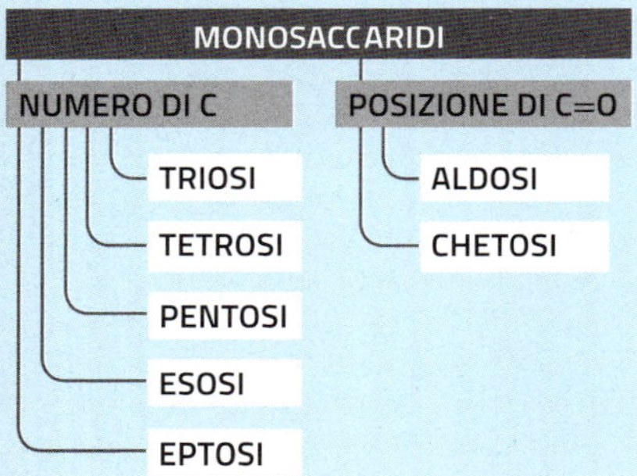

I monosaccaridi presentano un gruppo carbonilico e più gruppi ossidrilici

I monosaccaridi sono i carboidrati più semplici e hanno formula generale $C_n(H_2O)_n$. Il numero di atomi di carbonio che compongono la molecola permette di classificare i monosaccaridi in **triosi** (zuccheri a 3 atomi di carbonio), **tetrosi** (a 4 atomi di carbonio), **pentosi** (a 5 atomi di carbonio), **esosi** (a 6 atomi di carbonio) ed **eptosi** (a 7 atomi di carbonio). Pentosi ed esosi sono i più importanti.

Le proprietà chimiche dei monosaccaridi dipendono dai gruppi funzionali che presentano:

- un gruppo carbonilico (C=O), aldeidico per gli **aldosi** o chetonico per i **chetosi**;
- più gruppi ossidrilici (–OH) legati gli altri atomi di carbonio.

Osservando la **figura 5** puoi notare che il glucosio è un aldosoesoso perché ha 6 atomi di carbonio e un gruppo aldeidico, e il fruttosio è un chetoesoso perché invece ha un gruppo chetonico. I due zuccheri sono *isomeri di struttura*: la loro formula grezza è sempre $C_6H_{12}O_6$ (sono due esosi) ma i loro atomi sono legati in modo diverso.

Gli atomi di carbonio sono numerati a partire dal carbonio del gruppo aldeidico (carbonio 1 o C1) o da quello immediatamente vicino al gruppo chetonico (carbonio 2 o C2).

Il **glucosio** è il combustibile cellulare per eccellenza da cui le cellule possono estrarre l'energia chimica in esso contenuta per i propri processi vitali. Il glucosio è prodotto dalle piante attraverso la fotosintesi secondo la reazione:

$$6CO_2 + 6H_2O \rightarrow C_6H_{12}O_6 + 6O_2$$

Le piante rendono quindi disponibile questa sostanza preziosa per tutti gli organismi della catena alimentare.

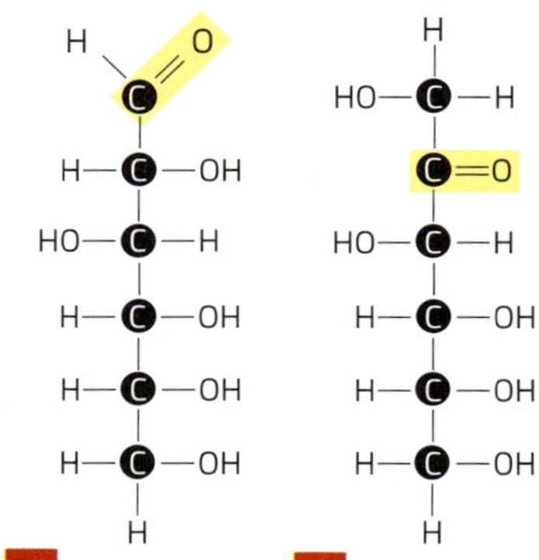

A glucosio B fruttosio

▲ **Figura 5**
Formula di struttura del glucosio (A) e del fruttosio (B).

I pentosi più importanti per gli organismi sono due aldopentosi, il **ribosio** e il **desossiribosio**, che sono costituenti degli acidi nucleici (RNA e DNA). Questi due zuccheri non sono isomeri, ma differiscono perché il desossiribosio ha un atomo di ossigeno in meno:

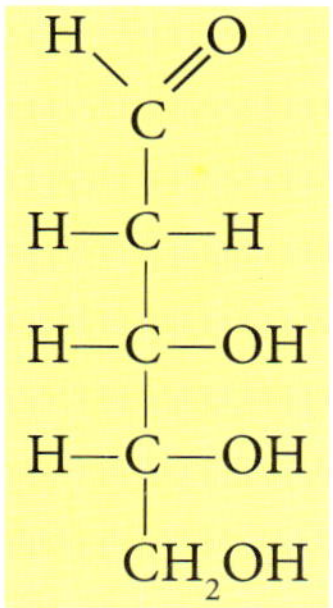
desossiribosio

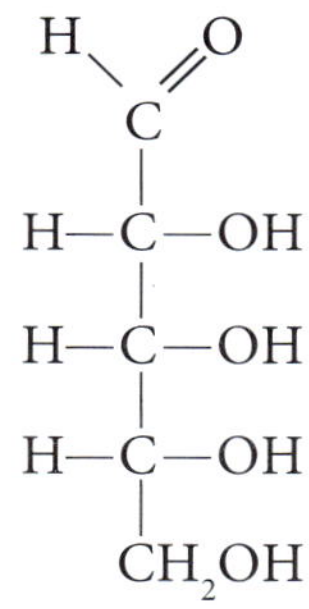
ribosio

La numerazione degli atomi di carbonio comincia sempre dal carbonio del gruppo aldeidico (che è il carbonio 1, C–1), per cui il C–2 è il secondo atomo della catena.

I monosaccaridi possono essere rappresentati graficamente in due forme: **a catena lineare** oppure **ad anello**. Quest'ultima forma è più stabile nelle condizioni chimiche e fisiche tipiche delle cellule. Questa struttura è di solito rappresentata attraverso la *proiezione di Haworth*. In questa rappresentazione l'ossigeno è messo a ponte tra gli atomi di carbonio dell'anello:

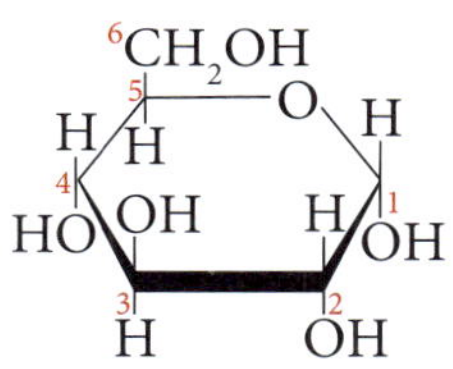
glucosio

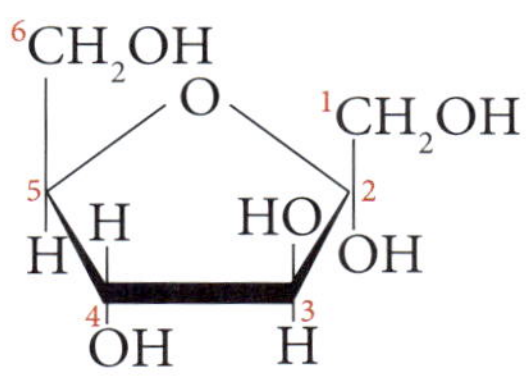
fruttosio

Curiosità
La forma **ad anello** dei monosaccaridi è più stabile in ambiente acquoso di quella aperta.

1 - Per saperne di più

I monosaccaridi possono appartenere alla serie D o alla serie L

Come molte altre molecole organiche, gli zuccheri possono esistere sotto forma di una grande varietà di isomeri, molti dei quali presentano attività ottica (isomeri ottici). Come per l'acido lattico visto in precedenza anche in questo caso si identificano isomeri D e isomeri L, speculari tra loro. Gli isomeri di riferimento per verificare se un monosaccaride è in forma D o L sono quelli della gliceraldeide:

La maggior parte degli zuccheri presenti nelle cellule ha configurazione D. Questo significa che il gruppo –OH legato al carbonio accanto a quello più distante dal gruppo carbonile, si trova sulla destra (D) o sulla sinistra (L). È interessante notare che i viventi hanno selezionato gli isomeri D per produrre i loro polisaccaridi e per ottenere energia utile.

La **serie** D e la **serie** L sono state chiamate così perché D deriva dal termine latino *dexterum* (lato destro) e L deriva da *laevum* (lato sinistro).

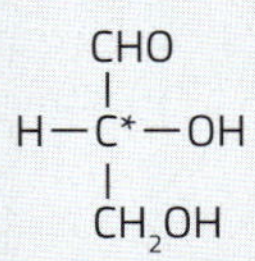
D-gliceraldeide
(ha fossidrile a destra)

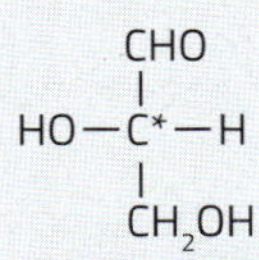
L-gliceraldeide
(ha fossidrile a sinistra)

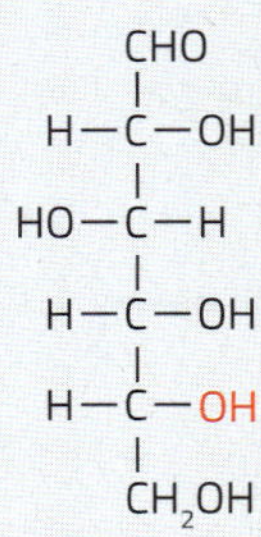
D-glucosio

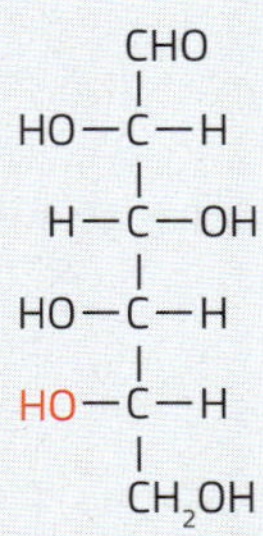
L-(–)-glucosio

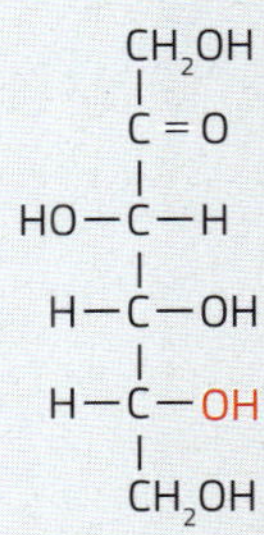
D-fruttosio

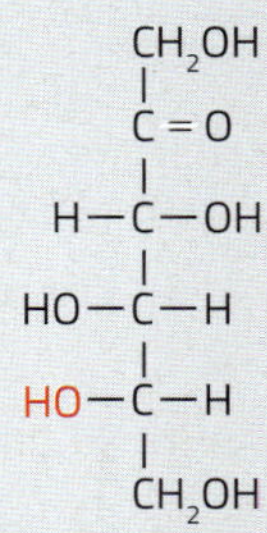
L-fruttosio

I disaccaridi sono costituiti da due monosaccaridi legati da un legame glicosidico

I disaccaridi, gli oligosaccaridi e i polisaccaridi derivano tutti da monosaccaridi che si legano per condensazione, formando legami covalenti detti **legami glicosidici**. I disaccaridi sono molecole prodotte dall'unione di due monosaccaridi; ne sono esempi il saccarosio, il lattosio e il maltosio.

La reazione che porta alla formazione del legame glicosidico avviene tra il gruppo ossidrilico di un monosaccaride e il gruppo ossidrilico di un altro monosaccaride, entrambi in forma ciclica. Il legame più frequente è tra il C-1 del primo monosaccaride e il C-4 del secondo monosaccaride: in questo caso il legame si chiama **1,4-glicosidico**.

I polisaccaridi hanno funzione di riserva e struttura

A colpo d'occhio

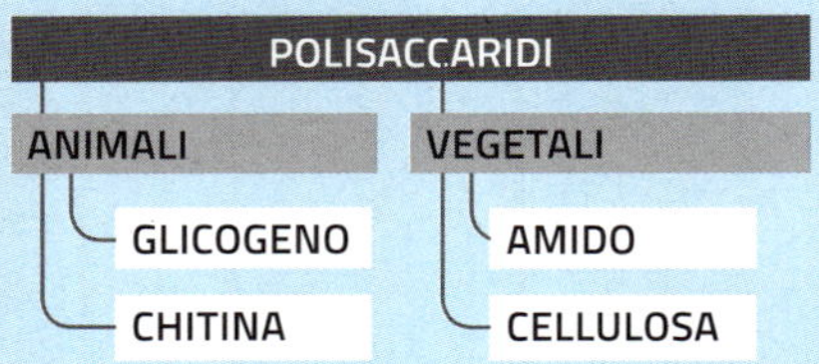

I polisaccaridi sono grandi polimeri formati dall'unione di centinaia o anche migliaia di monosaccaridi; i polisaccaridi più diffusi in natura sono l'amido, la cellulosa e il glicogeno, tutti polimeri del glucosio. Il glucosio libero non può essere immagazzinato in grande quantità nelle cellule, che pertanto lo accumulano sotto forma di suoi polimeri.

L'**amido** è la molecola di riserva di glucosio tipica delle piante ed è costituito da due diversi tipi di polimeri: l'*amilosio* (pari a circa il 20%) e l'*amilopectina* (pari all'80%). L'amilosio è una catena lineare di molecole di glucosio unite da legami 1,4-α-glicosidici, mentre l'*amilopectina* è una molecola ramificata (**figura 6**). L'amido è presente nelle cellule fotosintetiche e nei semi, dove viene accumulato per fornire energia agli embrioni delle nuove piantine; in questo modo, esse dispongono di energia fino a quando non saranno esse stesse in grado di produrlo mediante la fotosintesi. Più della metà dei carboidrati presenti nella nostra alimentazione è costituita da amido (**figura 7**, a pagina 130), che durante la digestione è idrolizzato dapprima in molecole di maltosio e poi in glucosio.

Guarda il video nell'ebook
La chimica in laboratorio
Che cosa c'è nel piatto?

2 - Per saperne di più

I legami glicosidici nei disaccaridi

Se il gruppo –OH del primo monosaccaride è **in basso**, il legame è 1,4-α-glicosidico. Se il gruppo –OH del primo monosaccaride è **in alto**, il legame è 1,4-β-glicosidico.

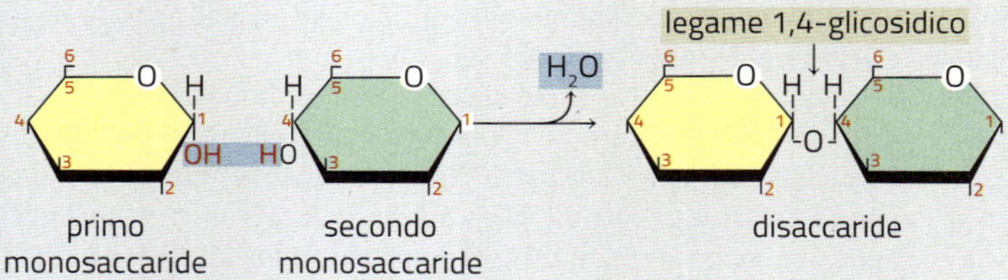

Il **lattosio** è lo zucchero contenuto nel latte ed è un disaccaride che si forma per condensazione di una molecola di galattosio e una di glucosio; il legame è 1,4- β-glicosidico:

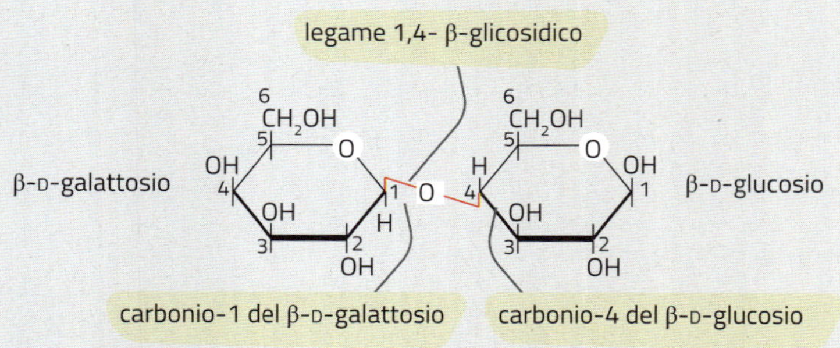

A

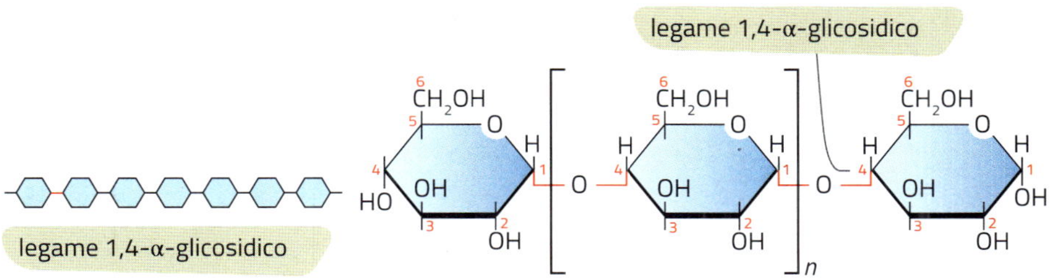

B

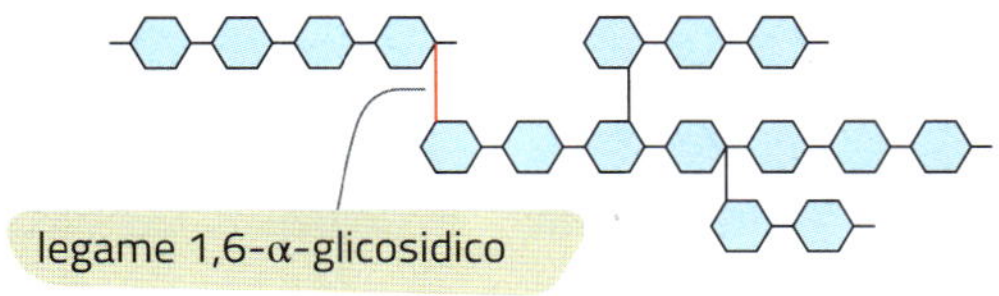

◂ **Figura 6**
Le formule dell'amilosio (A) e dell'amilopectina (B), che insieme formano l'amido.

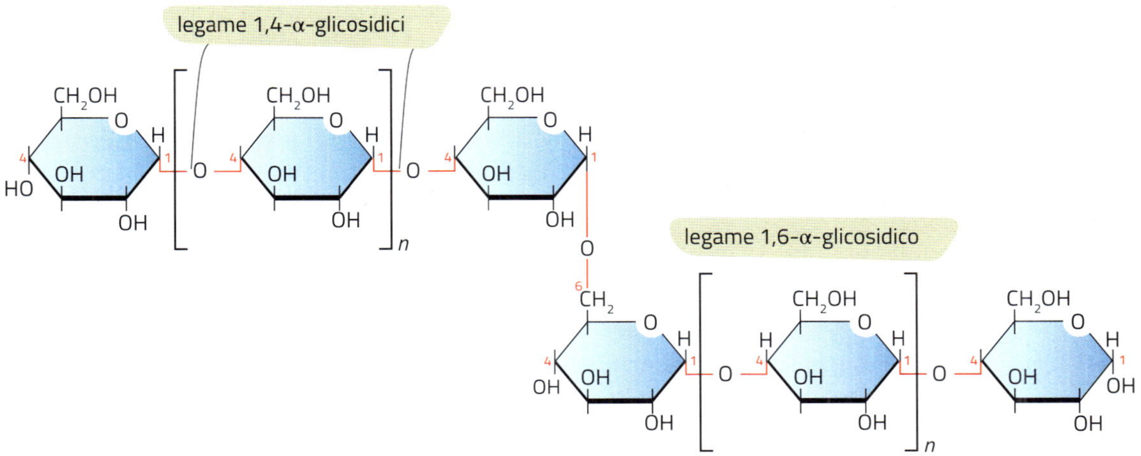

Il **saccarosio** si forma invece per condensazione di una molecola di glucosio e di una di fruttosio; il legame è 1,2-α-glicosidico:

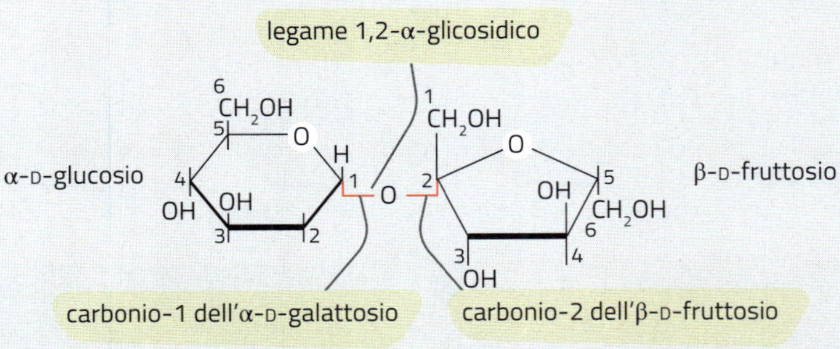

Il **maltosio**, che si trova nell'amido di mais e nei semi in germinazione, si forma per condensazione di due molecole di glucosio dando luogo a un legame 1,4-α-glucosidico:

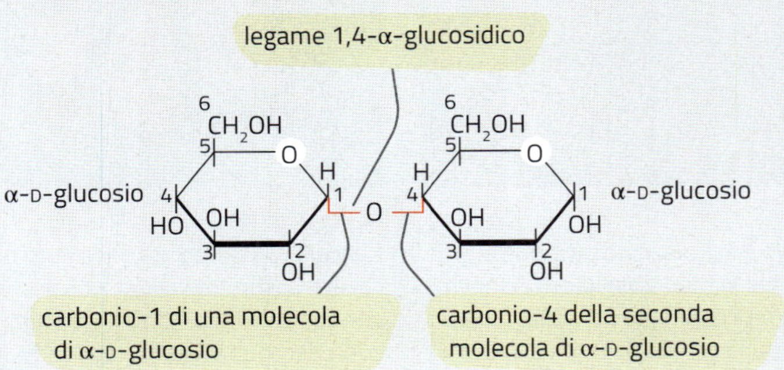

Curiosità

Nelle piante, il glucosio prodotto tramite la fotosintesi nelle cellule delle foglie viene prima trasformato in **saccarosio** e poi trasportato alle altre parti della pianta, per esempio fusti e radici; qui è idrolizzato per ottenere energia oppure immagazzinato come riserva. È questo il caso della canna da zucchero e della barbabietola da zucchero da cui ricaviamo lo zucchero che consumiamo: in queste specie, infatti, il saccarosio costituisce fino al 18% del peso nella canna e fino al 22% del peso nella barbabietola.

▸ Figura 7
Tutti i prodotti a base di cereali o tuberi, come le patate (A), sono ricchi di amido, che viene immagazzinato all'interno delle cellule vegetali come granuli molto grandi (B).

Il **glicogeno**, lo zucchero di riserva degli animali, ha una struttura e una funzione molto simili a quella dell'amilopectina: una catena ramificata di molecole di glucosio unite da legami 1,4-α-glicosidici e 1,6-α-glicosidici (**figura 8**). Il glicogeno è presente ad alta concentrazione nei muscoli e nel fegato, dove viene depositato per fornire alle cellule di questi organi la principale fonte di glucosio.

Leggi l'approfondimento nell'ebook
Per saperne di più
Da rifiuti a risorse: le biomasse

La **cellulosa**, un polisaccaride di struttura, è presente solo nelle cellule vegetali ed è costituita da monomeri di glucosio uniti da legami 1,4-β-glicosidici. Questi legami garantiscono alla cellulosa di formare catene molto lunghe, che si dispongono in parallelo e interagiscono tra loro mediante legami a idrogeno; si formano così delle fibre lunghe e rigide che rivestono le cellule e possono intrecciarsi fornendo loro un notevole sostegno (**figura 9**).

La **chitina** è un altro polisaccaride che svolge un ruolo strutturale: non è costituito esclusivamente da unità monosaccaridiche, ma da un derivato del glucosio, la *acetilglucosamina*. La chitina costituisce lo scheletro esterno, le zampe e le ali degli insetti (**figura 10**), dei ragni e delle aragoste ma è anche presente nel rivestimento delle cellule dei funghi nonostante non siano animali.

▸ Figura 8
Formula chimica del glicogeno, che ha un maggior numero di ramificazioni dell'amido.

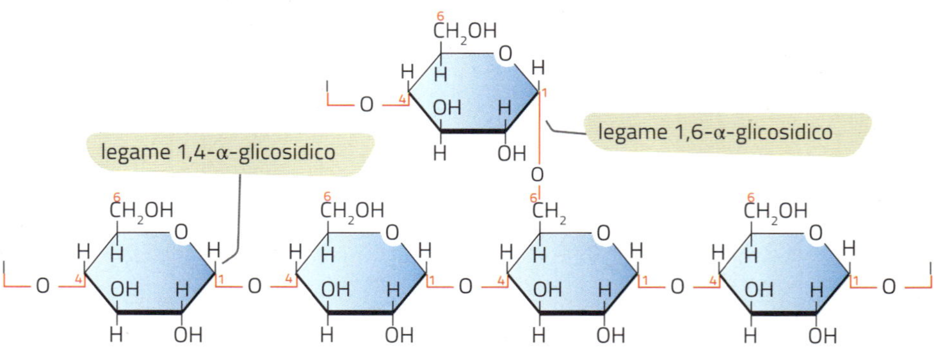

▴ Figura 9
Al microscopio elettronico a scansione è possibile vedere le fibre di cellulosa disposte a formare un reticolo molto fitto; ciascuna fibra è formata da catene di atomi di glucosio unite da legami a idrogeno.

▴ Figura 10
L'ala di un insetto (una farfalla, in questo caso) è costituita da sottili fili di chitina che corrono lungo tutta la sua lunghezza e conferiscono resistenza agli urti e leggerezza, due caratteristiche utili al volo.

3 - Per saperne di più

La cellulosa è il composto organico più abbondante della Terra

La cellulosa è uno dei più importanti e abbondanti composti organici presenti sul pianeta; ogni anno sono prodotti e degradati circa un milione di miliardi di kilogrammi di cellulosa, pari a 1000 volte il peso complessivo della specie umana. Purtroppo, però, i monomeri di glucosio che la compongono non sono facilmente disponibili come fonte di energia: i legami 1,4-β-glicosidici, infatti, non sono idrolizzabili da nessun animale, ma solo da alcuni microrganismi come batteri e muffe.

Quando mangiamo l'insalata, la cellulosa attraversa intatta il nostro apparato digerente insieme da altre sostanze non digeribili, che nel loro insieme costituiscono le cosiddette *fibre alimentari*; anche se non hanno valore nutritivo, le fibre alimentari sono importanti per la salute perché «ripuliscono» l'intestino dai residui di cibo e contribuiscono a mantenere attiva la sua motilità, evitando il ristagno delle feci.

Tra gli erbivori, i **ruminanti** (**figura**) possiedono il sistema digerente più efficiente per ricavare energia dalla cellulosa; questo è possibile grazie a uno stomaco concamerato formato da quattro compartimenti che ospitano al loro interno una complessa comunità di muffe, batteri e protozoi capaci di idrolizzare la cellulosa in monomeri di glucosio. Solo dopo questo processo il cibo può passare alle altre parti del sistema digerente.

In assenza di questi organismi, questi animali non potrebbero sopravvivere.

Una simile condizione consente alle termiti di nutrirsi di legno: esse ospitano in simbiosi, nel loro intestino, microrganismi in grado di digerire la cellulosa e anche la lignina che forma il legno, consentendo alle termiti di ricavarne energia.

◂ **Figura**
Le mucche sono degli erbivori ruminanti.

Facciamo il punto

1. Quali sono le funzioni dei carboidrati?
2. Spiega, facendo degli esempi, la differenza fra zuccheri pentosi ed esosi.
3. Che cos'è il legame glicolisidico e come si forma?
4. Quali sono i principali polisaccaridi?
5. Descrivi le caratteristiche e le funzioni dei polisaccaridi vegetali.

3 I lipidi o grassi

I **lipidi** sono una classe di composti organici con composizione e struttura assai varia, ma tutti condividono due importanti caratteristiche: la prima è che sono insolubili nei solventi polari come l'acqua, e hanno una densità inferiore; la seconda è che, a parità di massa, sono le molecole che, a parità di massa, liberano la maggior quantità di energia (1 g di lipidi libera circa 9 kcal).

Nonostante i lipidi siano insolubili in acqua, in particolari situazioni possono venirsi a formare *emulsioni* ovvero dispersioni poco stabili sotto forma di minutissime goccioline che conferiscono *torbidità* al sistema.

Le funzioni dei lipidi sono varie: sono sostanze di riserva energetica; costituiscono una barriera fisica che agisce come isolante termico: le foche e altri animali adattati ai climi polari, per esempio, hanno uno spesso strato lipidico sottocutaneo che permette loro di vivere in condizioni climatiche estreme (**figura 11**); alcuni lipidi hanno funzioni strutturali, come per esempio i fosfolipidi che formano le membrane cellulari; altri sono «messaggeri» chimici tra cellule; altri infine hanno funzione di regolazione.

◂ **Figura 11**
Lo strato lipidico sottocutaneo protegge le foche dal freddo. Per fabbricarsi questo strato lipidico, un cucciolo di foca assume 50 000 kcal al giorno.

I grassi animali e gli oli vegetali sono formati da trigliceridi

I lipidi si dividono in *lipidi semplici* (o non saponificabili) e *lipidi complessi* (o saponificabili), che sono molecole composite, anche se non sono polimeri. Tra questi ultimi, i più importanti sono i **trigliceridi**, che comprendono gli oli vegetali e i grassi animali. Queste molecole sono formate dalla condensazione di una molecola di glicerolo (alcol formato da tre atomi di carbonio e tre gruppi –OH) con tre molecole di acidi grassi (**figura 12**).

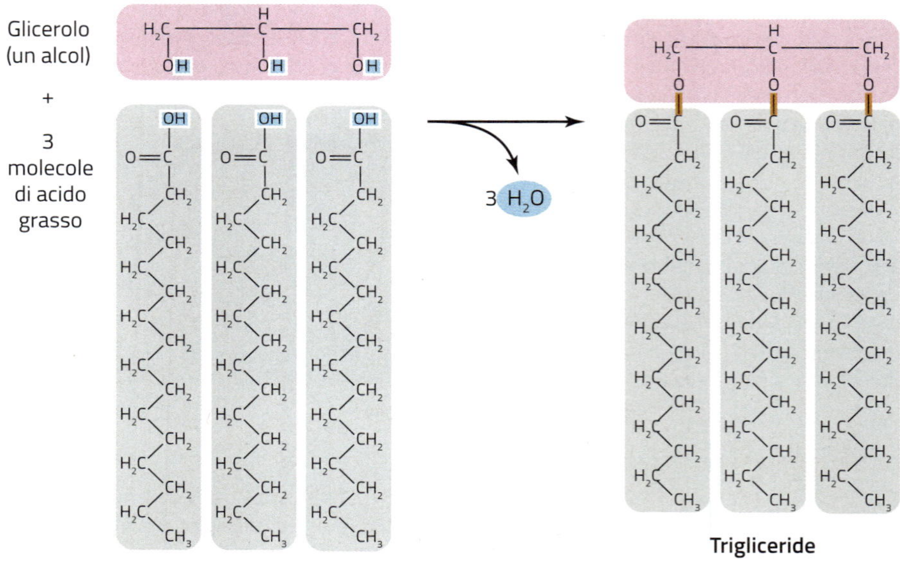

▸ **Figura 12**
La sintesi di un trigliceride avviene per condensazione: a una molecola di glicerolo si legano tre acidi grassi, con liberazione di tre molecole d'acqua.

Gli **acidi grassi** sono molecole organiche a carattere acido che presentano tra 8 e 24 atomi di carbonio, di cui il primo forma un gruppo carbossilico (**figura 13**). Negli **acidi grassi saturi** tutti gli atomi di carbonio della catena sono uniti da legami semplici: le molecole di questi acidi grassi sono lineari. Negli **acidi grassi** insaturi, invece, le catene carboniose contengono uno o più legami covalenti doppi che generano dei ripiegamenti (o «gomiti»), lungo la catena. Questa differenza si ripercuote sullo stato fisico dei trigliceridi a temperatura ambiente con importanti conseguenze sulla fluidità e sulla temperatura di fusione di un lipide.

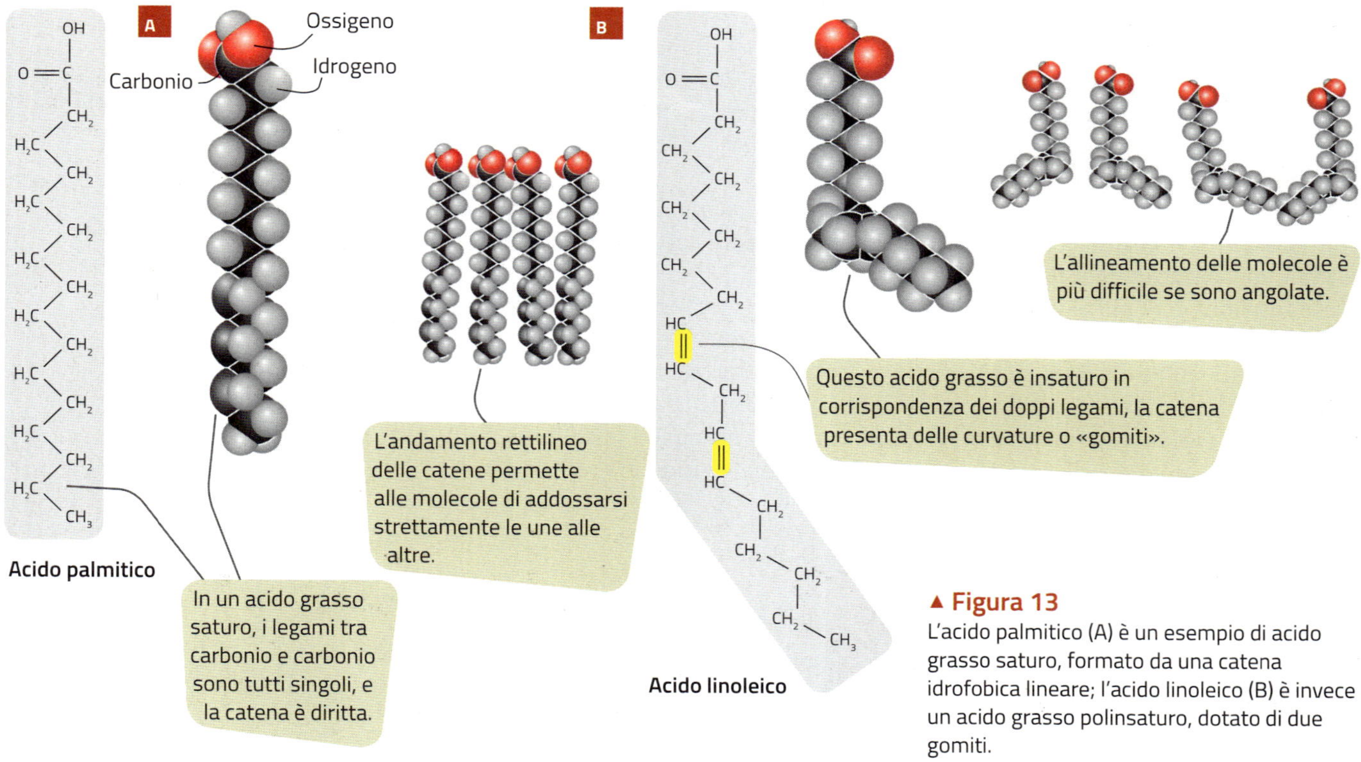

▴ **Figura 13**
L'acido palmitico (A) è un esempio di acido grasso saturo, formato da una catena idrofobica lineare; l'acido linoleico (B) è invece un acido grasso polinsaturo, dotato di due gomiti.

I trigliceridi dei **grassi animali** (**figura 14A**), come il grasso della carne, sono ricchi di acidi grassi saturi strettamente ammassati e per questo motivo sono solidi a temperatura ambiente. I trigliceridi che formano gli **oli vegetali** (**figura 14B**), come l'olio di oliva, di mais o di arachide, sono invece ricchi di acidi grassi polinsaturi che hanno una scarsa tendenza a compattarsi; di conseguenza a temperatura ambiente gli oli sono liquidi.

Per seguire una dieta sana è meglio preferire i grassi insaturi presenti in molti vegetali e nei pesci, tuttavia è bene non eliminare completamente dalla propria dieta i grassi saturi, che vanno assunti in quantità controllate e ragionevoli, anche perché fonte primaria di vitamina D.

Curiosità

Nonostante la norma generale, i trigliceridi di molti pesci sono ricchi di grassi insaturi, mentre l'olio di palma, pur essendo di origine vegetale, contiene percentuali di grassi saturi comparabili a quelle di cibi di origine animale; per questa ragione (oltre che per motivi ambientali) il suo utilizzo nella produzione industriale di alimenti è soggetto a forti critiche.

Fosfolipidi, glicolipidi e cere hanno una funzione strutturale

Altri due gruppi di lipidi sono i fosfolipidi e i glicolipidi, che svolgono ruoli strutturali estremamente importanti all'interno degli esseri viventi.

Come i trigliceridi, anche i **fosfolipidi** sono costituiti da due catene di acidi grassi unite a una molecola di glicerolo; nei fosfolipidi, però, il terzo atomo di carbonio della molecola di glicerolo non è occupato da un acido grasso, ma da un gruppo fosfato (PO_4^{3-}), al quale di solito è legato un altro gruppo polare come la colina o un amminoacido.

◂ Figura 14
I grassi di origine animale sono saturi (A) mentre gli oli vegetali sono insaturi (B), come l'olio di semi di girasole e di arachidi.

4 - Per saperne di più

Burro o margarina? Olio!

La margarina, pur essendo formata da oli vegetali, ha una consistenza solida in quanto i suoi acidi grassi insaturi sono stati idrogenati, cioè sono stati modificati dalle aziende produttrici saturandoli con atomi di idrogeno, mediante l'inserimento di *sostanze idrogenanti*; durante il processo di idrogenazione si generano degli isomeri diversi da quelli presenti in natura, alcuni dei quali possono essere dannosi.

Per questo motivo, i *grassi idrogenati*, anche se sono ricavati a partire da oli insaturi, diventano strutturalmente del tutto simili ai grassi saturi. È quindi errato scegliere la margarina pensando che sia «più leggera» del burro. La miglior regola da seguire è di preferire gli oli vegetali ai grassi, leggendo attentamente le etichette delle confezioni.

Molte persone inoltre cuociono la margarina, facendola ritornare allo stato liquido: ma allora, perché non usare direttamente un olio vegetale? È bene sottolineare il fatto che i grassi animali andrebbero mangiati crudi oppure scaldati a bassa temperatura; per esempio, il punto di fumo del burro (la temperatura in cui avviene una modifica sostanziale della sua struttura chimica, con la produzione di sostanze tossiche quali l'*acroleina*) è di circa 130 °C, una temperatura facilmente raggiungibile in cottura. Queste caratteristiche rendono sconsigliabile servirsi del burro a temperature elevate: è preferibile utilizzarlo crudo. Consumare piccole quantità di burro crudo ogni giorno è consigliabile perché il burro contiene la vitamina D e la vitamina A, indispensabili per la salute delle ossa e per la vista. Per la frittura, un metodo di cottura del quale è comunque meglio non abusare, si può utilizzare l'**olio di arachidi** (**figura**), che ha un punto di fumo particolarmente elevato (240 °C).

▸ Figura
L'arachide è un legume che si differenzia dagli altri per l'elevato tenore lipidico dei semi. L'olio di arachidi, per la sua composizione, è uno degli oli vegetali più pregiati.

I gruppi fosfato, carichi negativamente, e gli eventuali gruppi polari, spesso carichi positivamente, costituiscono una parte della molecola chiamata «testa»; gli acidi grassi, formano invece le «code» apolari (**figura 15A**): i fosfolipidi quindi sono molecole che hanno una duplice natura, cioè sono anfipatiche (o anfipolari). La testa infatti ha affinità per l'acqua (è idrofila) mentre le code rifuggono l'acqua e sono insolubili in essa (sono idrofobe). Questa caratteristica rende i fosfolipidi degli eccellenti materiali da costruzione per le membrane cellulari.

In ambiente acquoso i fosfolipidi si dispongono spontaneamente in un **doppio strato fosfolipidico** in cui le code di acidi grassi sono orientate una contro l'altra e le teste polari interagiscono con l'acqua su entrambi i lati (**figura 15B**).

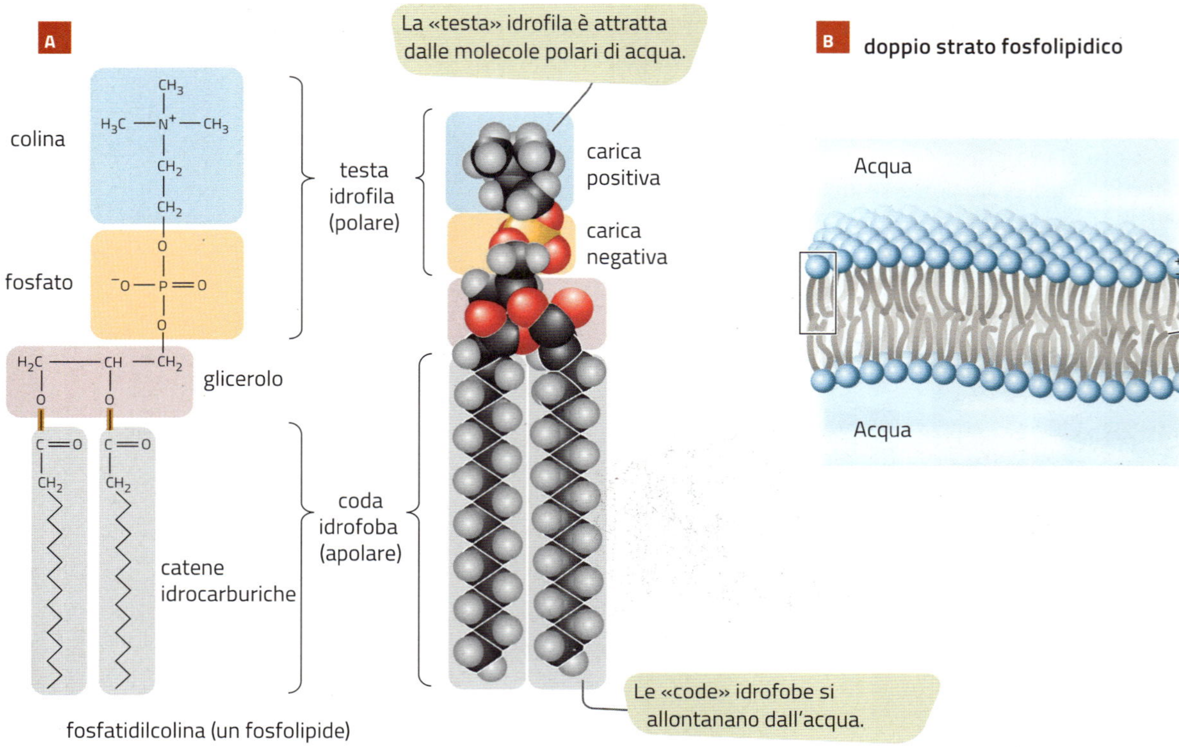

▲ **Figura 15**
(A) I fosfolipidi hanno una testa idrofila e una coda idrofoba formata da due catene di acidi grassi. (B) In ambiente acquoso queste molecole si dispongono a formare un doppio strato, che caratterizza le membrane di quasi tutte le cellule.

I **glicolipidi** sono molecole molto simili per struttura e comportamento ai fosfolipidi; in questo caso, però, il gruppo fosfato è sostituito da uno o più molecole di monosaccaridi, addirittura fino a sette; in soluzione acquosa i glicolipidi si comportano come i fosfolipidi e sono anch'essi componenti importanti delle membrane cellulari, nelle quali svolgono l'importante compito di selezionare le sostanze da far entrare nella cellula.

Le **cere** sono molecole molto lunghe contenenti molecole di alcol a lunga catena e un acido grasso, in modo che lo scheletro carbonioso raggiunge da 40 a 60 atomi di carbonio. Queste molecole sono fortemente idrofobe, quindi le cere costituiscono un ottimo rivestimento protettivo per impermeabilizzare la pelle, il pelo e il piumaggio degli animali, soprattutto acquatici. Per lo stesso motivo le cere sono presenti anche nei rivestimenti dei frutti e delle foglie (**figura 16**).

► **Figura 16**
Le cere rivestono le penne e i peli di molti animali (A) e i frutti e le foglie delle piante (B).

Il colesterolo è un componente della membrana e il precursore degli ormoni steroidei

Alcune classi di lipidi non sono riconducibili alla struttura composita descritta per i trigliceridi e i fosfolipidi.

Il **colesterolo** è un lipide semplice che appartiene invece agli **steroidi**, una classe di composti organici caratterizzati da una struttura a quattro anelli carboniosi legati tra loro (**figura 17**). Il colesterolo è una componente essenziale delle membrane delle cellule animali ed è sintetizzato nel fegato a partire dagli acidi grassi saturi introdotti con l'alimentazione. Una dieta troppo ricca di grassi animali può favorire una sintesi eccessiva di colesterolo che, una volta entrato nel circolo sanguigno, si accumula sulle pareti interne delle arterie. Il deposito di colesterolo tende a irrigidire e a ostruire col tempo i vasi sanguigni, portando a una malattia chiamata *aterosclerosi*, responsabile di patologie a volte fatali dell'apparato cardiocircolatorio.

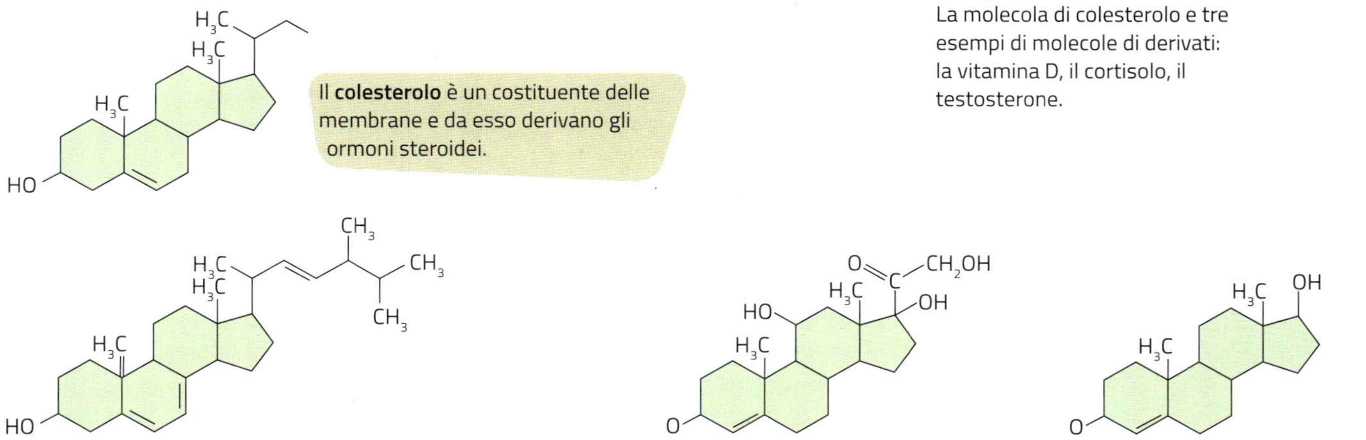

Il **colesterolo** è un costituente delle membrane e da esso derivano gli ormoni steroidei.

La **vitamina D_2** produce nella pelle grazie alla luce a partire da un derivato del colesterolo.

Il **cortisolo** è un ormone secreto dalle ghiandole surrenali.

La **testosterone** è un ormone sessuale maschile.

◂ **Figura 17**
La molecola di colesterolo e tre esempi di molecole di derivati: la vitamina D, il cortisolo, il testosterone.

Sempre nel fegato, il colesterolo è impiegato per sintetizzare gli *ormoni steroidei*, sostanze regolatrici che svolgono il ruolo di messaggeri chimici nell'organismo. Alcuni esempi di ormoni steroidei sono il cortisolo, che favorisce la liberazione di glucosio nel sangue in situazioni di stress fisico, e gli ormoni sessuali femminili (estrogeni) e maschili (testosterone), che determinano lo sviluppo delle caratteristiche sessuali e la fertilità.

Le **vitamine liposolubili** sono molecole lipidiche indispensabili per i processi chimici che si svolgono nelle cellule e che il nostro corpo non è in grado di sintetizzare; per questo motivo devono essere introdotte con gli alimenti. Queste vitamine sono la A, la D e la E, sono introdotte con i grassi alimentari e sono poi accumulate nel fegato. La nostra pelle è in grado di produrre la vitamina D a partire da un derivato del colesterolo, grazie all'azione dei raggi ultravioletti; anche la vitamina A è sintetizzata dal fegato partendo da alcuni precursori contenuti negli alimenti. Oltre alle vitamine liposolubili il corpo umano necessita anche delle **vitamine idrosolubili**, come le vitamine B e C, che hanno una diversa natura chimica e in genere non vengono accumulate nell'organismo e quindi vanno assunte quotidianamente.

Le parole

La parola **vitamina** deriva dal tedesco *vitamin*, una termine composto dal latino *vīta* e dal tedesco *amini* (ammina): fu inventato da Casimir Funk, che nel 1913 scoprì la vitamina B; poiché questa molecola contiene un gruppo amminico, Funk pensò che anche le altre avessero composizione analoga e le chiamò quindi «ammine della vita».

Facciamo il punto

1. Quali sono le caratteristiche comuni a tutti i lipidi?
2. Che cosa distingue i grassi animali dagli oli vegetali?
3. Che cosa sono i trigliceridi? Sapresti spiegare perché i trigliceridi non possono essere usati per costruire le membrane cellulari?
4. Qual è la caratteristica fondamentale dei fosfolipidi?
5. Che cos'è il colesterolo e quali funzioni svolge?

4 Le proteine

Le parole
Il termine **proteina** deriva dal greco *proteios* «primario», a causa della loro importanza biologica.

Mentre le biomolecole studiate fino a ora hanno poche funzioni diverse, nelle cellule è presente una classe di biomolecole che presenta una varietà di funzioni diverse incredibili, che nessuna delle altre possiede: le proteine.

Le **proteine** sono grandi polimeri costituiti da monomeri chiamati **amminoacidi**, disposti in sequenza a formare lunghe **catene polipeptidiche**.

Le proteine sono sequenze ordinate di amminoacidi

Gli **amminoacidi** che formano le proteine sono in tutto 20; questo «alfabeto» è molto antico ed è universale nella sua struttura di base: tutte le specie di batteri, piante, funghi e animali contengono gli stessi amminoacidi assemblati in combinazioni diverse all'interno delle catene polipeptidiche. La grande varietà di ruoli svolti dalle proteine (**tabella 1**) è dovuta proprio alla specifica disposizione dei 20 monomeri che le costituiscono e alla struttura tridimensionale che le catene polipeptidiche assumono nello spazio.

La varietà delle proteine è straordinaria: una cellula del nostro corpo ne può contenere anche più di 100 000, con dimensioni assai variabili: alcune sono piccole, come l'ormone insulina che è costituita da soli 51 amminoacidi, mentre altre sono molto grandi, come la proteina muscolare *titina* che in alcune sue varietà arriva a contenere 33 000 amminoacidi.

▸ **Tabella 1**
I diversi gruppi di proteine cellulari, che svolgono funzioni molto variegate.

Proteina	Funzione
Enzimi	Accelerano le reazioni cellulari.
Proteine strutturali	Conferiscono stabilità e partecipano al movimento.
Proteine di difesa	Riconoscono ed eliminano le sostanze estranee all'organismo.
Proteine di segnalazione	Costituiscono un modo per comunicare tra cellule diverse.
Proteine recettore	Ricevono e trasmettono i segnali cellulari.
Proteine di riserva	Sono la riserva di amminoacidi nei vegetali.
Proteine di trasporto	Legano e trasportano sostanze all'interno dell'organismo.
Proteine regolatrici	Gli ormoni proteici regolano alcuni processi cellulari.

Gli amminoacidi contengono un gruppo amminico, un gruppo carbossilico e una catena laterale

I 20 amminoacidi che si trovano nelle cellule presentano tutti la stessa struttura di base: un atomo di carbonio centrale, detto *carbonio α*, che lega quattro gruppi: un gruppo amminico ($-NH_2$), un gruppo carbossilico ($-COOH$), un atomo di idrogeno e un gruppo R, chiamato anche *catena laterale*, caratteristico per ogni amminoacido. Tranne la glicina, che ha come catena laterale un altro atomo di idrogeno, in tutti gli altri amminoacidi sono molecole che godono di isomeria ottica. Nei viventi le proteine sono costituite interamente da isomeri L.

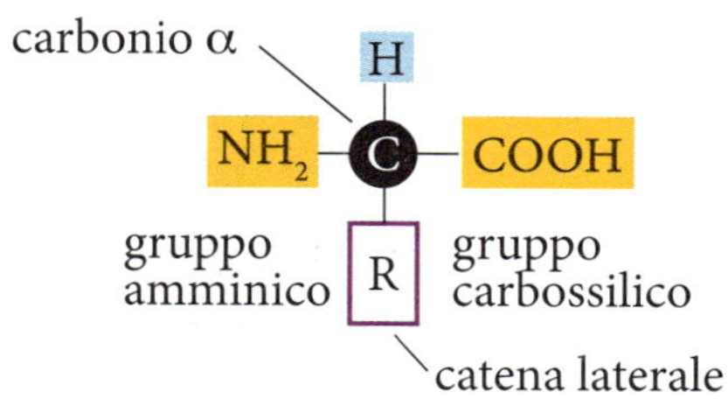

La posizione di NH_2 a sinistra del carbonio α determina la serie L degli amminoacidi.

Nell'ambiente acquoso della cellula, il gruppo $-COOH$, che ha comportamento acido perde uno ione H^+, mentre il gruppo NH_2 lo acquista perché ha comportamento basico. Ecco perché gli amminoacidi sono in genere rappresentati in forma ionica, come mostrato in **figura 18**.

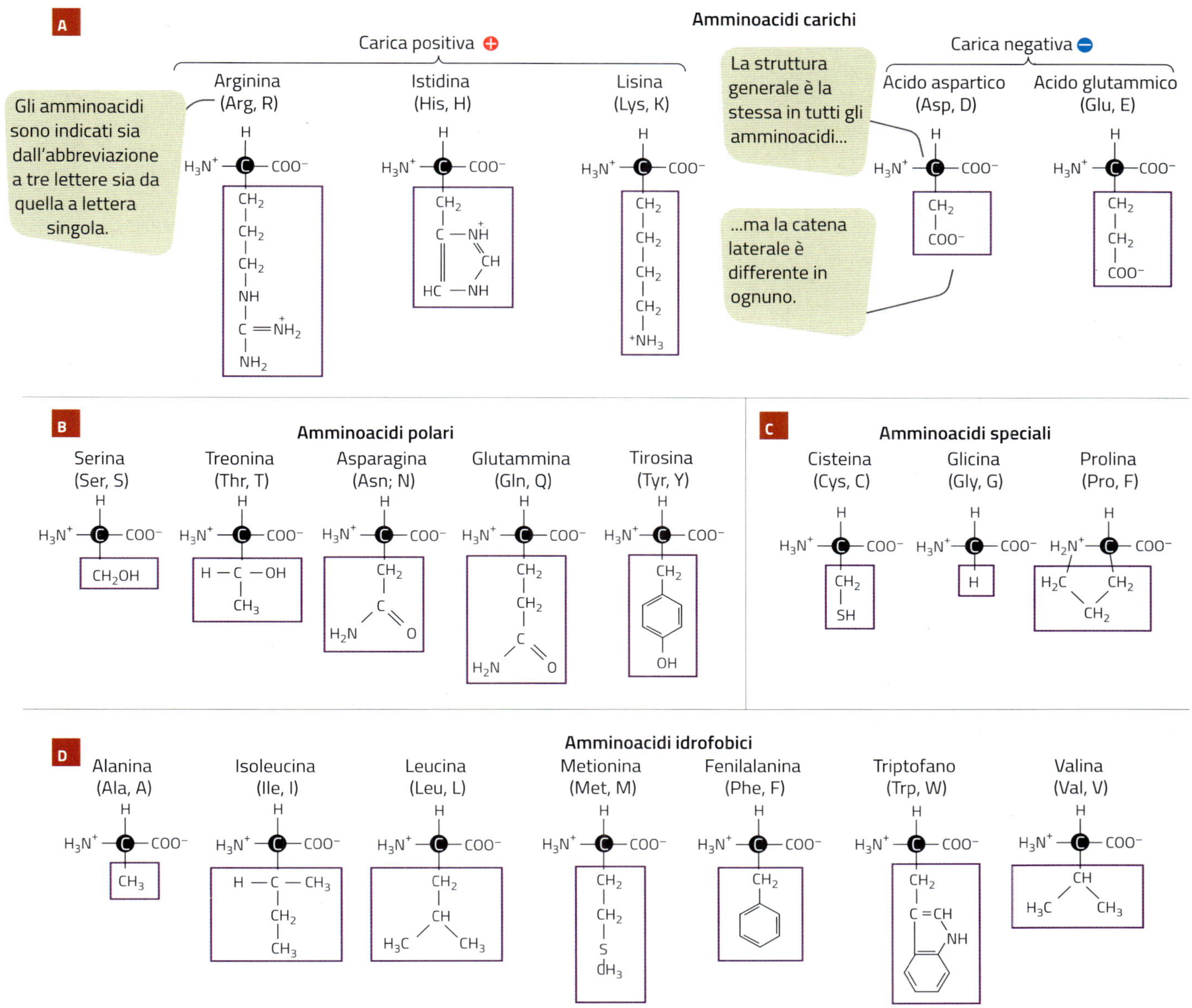

▲ **Figura 18**
Gli amminoacidi presenti nelle cellule si distinguono in base alle caratteristiche dei loro gruppi R.

I gruppi R dei diversi amminoacidi variano per dimensioni, capacità di formare legami e polarità; si distinguono in idrofobi, polari e carichi (**figura 18**).

La polimerizzazione degli amminoacidi avviene come per le altre biomolecole polimeriche, attraverso la condensazione, che porta alla produzione di un polipeptide. Tuttavia dopo la polimerizzazione ogni proteina subisce un processo di riorganizzazione spaziale che le porta a conseguire una propria struttura.

Le strutture assunte dalle proteine possono essere di quattro livelli successivi di complessità crescenti, detti *struttura primaria*, *struttura secondaria*, *struttura terziaria* e *struttura quaternaria*.

La struttura primaria indica l'ordine in cui sono disposti gli amminoacidi

La reazione di condensazione tra due amminoacidi avviene tra l'atomo di azoto del gruppo amminico di un amminoacido e l'atomo di carbonio del gruppo carbossilico di un altro amminoacido, con eliminazione di una molecola d'acqua. Il legame covalente che si forma tra due amminoacidi è detto **legame peptidico**.

La molecola prodotta della reazione tra due amminoacidi è un *dipeptide*; in seguito all'aggiunta di altri amminoacidi si forma una catena di lunghezza crescente, passando da *oligopeptide* (ordine di grandezza la decina di amminoacidi) fino a ottenere il polimero finale, o *polipeptide* (dal centinaio al migliaio di amminoacidi).

Curiosità

Ai 20 amminoacidi si è aggiunta recentemente la scoperta della **selenocisteina** che presenta un gruppo –SeH, dove il selenio prende il posto dello zolfo nella più comune cisteina.

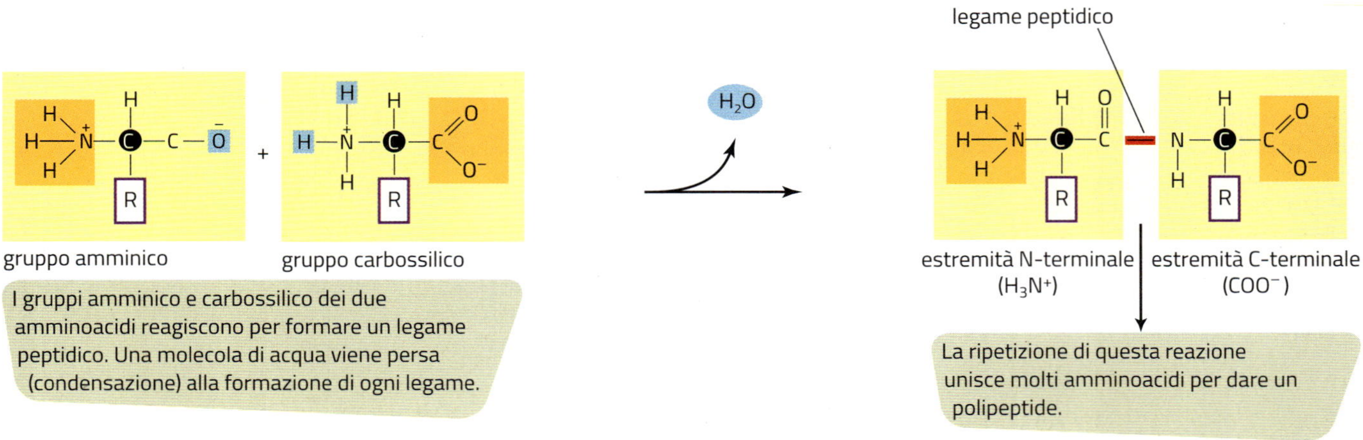

▲ **Figura 19**
La formazione del legame peptidico avviene per condensazione, con liberazione di una molecola d'acqua.

In ogni catena in via di allungamento (**figura 19**) vi sarà sempre un gruppo –COOH a un'estremità e un gruppo $-NH_2$ all'altra. Le catene presentano quindi un ordine lineare che le rende diverse una dall'altra a parità di amminoacidi contenuti. Così come una parola è leggibile solo se le lettere che la costituiscono sono disposte nell'ordine corretto, analogamente una proteina può svolgere la propria funzione solo se l'ordine in cui sono disposti i suoi amminoacidi è esatto.

La sequenza lineare specifica degli amminoacidi nella catena polipeptidica costituisce la **struttura primaria** di una proteina (**figura 20A**).

Come studierai nei temi della biologia, la sequenza corretta degli amminoacidi di una proteina è indicata dai geni, le sezioni in cui si suddivide il DNA delle cellule.

Nella struttura secondaria la catena polipeptidica si avvolge o si ripiega

Una volta assemblata, lungo la catena polipeptidica si generano delle interazioni tra i gruppi NH e CO degli amminoacidi, che la fanno avvolgere o pieghettare e le fanno assumere una configurazione detta **struttura secondaria** (**figura 20B**). I due principali tipi di struttura secondaria sono l'α-elica e il foglietto β.

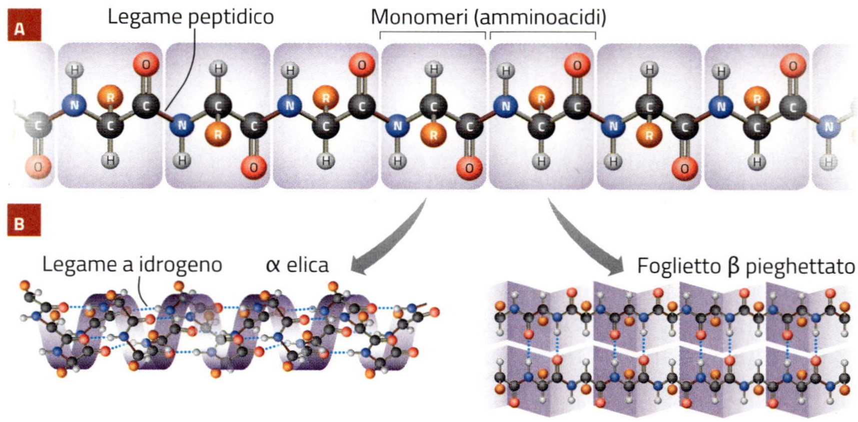

► **Figura 20**
La struttura primaria (A) e la struttura secondaria (B) di una proteina.

L'**α-elica** è una struttura a elica, stabilizzata da legami a idrogeno tra amminoacidi che si trovano sulla medesima catena. La catena polipeptidica è avvolta su se stessa come un nastro. Il risultato è una struttura piuttosto rigida, simile a un bastoncino, con i gruppi R che sporgono. La *ferritina*, che permette di immagazzinare il ferro nel nostro corpo, è quasi completamente costituita da fasci di α-eliche; al contrario, come l'ω-gliadina, non ne contiene affatto.

Il *foglietto β* è un altro tipo di struttura secondaria che si ritrova per esempio nella *fibroina* presente nella seta della tela dei ragni. I **foglietti α** sono formati da tratti della catena polipeptidica disposti in parallelo tra loro e a zig zag, affiancati e uniti da legami a idrogeno tra i gruppi CO e i gruppi NH degli amminoacidi.

La struttura terziaria si ha per il ripiegamento o l'assemblaggio di più strutture secondarie

In molte proteine la struttura secondaria si ripiega ulteriormente su se stessa per dare origine a una **struttura terziaria** (figura 21A) ancora più complessa. Perché questa struttura sia stabile si devono produrre interazioni tra varie porzioni del polipeptide come legami ionici e legami a idrogeno tra gruppi R polari e interazioni tra gruppi idrofobici (forze di London). Inoltre si possono formare dei particolari legami covalenti, detti **ponti disolfuro**, tra i gruppi –SH di due amminoacidi cisteina che si trovano di fronte l'uno all'altro lungo il polipeptide.

In base alla forma complessiva assunta dalla loro struttura terziaria le proteine si dividono in **proteine fibrose**, che hanno catene polipeptidiche disposte in fasci allungati, e **proteine globulari**, le cui catene sono ripiegate ad assumere forme compatte e sferiche.

Esempi di *proteine fibrose* sono proteine strutturali che forniscono sostegno e protezione alle cellule come la *cheratina* e il *collagene*. La **cheratina** è il componente principale della lana e dei capelli, ed è formata da due α-eliche avvolte una intorno all'altra. Il **collagene**, invece, è la proteina più abbondante nel corpo dei mammiferi; è presente nella pelle, nella cartilagine, nelle ossa e nei tendini.

Le *proteine globulari* svolgono una grande varietà di funzioni, tra cui: catalisi, difesa, trasporto, regolazione. Una proteina di trasporto, per esempio, è la **mioglobina**, che lega l'ossigeno presente nelle fibre del muscolo. Anche gli **enzimi** sono proteine globulari; queste molecole svolgono la funzione di *catalizzatori*, cioè accelerano le reazioni chimiche che hanno luogo nelle cellule. Senza enzimi, molte di queste reazioni non avrebbero luogo, oppure si svolgerebbe tanto lentamente da non permettere la vita.

Le parole

Il termine **cheratina** deriva dalla parola greca *kératos* che significa «corno»; la cheratina infatti forma le corna delle capre o dei cervi, ma anche il guscio delle tartarughe, il corno del rinoceronte, e le placche della corazza dei coccodrilli.

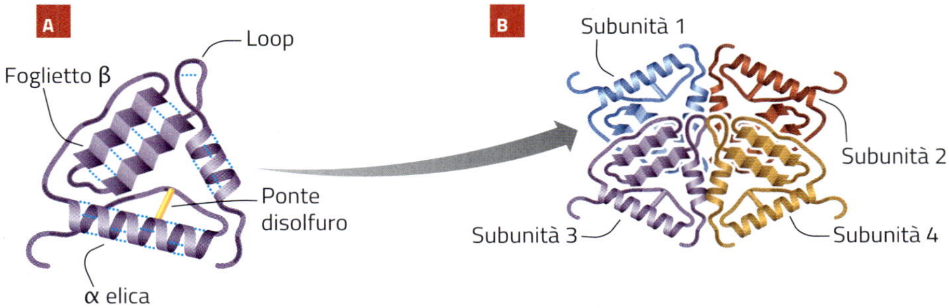

◂ **Figura 21**
La struttura terziaria (A) e quaternaria (B) di una proteina.

La struttura quaternaria comporta l'interazione fra due o più strutture terziarie

Nella maggior parte delle proteine, la struttura terziaria è il massimo livello di complessità raggiunto dal polipeptide. In alcuni casi, però, due o più strutture terziarie possono essere assemblate insieme per formare una **struttura quaternaria** (figura 21B). In questo caso le catene che formano le proteine quaternarie sono chiamate *subunità* e tenute insieme da legami intermolecolari e ionici.

Alcuni esempi di proteine con struttura quaternaria sono gli **anticorpi**, proteine di difesa immunitaria, e l'**emoglobina** (figura 22), la proteina che trasporta l'ossigeno all'interno dei globuli rossi.

La struttura di una proteina è importante al pari della sequenza di amminoacidi. Una proteina può svolgere la sua funzione solo se la sua struttura molecolare tridimensionale è intatta; un'alterazione della struttura, infatti, porta alla perdita dell'attività specifica della molecole. Questo fenomeno è detto **denaturazione**, cioè un cambiamento della struttura originale, con conseguente perdita della funzione.

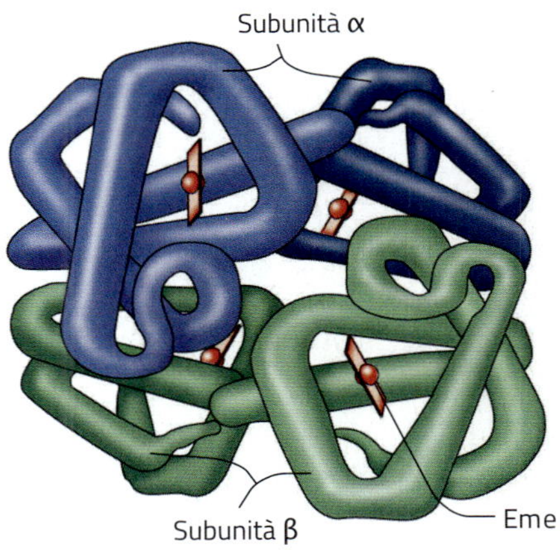

▴ **Figura 22**
L'emoglobina è formata da quattro subunità, uguali a due a due, ognuna delle quali possiede un gruppo eme contenente ferro che ha il compito di legarsi all'ossigeno.

Facciamo il punto

1. Quali sono i monomeri delle proteine e come sono classificati?
2. Quali sono i livelli di organizzazione delle proteine e come si differenziano?
3. Quali sono le funzioni delle proteine nella cellula?
4. Che cosa comporta la denaturazione di una proteina?

5 Acidi nucleici e derivati nucleotidici

Nel 1869 lo scienziato Friedrich Miescher scoprì che nei nuclei delle cellule sono presenti delle sostanze ancora diverse rispetto a quelle già studiate. Egli chiamò queste sostanze estratte dal nucleo *nucleina* che successivamente fu identificata come l'acido nucleico DNA.

DNA e RNA sono polimeri di nucleotidi

Gli **acidi nucleici** sono grandi polimeri di monomeri chiamati **nucleotidi**, che hanno il compito di conservare e trasmettere l'informazione genetica. L'informazione è codificata dalla sequenza dei nucleotidi che costituiscono gli acidi nucleici. Queste informazioni sono responsabili delle caratteristiche fisiche, dalla struttura corporea (che è tipica per ogni specie) al colore degli occhi e dei peli. Alla base di ogni caratteristica vi è il funzionamento corretto di una o più proteine attraverso le quali il codice di esprime.

Esistono due tipi di acidi nucleici: il *DNA* (acido desossiribonucleico) e l'*RNA* (acido ribonucleico). Il **DNA** codifica l'informazione ereditaria e la trasmette da una generazione alla successiva; l'**RNA** trascrive l'informazione contenuta nel DNA e la usa per guidare la sintesi delle proteine, facendo in modo che la sequenza degli amminoacidi lungo la catena corrisponda esattamente all'informazione codificata dal DNA.

I nucleotidi contengono un gruppo fosfato, un monosaccaride e una base azotata

I nucleotidi sono i «mattoni» degli acidi nucleici, ma svolgono anche altre funzioni, tra cui il trasporto di energia all'interno della cellula. Un **nucleotide** è formato da un gruppo fosfato, un monosaccaride a cinque atomi di carbonio e una base azotata (**figura 23**).

Il **gruppo fosfato** (PO_4^{3-}) deriva dall'acido fosforico (H_3PO_4) ed è la parte del nucleotide che possiede proprietà acide, da cui il termine «acido nucleico». Il monosaccaride può essere il **ribosio** o il **deossiribosio**, che contiene un atomo di ossigeno in meno rispetto al ribosio. Le **basi azotate** sono molecole organiche che contengono una struttura ad anello semplice (*pirimidine*) oppure ad anello doppio

▼ **Figura 23**
La struttura di base degli acidi nucleici (A) e la struttura delle basi azotate (B).

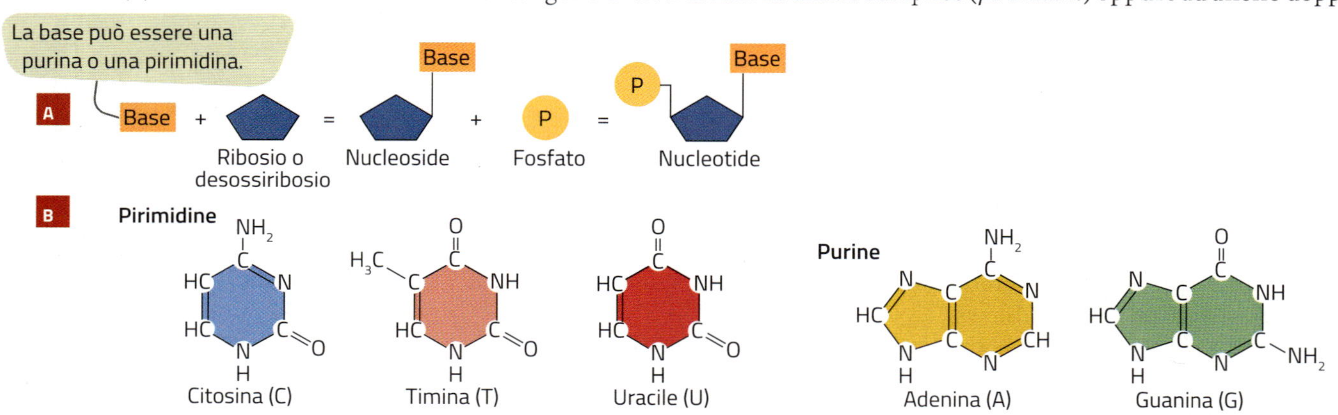

(*purine*); l'anello contiene atomi di azoto che conferiscono alla molecola proprietà basiche. Esistono cinque differenti basi azotate: *adenina* (A), *guanina* (G), *citosina* (C), *timina* (T) e *uracile* (U).

DNA e RNA differiscono per due aspetti: nel DNA lo zucchero è il desossiribosio e le basi azotate sono adenina, guanina, citosina e timina; nell'RNA lo zucchero è il ribosio e le basi azotate sono adenina, guanina, citosina e uracile (al posto della timina).

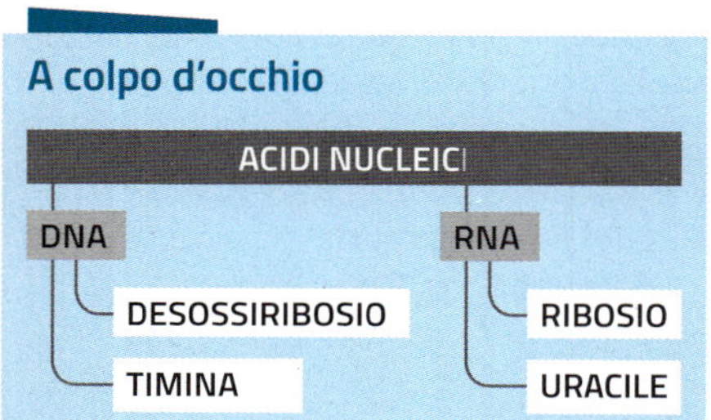

L'informazione di un acido nucleico è contenuta nella sequenza dei suoi nucleotidi

Come gli altri polimeri, anche il DNA e l'RNA si formano mediante reazioni di condensazione; le loro molecole sono quindi sequenze lineari di nucleotidi, uniti da legami covalenti tra lo zucchero di un nucleotide e il gruppo fosfato di quello successivo. Lo **scheletro** della catena polinucleotidica è formato dall'alternanza regolare di zucchero-fosfato-zucchero-fosfato ecc.; ogni base azotata è legata allo zucchero ma non al fosfato, perciò esse sporgono lateralmente dalla catena (**figura 24**).

▼ **Figura 24**
La struttura delle catene di nucleotidi che formano l'RNA (A) e il DNA (B).

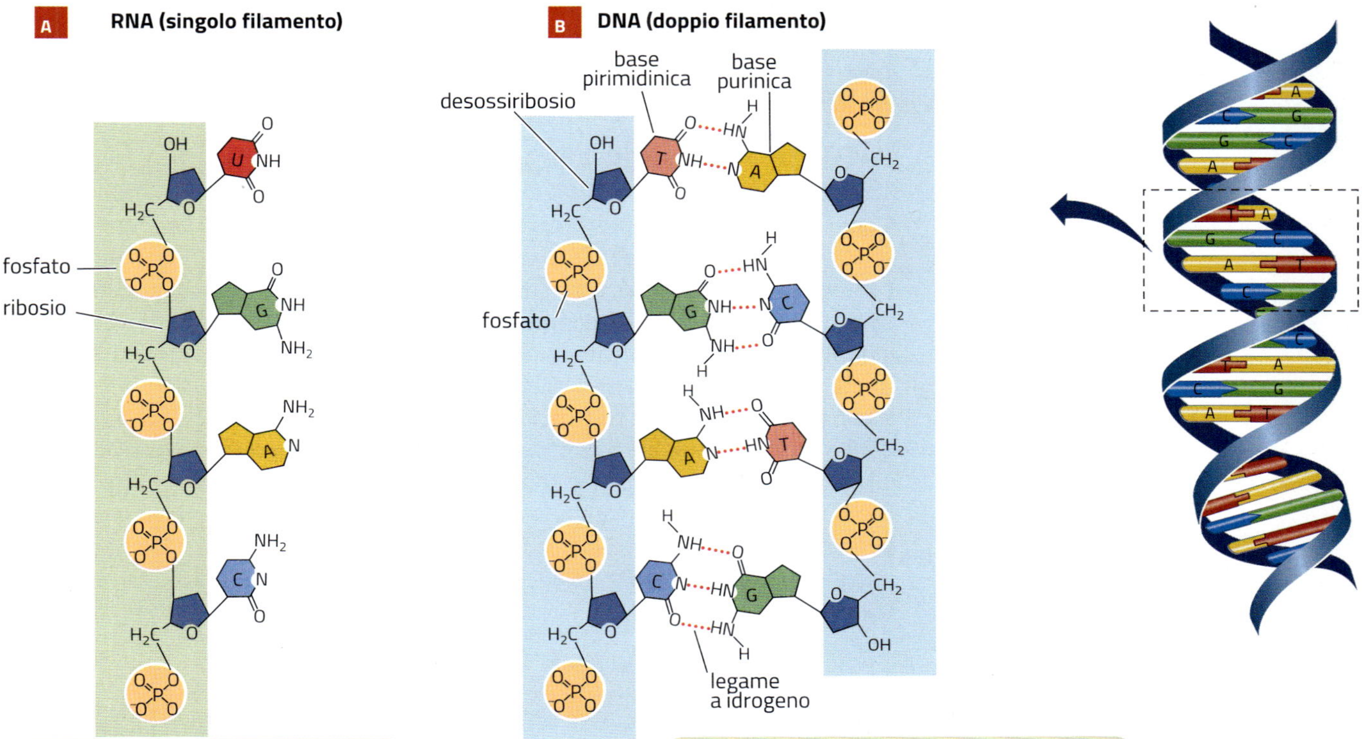

Nell'RNA, le basi sono legate al ribosio. Le basi dell'RNA sono le purine adenina (A) e guanina (G) e le pirimidine citosina (C) e uracile (U).

Nel DNA, le basi sono legate al desossiribosio e la base timina (T) sostituisce l'uracile. I legami a idrogeno tra purine e pirimidine mantengono uniti i due filamenti di DNA.

Mentre le molecole di RNA sono formate da una singola catena, il DNA è a doppio filamento: le due catene polinucleotidiche appaiate sono tenute insieme da legami a idrogeno che si formano tra le basi azotate. L'appaiamento delle basi non è casuale: l'adenina si appaia sempre e solo con la timina, e la citosina si appaia sempre con la guanina. Questo dipende dalla struttura delle basi azotate che condiziona la possibilità di formare due o tre legami a idrogeno. Le basi azotate sono quindi **complementari** l'una all'altra: adenina e timina, guanina e citosina.

Il DNA e l'RNA sono **polimeri informazionali**, cioè *molecole portatrici di informazione* perché l'informazione è codificata nella sequenza delle basi che formano le catene polinucleotidiche: la sequenza GAGGC, per esempio, contiene un'informazione diversa da quella codificata nella sequenza GCAAC. Il DNA è un polimero molto grande che svolge la funzione di archivio e ha una struttura straordinariamente uniforme in quanto le sue variazioni riguardano esclusivamente le sequenze di basi. La molecola di RNA, molto più piccola, si forma con un processo di copiatura della sequenza di nucleotidi custodita nel DNA detto **trascrizione**, mentre con la **traduzione** questa sequenza è tradotta nella precisa sequenza di amminoacidi di un polipeptide. Ecco perché anche i polipeptidi sono anch'essi polimeri informazionali.

Il modello della struttura del DNA fu definito nel 1953 da James Watson, Maurice Wilkins e Francis Crick, che giunsero a comprendere che il DNA forma una struttura a **doppia elica**. I ricercatori grazie a studi condotti in precedenza da

Curiosità

Sebbene si tratti di codici naturali, c'è un'evidente somiglianza con il modo in cui si immagazzina l'informazione nel **DNA** e nei sistemi informatici. Il codice binario, per esempio, si basa su messaggi composti da due soli segni, 0 e 1, e ogni lettera o numero è individuato da una sequenza di 8 cifre 0 o 1 (per esempio la lettera A è data da 00001010). Analogamente il codice genetico ha quattro segni (A, C, G, e T) e ogni tripletta di basi identifica un amminoacido (per esempio AAA sul DNA corrisponde alla fenilalanina).

Rosalind Franklin su campioni di acidi nucleici analizzati ai raggi X compresero che la struttura della doppia elica è come una scala: i montanti verticali sono formati da sequenze alternate di molecole di zucchero desossi-ribosio e di gruppi fosfato, mentre le basi azotate accoppiate formano i pioli orizzontali.

L'informazione codificata nella sequenza di basi del DNA è quella relativa all'ordine in cui disporre gli amminoacidi per costruire una data proteina. È grazie alle informazioni conservate nel DNA che ogni cellula dell'organismo può assemblare correttamente tutte le sue proteine, disponendo gli amminoacidi nell'esatta sequenza: a una specifica serie di nucleotidi presente nel DNA corrisponde un'unica precisa sequenza di amminoacidi di una determinata proteina. L'insieme delle regole che consentono di ricavare una sequenza polipeptidica da un tratto di DNA costituisce il **codice genetico**.

L'ATP fornisce energia alle cellule

Tutte le cellule hanno bisogno di energia per vivere e svolgere le loro funzioni. Come abbiamo visto, lipidi e carboidrati sono importanti fonti energetiche, ma sono troppo complessi per l'uso immediato che ne fanno le cellule. L'energia che contengono è alta, ma occorre liberarla gradualmente. Per ricavare energia da una molecola di glucosio la cellula deve mettere in moto una serie di reazioni che demoliscono lo zucchero liberando l'energia contenuta nei suoi legami. L'energia liberata in questo modo è immagazzinata e trasportata dall'ATP (*adenosina trifosfato*), una biomolecola che funziona come una pila ricaricabile. Una molecola di **ATP** è formata dalla base azotata adenina legata a una molecola di ribosio a cui è legata chimicamente una sequenza di tre gruppi fosfato (**figura 25**). I legami che tengono uniti i tre gruppi fosfato sono relativamente deboli e possono rompersi piuttosto facilmente per idrolisi e altrettanto facilmente riformarsi. Nella maggior parte dei casi, l'idrolisi coinvolge solo uno dei gruppi fosfato secondo la reazione:

$$ATP + H_2O \longrightarrow ADP + P_i + \text{energia}$$

I prodotti della reazione sono **ADP** (adenosina difosfato), un gruppo fosfato (P_i) e una quantità di energia abbastanza piccola da non danneggiare la cellula (7,3 kcal/mol), ma sufficiente ad attivare la maggior parte delle reazioni cellulari. È per questo motivo che i legami con il fosfato sono detti *legami ad alta energia*: con ciò si intende energia altamente disponibile.

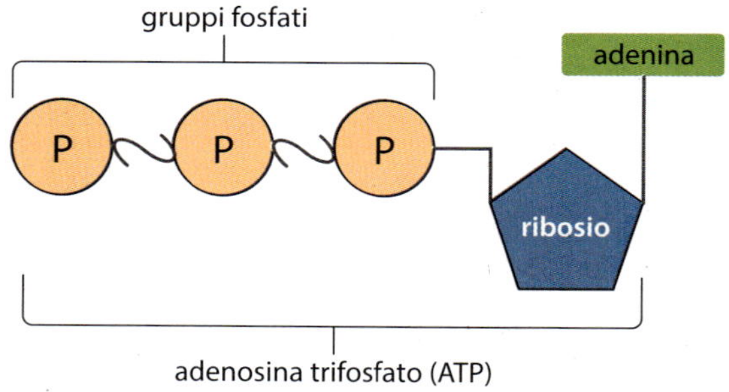

▸ **Figura 25**
L'ATP contiene 3 gruppi fosfato legati all'adenosina, ovvero la somma di zucchero e base azotata.

L'ADP viene «ricaricato» in ATP attraverso l'energia rilasciata dalla demolizione graduale delle molecole di glucosio, attraverso la reazione inversa:

$$ADP + P_i + \text{energia} \longrightarrow ATP + H_2O$$

Ogni molecola di glucosio demolita completamente porta alla formazione di 36-38 molecole di ATP. Per mantenersi in vita, una cellula consuma milioni di molecole di ATP al secondo, che sono continuamente prodotte e idrolizzate attraverso migliaia di reazioni.

Facciamo il punto

1. Descrivi la struttura della molecola di un nucleotide.
2. Descrivi le funzioni biologiche del DNA e dell'RNA.
3. Che cos'è il codice genetico?
4. Qual è la funzione biologica dell'ATP?

SINTESI DI FINE CAPITOLO

LO SAI?
RIPASSA CON LO SMARTPHONE

Le biolomecole

Esistono quattro classi fondamentali di molecole biologiche o biomolecole: *carboidrati, lipidi, proteine, acidi nucleici.*

I **monomeri** sono biomolecole a bassa massa molecolare che vanno a costituire macromolecole, cioè **polimeri** a elevata massa molecolare.

Tramite il processo di **condensazione** i monomeri costituiscono polimeri, con eliminazione di molecole d'acqua; tramite **idrolisi** il polimero viene demolito nelle sue parti costituenti, con l'aggiunta di molecole d'acqua.

I carboidrati

I carboidrati, detti anche **glucidi**, saccaridi o zuccheri, si classificano in base al numero di monomeri.

I **monosaccaridi** sono gli zuccheri semplici usati come monomeri. Possono essere **aldosi**, con un gruppo aldeidico, o **chetosi**, con un gruppo chetonico.

In base al numero di atomi di carbonio possono essere: triosi, tetrosi, pentosi, esosi, eptosi. Nella cellula si trovano in forma chiusa ad anello di forma esagonale o pentagonale.

Glucosio e fruttosio sono tra loro **isomeri**. Ribosio e desossiribosio sono gli zuccheri presenti negli acidi nucleici.

Gli **oligosaccaridi** sono dati da poche molecole di monosaccaridi. I **disaccaridi** si ottengono per condensazione tra due monomeri formando un legame glicosidico. Saccarosio, lattosio e maltosio sono gli esempi più importanti.

I **polisaccaridi** sono polimeri dati da centinaia o migliaia di monosaccaridi. Possono essere di origine vegetale (amido, con funzione di riserva, e cellulosa, con funzione di struttura) o animale (glicogeno di riserva, chitina di struttura).

Il glicogeno e l'amilopectina (una delle due costituenti dell'amido) sono molecole ramificate; l'amilosio e la cellulosa sono lineari.

I lipidi o grassi

I **lipidi** hanno composizione varia, sono insolubili in acqua e liberano molta energia (9 kcal/g). Hanno funzioni diverse: possono essere di riserva, di struttura, messaggeri tra cellule e di regolazione. Si classificano in saponificabili (lipidi complessi) e non saponificabili (lipidi semplici).

I **trigliceridi** sono lipidi saponificabili ottenuti dalla condensazione di una molecola di glicerolo e tre acidi grassi, saturi o insaturi.

I **fosfolipidi** sono formati da glicerolo, un gruppo fosfato e due molecole di acidi grassi. Sono molecole anfipolari perché presentano una testa polare, idrofila e due code apolari, idrofobe. Sono utilizzati per produrre le membrane cellulari.

Il **colesterolo** è un lipide **steroide** non saponificabile. Forma le membrane cellulari ed è il precursore degli **ormoni steroidei**.

Le proteine

Le **proteine** sono polimeri costituiti da **amminoacidi**. Le **catene** di amminoacidi sono dette **polipeptidiche**.

Gli amminoacidi sono 20 molecole semplici date da un carbonio centrale, un gruppo amminico ($-NH_2$), un gruppo carbossilico ($-COOH$) e una catena laterale $-R$, tipica di ogni amminoacido.

Gli amminoacidi si polimerizzano per condensazione formando **legami peptidici**.

Le catene polipeptidiche assumono anche una struttura spaziale molto importante per la funzione svolta. La **struttura primaria** è la sequenza di amminoacidi; la **struttura secondaria** può essere ad α-elica o a foglietto β; la **struttura terziaria** porta all'avvolgimento della catena su se stessa, con formazione anche di ponti a disolfuro; la **struttura quaternaria** è data dall'assemblaggio di più proteine in struttura terziaria.

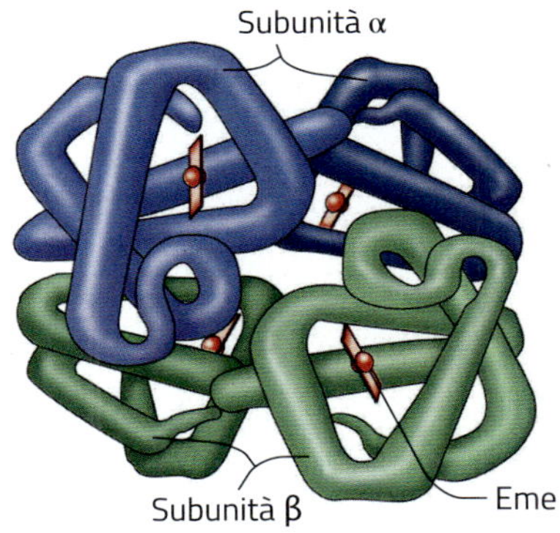

Le **proteine fibrose** hanno le catene polipeptidiche disposte in fasci allungati, in quelle **globulari** sono avvolte in forma sferica. La **denaturazione** è il processo che porta alla perdita della struttura e spesso anche della piena funzionalità di una proteina.

Gli acidi nucleici e i derivati nucleotidici

Gli **acidi nucleici** sono formati da monomeri detti **nucleotidi**. Il **DNA** è l'**acido desossiribonucleico** e l'**RNA** è l'**acido ribonucleico**. Ogni nucleotide contiene uno **zucchero pentoso** (desossiribosio nel DNA o ribosio nell'RNA), un **gruppo fosfato** e una **base azotata**: adenina, guanina, citosina, timina (o uracile nell'RNA).

Il DNA presenta una struttura a doppia elica e contiene le informazioni necessarie alla sintesi delle proteine, codificate dal **codice genetico**. L'RNA ha una struttura più semplice a unico filamento.

L'**ATP**, **adenosintrifosfato**, è un derivato nucleotidico formato da adenina, ribosio e tre gruppi fosfato. I legami col fosfato, **legami ad alta energia**, per idrolisi liberano energia (7,3 kcal/mol) che è rapidamente disponibile per la cellula.

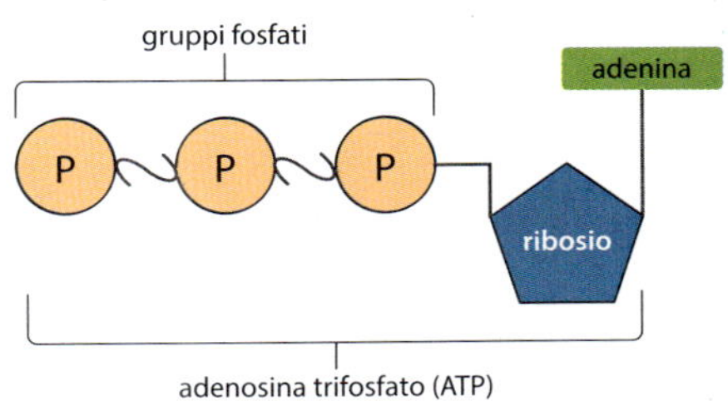

VERIFICA LE TUE CONOSCENZE

ZTE ONLINE

Rispondi alle domande.

1. Quali sono le quattro classi in cui si dividono le molecole biologiche?

2. Quale ruolo hanno gli zuccheri negli organismi viventi?

3. Scrivi le formule lineari del fruttosio e del glucosio.

4. Scrivi le formule lineari di un aldoso e di un chetoso.

5. Quale atomo di carbonio è responsabile della configurazione assoluta di uno zucchero? Perché?

6. Per ognuno dei seguenti polisaccaridi indica i monomeri che li costituiscono.

a) amilosio
b) glicogeno
c) cellulosa
d) amilopectina

Rispondi alle domande.

7. Per quale motivo la L-gliceraldeide e la D-gliceraldeide sono isomeri ottici?

8. Quale parte del fosfolipide costituisce la parte idofoba? Quale quella idrofila?

9. Quali sono le sostanze grasse che compaiono con maggiore frequenza nella dieta?

10. Quali sono i gruppi funzionali caratteristici degli amminoacidi?

11. Che cosa sono i nucleotidi?

12. Definisci che cos'è un carboidrato e scrivi le formule dei principali carboidrati.

13. Qual è il disaccaride composto da D-galattosio e D-glucosio?

14. Completa il brano scegliendo i termini corretti tra quelli elencati in fondo.

I lipidi sono .... in solventi polari in quanto le loro molecole non sono .... L'energia da essi prodotta viene ceduta in tempi .... , sebbene si possa affermare che i lipidi sono le molecole organiche più .... I grassi insaturi, come per esempio .... , tendono a essere .... a temperatura ambiente, mentre quelli saturi, come per esempio .... , tendono a essere ....
(liquidi, immediati, il colesterolo, complesse, insolubili, gassosi, polari, lunghi, energetiche, solubili, polimeri, idrolizzabili, l'olio d'oliva, apolari, brevi, il burro, solidi, cerosi)

15. Vero o falso?

a) Negli acidi grassi il legame tra carbonio e carbonio è sempre covalente semplice. V F
b) L'amido può essere idrolizzato dalle piante per ottenere glucosio. V F
c) I trigliceridi sono disaccaridi. V F
d) I polipeptidi sono formati dall'associazione di molti acidi grassi. V F
e) Il glicogeno è presente negli animali, ma non nei vegetali. V F
f) L'ATP ha due gruppi fosfato in più rispetto ai nucleotidi. V F

VERIFICA LE TUE ABILITÀ

Scrivi le strutture e rispondi alle domande.

16. **Scrivi la struttura di un trigliceride e individuane il gruppo funzionale caratteristico.**

....

....

....

17. **Individua la formula di un trigliceride ottenuto dall'esterificazione del glicerolo con due molecole di acido oleico e una di acido stearico.**

....

....

....

18. **Scrivi la struttura generica di un amminoacido.**

....

....

....

19. **Dati i seguenti amminoacidi, imposta la reazione che permette di ottenere il tripeptide corrispondente. Se cambia la posizione dei tre amminoacidi si ottiene sempre lo stesso prodotto?**

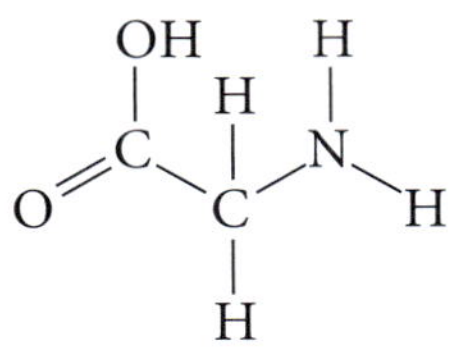

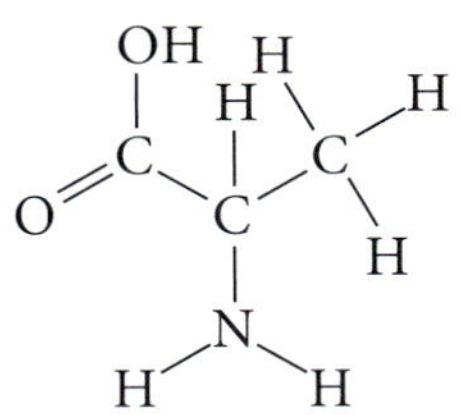

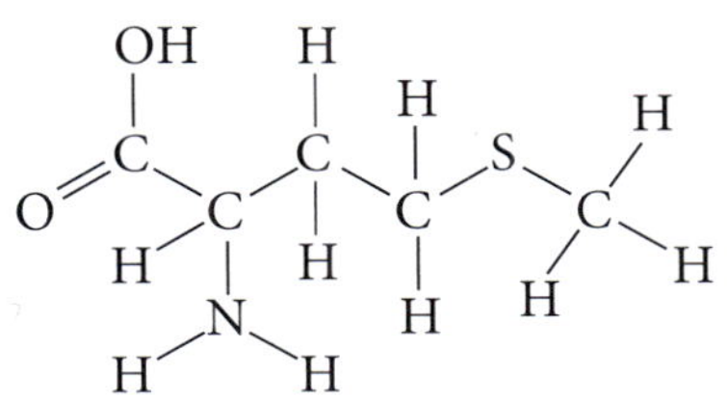

20. **Schematizza la formula generalizzata del nucleotide, includendo le tre parti di cui è costituito.**

....

....

....

21. **Uno dei filamenti di una molecola di DNA presenta questa sequenza di basi azotate:**

A—T—C—C—G—C—T—A—A—T—A—G

- Scrivi la sequenza complementare presente sull'altro filamento.
- Scrivi la sequenza complementare di un filamento di RNA.

Ricostruisci le figure.

22. **Ricomponi il trigliceride, inserendo nelle caselle i termini appropriati scelti dalla lista (i termini possono essere ripetuti più volte).**

(gliceraldeide, glicerolo, acido fosforico, acido grasso, fosfato, gruppo X)

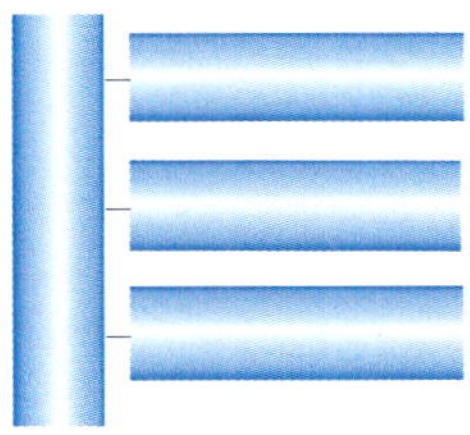

23. **Completa la figura inserendo nelle caselle i termini appropriati scelti dalla lista.**

(testa, testa polare, code, code apolari)

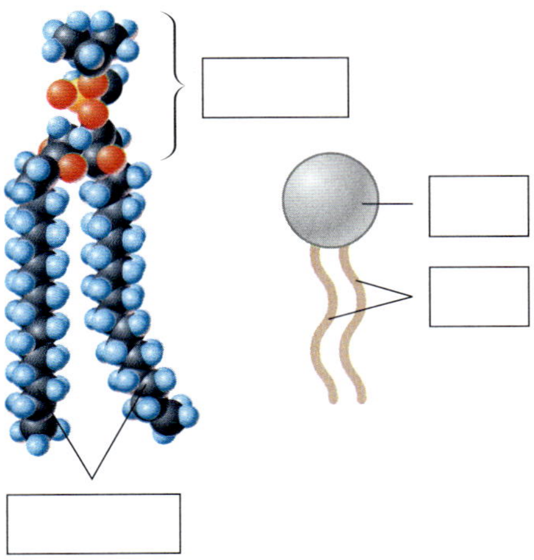

24. **Ricomponi l'amminoacido, inserendo nelle caselle i gruppi atomici o gli atomi appropriati scelti dalla lista.**

(R, C, N, $COOH$, OH, H_2N, COH, CH_3)

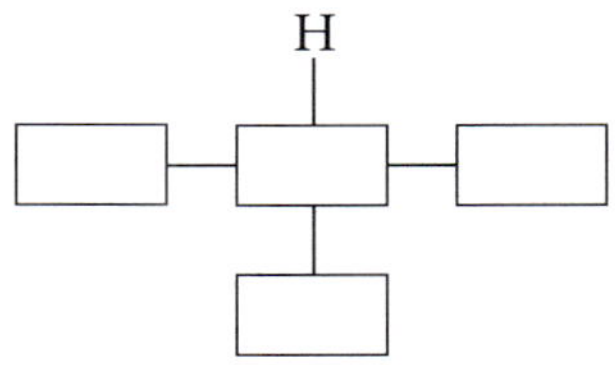

UNITUTOR
VERSO L'UNIVERSITÀ

25. **Quale delle seguenti affermazioni NON è corretta riguardo al glicogeno?**

A. È composto da amilosio e amilopectina.
B. È una molecola ramificata.
C. È presente nelle cellule del fegato.
D. Può essere idrolizzato.
E. Contiene legami glicosidici.

[test di ingresso a Medicina 2013-14]

TEST YOURSELF

26. **Multiple choice.**
A nucleotide in DNA is made up of

A. four bases
B. base plus a deoxyribose sugar plus a phosphate
C. sugar plus a phosphate
D. sugar and a base

VERSO L'ESAME: LE TUE COMPETENZE

SCHEMATIZZA

27. Completa la seguente tabella, seguendo l'esempio della prima riga.

Zucchero	Tipo	Monosaccaridi	Origine
saccarosio	disaccaride	glucosio e fruttosio	vegetale
amilosio			
cellulosa			
lattosio			
glicogeno			

SCHEMATIZZA

28. Completa la tabella riassuntiva dei principali tipi di polimeri biologici, seguendo l'esempio della prima riga.

Biomolecola	Classe di appartenenza	Origine del polimero (animale e/o vegetale)	Tipo di monomero
cellulosa	polisaccaridi	vegetale	β-glucosio
RNA			
polipeptide			
glicogeno			
DNA			

SCHEMATIZZA

29. Schematizza la sintesi di un tripeptide a partire dai tre amminoacidi lisina, glicina e fenilalanina (consulta la tabella in seconda di copertina).

a) Indica le possibili alternative. Quante sono in tutto?

b) Rifletti con i tuoi compagni e con il docente sulla grande variabilità esistente tra le proteine.

SPIEGA

30. Descrivi le regole di appaiamento delle basi azotate nel DNA.

RICERCA

31. Ricerca in rete informazioni sulla natura chimica dei cosiddetti omega-3, individuando la classe di biomolecole a cui appartengono.

Per quale motivo sono considerati importanti per la salute umana?

INTERPRETA

32. Che cosa indica la formula R-CONH-R?

RAGIONA

33. Per quale motivo un trigliceride non può essere considerato un polimero?

CONFRONTA

34. Quali sono le differenze chimiche e strutturali esistenti tra DNA e RNA?

IPOTIZZA

35. Che cosa sono gli anomeri? Perché non si trovano nelle strutture lineari dei monosaccaridi?

RICERCA E CALCOLA

36. Un uomo pesa 70 kg; ricerca in rete la composizione percentuale dell'organismo umano e poi rispondi alla domanda.

Calcola quanti kilogrammi spettano alle proteine, ai lipidi, ai carboidrati, all'acqua e ai sali minerali.

SEI PRONTO PER LA VERIFICA?

IN 1 ORA

Dopo aver studiato i contenuti fondamentali dei **capitoli 6, 7 e 8**, prova a svolgere questa verifica nel **tempo massimo di 1 ora.**

Alla fine della prova **controlla le tue risposte** con le soluzioni che troverai sul sito *online.scuola.zanichelli.it/chimicanatura2ed* e **calcola il punteggio** totale che hai conseguito compilando la griglia finale.

CONOSCENZE

Barra la risposta esatta.

1. A quale fenomeno è legato l'aumento di volume di un materiale in seguito al movimento dell'acqua al suo interno?

[A] Capillarità
[B] Tensione superficiale
[C] Imbibizione
[D] Dilatazione

(4 punti se hai risposto correttamente) ...../4

2. Quali legami sono presenti nella molecola H_2O?

[A] Due legami covalenti polari.
[B] Un legame covalente apolare e un legame covalente polare.
[C] Due legami a idrogeno.
[D] Un legame covalente polare e un legame a idrogeno.

(4 punti se hai risposto correttamente) ...../4

3. Quale base azotata contiene due anelli?

[A] Adenina
[B] Citosina
[C] Timina
[D] Uracile

(4 punti se hai risposto correttamente) ...../4

4. Quali biomolecole non sono dei polimeri?

[A] I carboidrati
[B] I lipidi
[C] Le proteine
[D] Gli acidi nucleici

(4 punti se hai risposto correttamente) ...../4

Barra il completamento esatto.

5. Gli idrocarburi caratterizzati dalla presenza di un legame triplo sono gli

[A] alcani.
[B] alcheni.
[C] alchini.
[D] idrocarburi aromatici.

(4 punti se hai risposto correttamente) ...../4

6. Un esempio di monosaccaride pentoso è il

[A] ribosio.
[B] glucosio.
[C] fruttosio.
[D] galattosio.

(4 punti se hai risposto correttamente) ...../4

7. Una soluzione è definita acida se ha un valore del pH

[A] minore di 1.
[B] minore di 7.
[C] maggiore di 7.
[D] maggiore di 14.

(4 punti se hai risposto correttamente) ...../4

8. Gli elettroni di valenza sono gli elettroni

[A] posseduti da un atomo.
[B] acquistati da uno ione negativo.
[C] coinvolti nei legami chimici formati da un atomo per raggiungere la stabilità.
[D] che si trovano sul livello energetico più esterno di un atomo.

(4 punti se hai risposto correttamente) ...../4

9. Gli isomeri di struttura sono molecole che

[A] hanno una diversa formula grezza ma hanno la stessa temperatura di ebollizione e fusione.
[B] hanno lo stesso numero di atomi di carbonio ma un diverso numero di atomi di idrogeno.
[C] sono una l'immagine speculare dell'altra.
[D] hanno la stessa formula grezza ma differiscono per la disposizione spaziale degli atomi.

(4 punti se hai risposto correttamente) ...../4

10. Per ciascuna affermazione barra il simbolo V se la ritieni vera oppure il simbolo F se la ritieni falsa.

a) Il calore latente di vaporizzazione dell'acqua è più basso di quello della maggior parte dei solventi organici. [V] [F]
b) Il passaggio di stato dallo stato gassoso allo stato solido è detto brinamento. [V] [F]
c) L'acqua ha la sua densità massima a 4 °C. [V] [F]

(2 punti per ogni scelta corretta) ...../8

11. Nel seguente brano, barra tra i termini in neretto quelli errati.

La forza di attrazione tra le molecole di acqua, detta **coesione / adesione,** si manifesta nel fenomeno della **pressione / tensione** superficiale. Essa è dovuta ai legami **covalenti polari / a idrogeno** che si stabiliscono tra le molecole d'acqua. Ogni molecola d'acqua può formare al massimo **tre / quattro** legami di questo tipo.

(2 punti per ogni scelta corretta) ...../8

12. Descrivi i principali gruppi funzionali.

....

....

....

....

....

(8 punti se hai descritto tutti i gruppi) ...../8

ABILITÀ

Barra il completamento esatto.

13. Il maltosio, il disaccaride formato dalla condensazione di due molecole di -glucosio, ha formula grezza

- [A] $2C_6H_{12}O_6$.
- [B] $C_{12}H_{24}O$
- [C] $C_{12}H_{26}O_{13}$.
- [D] $C_{12}H_{22}O_{11}$.

(4 punti se hai risposto correttamente) ...../4

14. Se un filamento di DNA contiene la sequenza TAGGCTTATG, la sequenza del filamento complementare sarà

- [A] GTATTCGGAT.
- [B] AUCCGAAUAC.
- [C] ATCCGTTATC.
- [D] ATCCGAATAC.

(4 punti se hai risposto correttamente) ...../4

15. Barra le due risposte esatte.
Quali biomolecole sono di origine animale?

- [A] Emoglobina
- [B] Amido
- [C] Cheratina
- [D] Chitina
- [E] Vitamina C

(4 punti per due risposte corrette, 2 per una sola) ...../4

16. Completa le seguenti frasi con i termini proposti (alcuni termini vanno utilizzati più di una volta).

a) Il legame peptidico si forma tra il gruppo .... di un amminoacido e il gruppo carbossilico di un altro amminoacido.

b) Il legame ionico contribuisce alla formazione della struttura .... delle proteine.

c) La denaturazione non modifica la struttura.............. di un polipeptide, ma modifica quella ....

d) Il gruppo .... degli amminoacidi è sempre a sinistra del carbonio.

terziaria / secondaria / amminico / primaria / quaternaria / carbossilico

(2 punti per ogni frase corretta) ..../10

Barra la risposta esatta.

17. Cosa hanno in comune il glicogeno, l'amido e la cellulosa?

- [A] Sono polisaccaridi ramificati
- [B] Sono polimeri del glucosio
- [C] Sono polisaccaridi di origine vegetale
- [D] I monomeri che li costituiscono sono uniti da legami 1,4-α-glicosidici

(4 punti se hai risposto correttamente) ...../4

18. In quali strutture non sono presenti legami intermolecolari a idrogeno?

- [A] Ghiaccio
- [B] DNA
- [C] Trigliceridi
- [D] Strutture secondarie delle proteine

(4 punti se hai risposto correttamente) ...../4

Barra i due completamenti esatti.

19. La glicina

- [A] è sempre il primo amminoacido di una catena polipeptidica.
- [B] è un amminoacido con una catena laterale di carica positiva.
- [C] ha due atomi di idrogeno legati al carbonio.
- [D] è l'unico amminoacido che può formare legami covalenti con la catena laterale.
- [E] contiene soltanto due atomi di carbonio.

(4 punti per due risposte corrette, 2 per una sola) ...../4

20. Completa le seguenti frasi.

a) Il cloruro di sodio (NaCl) è un composto ....

b) Gli ioni positivi e gli ioni negativi sono disposti in un reticolo ....

c) In acqua, il cloruro di sodio libera ioni cloruro e ioni sodio: il pH della soluzione è quindi ....

(2 punti per ogni risposta corretta) ...../6

PUNTEGGIO TOTALE ...../100

Se hai ottenuto:

- meno di 60 punti devi riprendere lo studio dei capitoli;
- tra 60 e 70 punti hai una preparazione sufficiente;
- tra 70 e 80 punti hai una preparazione buona;
- tra 80 e 100 punti significa che hai studiato a fondo.

Indice analitico

A

B

C

D

N

O

P

R

S

T

U

V

W

Z